广 东 科 学 技 术 学 术 专 著 项 目 资 金 资 助 出 版

蔬菜土壤-营养及其调控

主　编／王荣萍　李淑仪
副主编／廖新荣　曾晓舵　余炜敏

SPM 南方传媒
广东科技出版社
全国优秀出版社
·广州·

图书在版编目（CIP）数据

蔬菜土壤-营养及其调控 / 王荣萍，李淑仪主编. —广州：广东科技出版社，2022.5
ISBN 978-7-5359-7627-7

Ⅰ.①蔬… Ⅱ.①王…②李… Ⅲ.①蔬菜园艺—土壤有效养分—研究 Ⅳ.①S630.6

中国版本图书馆CIP数据核字（2021）第062574号

蔬菜土壤-营养及其调控
Shucai Turang - Yingyang Jiqi Tiaokong

出 版 人：严奉强
责任编辑：区燕宜 尉义明
封面设计：柳国雄
责任校对：于强强
责任印制：彭海波
出版发行：广东科技出版社
（广州市环市东路水荫路 11 号 邮政编码：510075）
销售热线：020-37607413
http://www.gdstp.com.cn
E-mail：gdkjbw@nfcb.com.cn
经 销：广东新华发行集团股份有限公司
排 版：创溢文化
印 刷：广州市东盛彩印有限公司
（广州市增城区新塘镇太平洋工业区十路 2 号 邮政编码：510700）
规 格：889mm × 1 194mm 1/16 印张 14.75 字数 295 千
版 次：2022 年 5 月第 1 版
2022 年 5 月第 1 次印刷
定 价：168.00 元

Foreword 前言

蔬菜是人类赖以生存和发展的重要食物资源之一，又是经济价值高、商品性强的农产品。蔬菜的生产与供应，不仅在人们的生活中占重要地位，而且在农村产业结构调整、增加农民收入、脱贫致富，乃至实现农业产业化、发展农村经济等方面都有重要意义。随着农业生产结构的调整，蔬菜的生产模式发展很快，现种植面积、总产量、总产值在沿海省份种植业中仅次于粮食，排第二位，成为农村经济支柱。2018年全国蔬菜播种面积达到3亿亩。广东省蔬菜生产在全国排第二位，仅次于山东省，蔬菜除供应本省所需之外，还有相当部分出口和北运，年北运量190万t，年出口量60万t，产值超亿元，是仅次于水产品的最大宗出口农产品。

目前，我国已成为世界上最大的蔬菜生产国和消费国，蔬菜的食用安全越来越受到全社会的关注。随着我国与世界各国的贸易往来日益增加，农产品安全已成为影响农业和食品工业竞争力的关键因素。蔬菜种植过程中肥料的适量、平衡施用不仅可提高蔬菜产量、营养品质、感观品质和贮藏品质，还可显著减少病虫害的发生，从而降低农药的施用量，减少肥料和农药的污染，进而提高蔬菜的卫生品质。蔬菜的科学施肥，可以保证蔬菜质量安全，提高肥料利用效率，提高蔬菜作物抗逆性能，节省肥料施用量，减少面源污染，减少农药投入，促进农业生态环境建设，因而是具有转变农业增长方式、实现农业节本增效和保障蔬菜质量安全等多重作用的重要手段。因此，蔬菜的质量安全管理必须从蔬菜生产的源头——肥料的合理施用抓起。

近10年来，针对蔬菜合理施肥的问题，本研究团队依托广东省测土配方施肥补贴项目及全省有关测土配方施肥项目、国家公益性农业科研专项、广东省科技攻关项目、广东省现代农业产业技术体系特色蔬菜创新团队的研究平台和广州市珠江新星项目等，开展了广东省无公害蔬菜标准化施肥技术、广东省蔬菜测土施肥技术指标体系建设、瓜类蔬菜标准化施肥技术、果类蔬菜低碳栽培营养调控技术、红壤地区蔬菜营养调控技术、广州市集约化菜地氮磷养分损失定量化及其阻控技术、广州市蔬菜标准化施肥技术、降低重金属的蔬菜生物有效性施肥技术等内容的一系列研究，较系统地探讨了广东省蔬菜地土壤养分供应规律、主要类型蔬菜的营养需求规律，建立了菜地土壤养分诊断指标和测土推荐施肥技术指标及相应的营养调控施肥技术规范，研究了氮肥施用品种和施肥方式对蔬菜的影响、肥料的施用模式和蔬菜的安全采收期、磷素活化机理效果及其对蔬菜生长的影响、施硅抑制蔬菜吸收重金属的生理和土壤化学效应及其抑制蔬菜产品受污染的效果等，希望通过对上述一系列科研成果的系统总结整理，为蔬菜产业理论和生产的持续发展尽绵薄之力。

全书共分十章，分别是：第一章广东蔬菜产业的发展与施肥管理状况，第二章广东菜地土壤的养分供应特征，第三章蔬菜的营养需求特性，第四章蔬菜对肥料的利用率，第五章蔬菜施肥的肥效变化规律，第六章蔬菜施有机肥的效应及其施用量，第七章菜地土壤营养诊断与施肥指标的建立，第八章蔬菜营养调控与测土施肥技术应用，第九章氮磷养分资源的综合管理，第十章重金属污染土壤的蔬菜施肥调控。各章编写人员如下：第一章，李淑仪、曾晓舵；第二章，李淑仪、廖新荣；第三章，王荣萍、李淑仪、廖新荣；第四章，王荣萍、余炜敏；第五章，王荣萍、李淑仪；第六章，李淑仪、廖新荣；第七章，王荣萍、李淑仪、余炜敏；第八章，李淑仪、廖新荣；第九章，王荣萍、李淑仪、廖新荣；第十章，李淑仪、曾晓舵。全书由王荣萍统稿。

感谢广东省农业农村厅、广东省科学技术厅、广东省科学院、广东省耕地肥料总站、广州市科学技术局等单位对有关项目研究的资助，同时衷心感谢对本书提供帮助的领导、同事、同行和朋友，此外还要感谢研究生许建光、陈翠芳、罗小玲、王序桂、张永起、邵鹏、崔晓峰、薛石龙、令狐荣云、张峰等同学的辛勤劳动。

著　者

2021年6月

Contents 目录

第一章　广东蔬菜产业的发展与施肥管理状况

随着饮食发展规律逐渐由温饱型向营养型再向保健型的过渡，人们的饮食结构正在迅速发生变化，以过去肉食消费为主开始转向增加素食消费，进入以保健型食品为主的消费时期，以追求健康为主的消费趋势客观上导致蔬菜（尤其是无公害蔬菜）的消费量大大增加。近年来，世界蔬菜种植面积和产量呈现出逐步上升态势。根据联合国粮食及农业组织（FAO）统计数据，2015年全球蔬菜种植面积为6 382.98万hm^2，比2011年的5 745.40万hm^2增加了11.1%；2015年全球蔬菜产量为12.6亿t，比2011年的10.9亿t增长了15.59%。作为世界最大的蔬菜生产国和消费国，我国蔬菜种植面积再创新高，《中国统计年鉴》显示，2017年全国蔬菜种植面积达1 998.1万hm^2，比2015年的1 961.3万hm^2增加了1.88%，比2010年的1 620.1万hm^2增加了23.33%。其中，蔬菜种植面积超过百万公顷的省份共有9个，按蔬菜种植面积由高到低排列，依次为山东、河南、江苏、四川、湖南、广东、河北、湖北和广西。

第一节　广东省蔬菜产业的发展现状

根据广东省统计信息网的资料进行统计，广东省蔬菜种植面积和产量变化如图1-1所示。

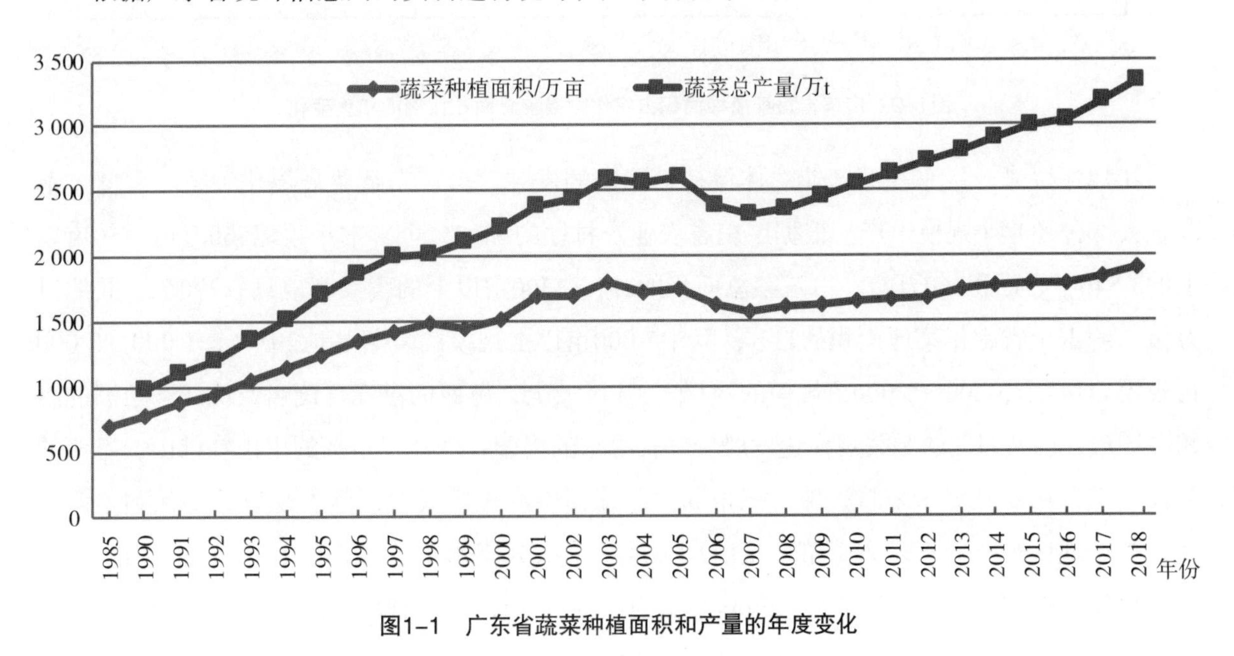

图1-1　广东省蔬菜种植面积和产量的年度变化

图1–1显示，1985年以来广东省的蔬菜种植面积呈逐年增加的态势，1985—2014年，蔬菜种植面积增加了2.9倍多，从1985年的693万亩（亩为废弃单位，1亩=1/15hm^2≈666.67m^2）发展到2018年的1 908万亩；蔬菜总产量增加了3倍多，从1990年的976万t增加到2018年的3 330万t。蔬菜播种面积占农作物播种总面积比例的变化（图1–2），已从1985年的8.6%发展到2018年的29.7%。

广东是全国蔬菜生产大省和消费大省，近年来蔬菜播种面积稳定在1 800万亩以上。由于广东具有种植蔬菜得天独厚的气候条件，蔬菜产业在种植业结构优化调整、农业增收、农民增收和增加社会就业等方面发挥了不可替代的作用，作出了巨大贡献。在广东省很多地区，蔬菜产业已成为农业经济发展、农民增收新的增长点，露地蔬菜生产已成为广东农业经济新的增长点，同时也是广东农民增加收入的重要渠道。

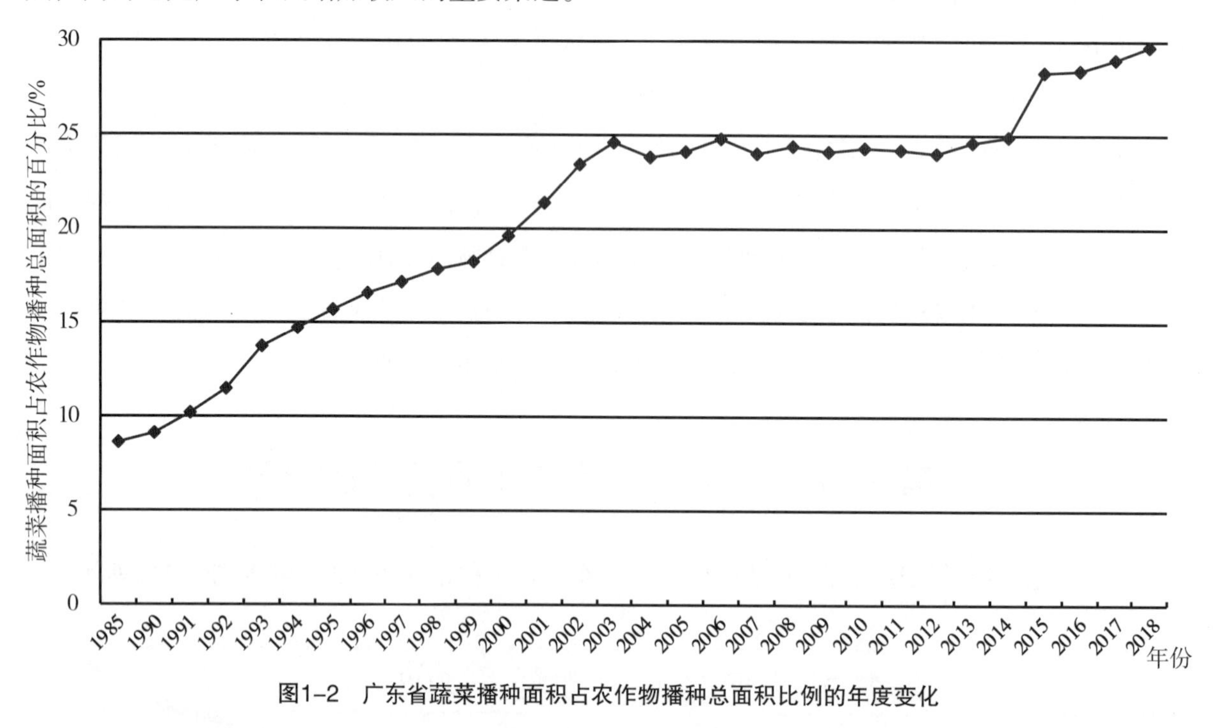

图1–2　广东省蔬菜播种面积占农作物播种总面积比例的年度变化

2018年以来，广东蔬菜产业总体保持较稳定的发展，但广东蔬菜规模化种植的程度还不高，大部分还是小规模生产。根据广东省农业农村厅的统计，全省常年菜地660万亩，50亩以上的3 546个，面积160万亩，占蔬菜总面积的25%；500亩以上的蔬菜基地只有490个，共约71万亩，约占全省常年菜地面积的11%；其中2 000亩以上规模的蔬菜基地203个，1 000～2 000亩规模的144个，500～1 000亩规模的241个。在区域上，粤西的湛江、茂名及珠江三角洲的惠州、肇庆，以及粤北的韶关规模化发展较好；粤东的揭阳，珠江三角洲的中山和佛山，粤西的阳江稍微落后。从分布来看，珠江三角洲地区蔬菜生产规模最大，其次是粤北山区和粤西地区，粤东地区最小。广东省蔬菜产量前10强地市依次为广州、湛江、茂名、清远、惠州、肇庆、梅州、揭阳、韶关、汕头，蔬菜总产量为2 260.3万t，占全省蔬菜总产量的75.78%。从种植品种看，近年来，广东省叶菜类播种面积达882.10万亩，占蔬菜总面积的51.7%，叶菜类播种面积和产量占比大，叶菜类产量1 243.96万t，占48.5%；其次是瓜菜类、块根块茎类，播种面积分别占16.2%、11.4%，产量分别占19.1%、12.5%；其余各类蔬菜的播种面积和产量，占不到一成。多年来，蔬菜北运和供应香港特别行政区、澳门特别行政区是广东冬种蔬菜生产的一大特色，全省每年北运菜数量大、品种多，如茄子、辣椒和四季豆等，是广东南菜北运的主要品种。广东蔬菜主产区茂名市，每年冬种蔬菜播种面积70多万亩，其中北运占70%；湛江市冬种蔬菜播种面积90万亩，蔬菜年产量230多万t，其中外运占55%～60%。同时，广东长期向我国香港特别行政区、澳门特别行政区及东南亚国家销售蔬菜，如惠州市目前共有77个500亩以上的菜场，其中外销菜场39个，是内地最大的供港蔬菜种植基地，供港新鲜蔬菜占香港特别行政区进口蔬菜总量的40%以上。广东蔬菜出口以鲜或冷藏蔬菜为主，基本保持稳定，出口量为821 333 t，出口额为32 655万美元。

近年来，广东蔬菜亩产约1 500 kg，远低于全国平均水平的2 240 kg，这与广东蔬菜以叶菜类为主，亩产较低有关。但从另一角度看，广东独特的气候条件和优良的蔬菜种植习惯，以及先进的生产技术和优良品种的推广应用等，都表明广东蔬菜生产仍有较大的发展空间。广东蔬菜以传统的露地生产为主，标准化和设施栽培面积少，蔬菜生产难以抵御自然灾害的袭击，产品质量也难以稳定和提高，保证蔬菜均衡供应难度较大。目前，全省大棚蔬菜面积只有3万多亩。

在产业化经营方面，目前广东省蔬菜类的省级龙头企业有19家，蔬菜类的专业合作社有960家，但总体上蔬菜生产规模化、产业化和标准化程度还不高。广东蔬菜生产仍以千家万户分散经营为主，外耕户多，安全意识薄弱。很多地方连作现象普遍，水分养分利用效率不高，病虫害现象较严重，再加上农资供应渠道复杂、销售混乱、质量安全检测监督体系及执法队伍建设仍不健全等因素，致使蔬菜质量安全隐患依然存在，蔬菜质量安全监管工作任务艰巨。由于做不到统一组织与管理，还没有形成能为整个蔬菜产业提供有效技术服务的体系，真正指导菜农进行科学施肥的力量还很薄弱或很难到位，蔬菜栽培生产水平与国内外大市场的要求仍难衔接。

第二节　广东省化肥用量变化状态

近30年来，随着市场经济的发展、种植业结构的调整，粮食等传统作物种植面积逐年减少，经济作物种植面积逐年增加，因此广东省化肥使用的投向也发生了明显变化，肥料中的氮磷钾消费比例也有明显变化（图1–3）。1986—2008年，广东省每年化肥施用量呈逐年增加的趋势，2008—2014年，广东省的化肥用量增加速度开始变慢，用量趋于较稳定。2008年的化肥纯养分施用量是1986年的1.44倍，2014—2018年，化肥用量又开始增加。2008—2014年化

肥纯养分施用量稳定在164.0万～174.0万t，2014—2018年在231.3万～242.0万t。氮肥（N）的施用量，2014年为101.7万t，虽比1986年的82.1万t增加23.9%，比1990年的95.82万t增加6.1%，比1995年的99.5万t增加2.3%，比2000年的95.9万t和2005年的93.8万t分别增加6.1%和8.5%，但2010—2014年持续稳定在100万～102万t，2014—2018年稳定在88.6万～93.0万t。磷肥的施用量在20世纪90年代的前中期最高，90年代的后期开始下降。2008年全省磷肥（P_2O_5）施用量达20.84万t，比1986年的17.8万t增加17.1%，与1990年相比是持平，与1995年的27.16万t相比下降23.3%，2014年比2008年只上升9.4%，2008—2014年的磷肥施用量稳定在20.8万～22.9万t，2014—2018年的磷肥施用量增加到27.1万～29.2万t。钾肥（K_2O）总用量在2014年达49.3万t，是1986年的14.0万t的3.5倍，是1990年的25.6万t的1.9倍，是1995年的34.14万t的1.4倍，2008年以来的钾肥施用量为45.0万～49.3万t，呈持续增长趋势。2017年起化肥用量实现了零增长。可见，在作物播种总面积持续上升的情况下，氮肥的施用量在2014年之后下降，磷肥的用量在2014年之后上升，钾肥的施用量则持续上升（2017年起没有继续上升）。氮磷钾肥的施肥比例正在逐步调整，图1-4显示，由于作物施钾总量的持续上升，三要素的施肥比例N：P_2O_5：K_2O从1985年的1：0.22：0.17、1995年的1：0.27：0.34、2000年的1：0.19：0.37、2005年的1：0.20：0.44，逐步调整至2014年的1：0.22：0.48，2015年调整为1：0.32：0.52，2016—2018年连续几年均稳定为1：0.31：0.51。氮磷钾的施肥比例开始出现趋于合理的变化。虽然这反映的只是所有作物的施肥量数据（未能获得蔬菜单独施肥量的数据），但蔬菜种植面积占作物总面积接近30%，所以这些变化也与蔬菜生产密切相关。

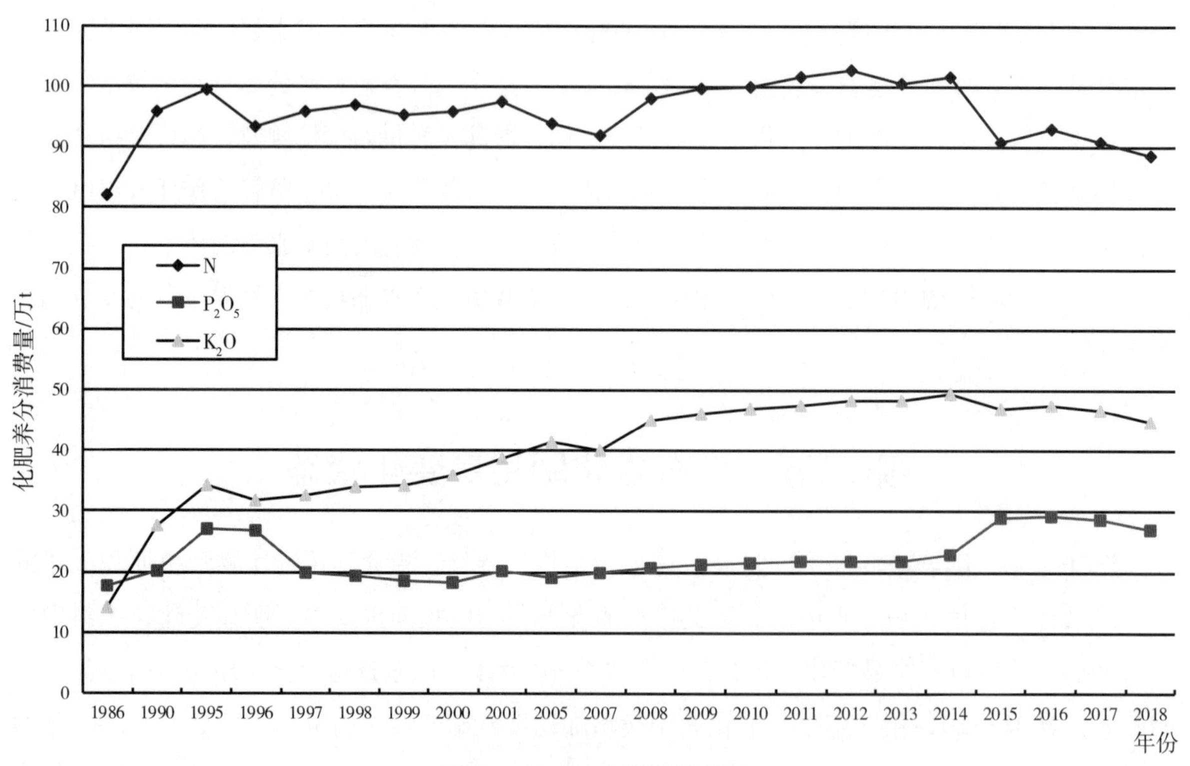

图1-3　广东省化肥用量变化

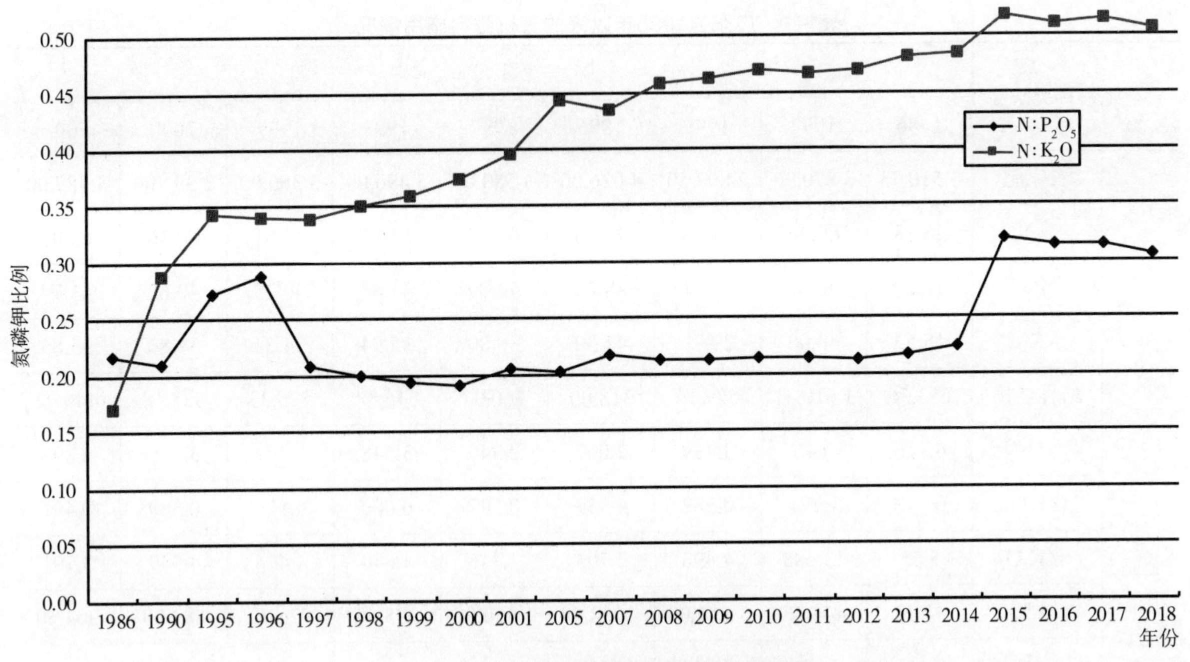

图1-4　广东省化肥施用的氮磷钾比例变化

第三节　广东省有机肥用量变化状态

随着广东省农业结构调整和种植业的发展，有机养分的施用量从1986年的约71万t，上升到2001年的约154万t。1996年以来均保持一个平稳的有机肥施用量。在总施肥量中，有机肥的比例1986年约占36%，1990年上升到约53%，1995年又降至约40%，1996—1998年均为48%左右，1999年和2000年约为46%，2001年又降至约44%。可见，广东省的有机肥占总施肥量的比例呈波浪式上升趋势（表1-1）。

根据2003—2005年广东省耕地地力调查资料[1]，在珠江三角洲，有机肥在菜地施肥中的贡献较少，总的来说有机氮磷钾占总施氮磷钾的量低于30%，其中有机氮占总施氮量的11.2%～27.3%，有机磷占总施磷量的8.4%～30.5%，有机钾占总施钾量的8.2%～33.8%。

表1-1　广东省1985年以来的有机肥料施用情况

肥料种类		年份								
		1986	1990	1995	1996	1997	1998	1999	2000	2001
有机肥施用量/万t	农家肥	1 510.33	3 890.96	2 897.50	4 026.00	3 580.00	3 496.00	3 360.00	3 391.00	3 487.00
	含N	26.88	69.26	51.58	71.66	63.72	62.23	59.81	60.36	62.07
	含P_2O_5	18.09	46.61	34.71	48.23	42.89	41.88	40.25	40.62	41.77
	含K_2O	15.53	40.00	29.79	41.39	36.80	35.94	34.54	34.86	35.85
	秸秆还田	653.36	1 610.41	529.16	318.00	360.97	545.88	526.33	535.18	446.02
	含N	4.116	10.467	3.439	2.067	2.346	3.548	3.421	3.479	2.899
	含P_2O_5	0.718	1.771	0.582	0.350	0.397	0.600	0.579	0.589	0.491
	含K_2O	5.55	13.688	4.498	2.703	2.346	4.640	4.474	4.549	3.791
	绿肥	41.42	444.48	1 011.00	1 084.50	1 050.00	985.50	976.50	882.00	904.50
	含N	0.165	1.778	4.044	4.338	4.200	3.942	3.906	3.528	3.618
	含P_2O_5	0.046	0.489	1.112	1.193	1.155	1.084	1.074	0.970	0.995
	含K_2O	0.145	1.556	3.538	3.796	3.675	3.449	3.418	3.087	3.166
	有机总养分	71.240	184.848	133.293	175.727	157.523	157.313	151.472	152.042	154.483
	含N	31.161	81.505	59.063	78.065	70.260	69.720	67.137	67.367	68.587
	含P_2O_5	18.854	48.861	36.404	49.773	44.442	43.564	41.903	42.179	43.256
	含K_2O	21.225	54.532	37.826	47.889	42.821	44.029	42.432	42.496	42.987
有机肥养分比重/%		36.83	53.23	40.51	48.33	48.19	48.13	46.70	46.32	44.19

注：数据由广东省农业农村厅耕地肥料总站提供；农家肥养分含量按主要动物肥料养分平均含量计算；秸秆是按稻谷产量的40%计算重量，其N、P_2O_5、K_2O含量折算方法见《中国肥料》[1]；绿肥是按紫云英鲜物计算重量，N、P_2O_5、K_2O含量折算方法见《土壤理化分析》[2]。

第四节　蔬菜施肥现状和存在问题

一、化肥投入

在化肥投入方面，盲目施肥现象普遍，氮磷钾配比多数不平衡，农民施用的复合肥大部分为15-15-15的高浓度通用型，氮磷肥用量偏大而钾素补给不足。对全国主要省份的施肥调查结果显示[3]，全国蔬菜生产规模前10位省份的蔬菜生产中氮肥用量均超过了300 kg/hm^2，个别地区化学氮的用量甚至超过了500 kg/hm^2。当菜地土壤磷水平很低时，80%的农户施磷不足；当土壤磷水平处于低等和中等水平时，57%的农户施磷过量；当土壤磷水平较高时，80%的农户施磷过量；当土壤磷水平很高时，95%的农户施磷过量。影响农民施磷量最直接的因素是经济因素，农产品价格高时，农民愿意增加化肥投入，农产品价格较低时，农民往往减少化肥投入。据耕地地力调查，农民对于耕地土壤改良与作物优质、高产的关系认识模糊，普遍认为只要给农作物多施一点化肥，就能获得高产，对过量施用化肥给土壤带来的后果没有足够认识。随着测土配方施肥工作的推进，已有一些规模化菜场开始施用专用肥，而大多数分散经营的菜农购肥时仍听从肥料店经营者推荐，而肥料店经营者主要看肥料供应商的利润空间进肥并推荐给菜农。

二、有机肥投入

有机肥泛指动物粪便、动植物残体、杂草等。有机肥是农业生产的重要养分来源。大量施用有机肥是我国蔬菜生产的重要特征，尤其是随着无公害农业和有机农业的呼声越来越高，有机肥在蔬菜生产中的高产作用日益突出。广东省菜地的有机肥投入以禽畜粪为原料的商品有机肥和鸡粪等为主，但目前有机肥用量仍然偏少，或化肥与有机肥的施用比例不平衡。

据检测，以禽畜粪为原料的有机肥中，有效磷占全磷的养分平均为68.65%，速效钾占全钾的养分平均为72.62%。大多数人没有意识到有机肥所提供的养分数量，更没有注意到有机肥中磷钾养分的速效性，因此在大量施用有机肥的情况下并没有相应减少化学肥料的投入，因而极易造成磷素养分大大超出蔬菜生长所需而引起减产和污染环境。

三、施肥方式

广东省目前的蔬菜生产以露地为主，露地蔬菜生产灌水、排水频繁，甚至有的大水漫灌。菜地施肥方式以撒施为主，尤其在追肥时以撒施高浓度复合肥为主，施肥后经常没有进行必要的覆土，使肥料暴露于地表从而降低了肥料的利用率，长期这样施肥必定会造成土壤次生盐渍化。在粤西一些蔬菜基地，施肥通常是将肥料在肥料池溶解后通过加压泵用粗塑料管直接淋施。这样虽然节省了施肥的劳力，但没有节约水的用量，同时有较大一部分肥料随水流走而浪费了。大量含有肥料的水经渗流作用污染局部地表水，造成环境污染。近年在一些科研示范基地，正在采用水溶肥（化肥或混合肥）和微滴灌系统进行水肥一体化施肥灌溉，这是良好的开端。

第五节　菜地肥料投入不合理带来的问题

肥料是农作物的“粮食”。蔬菜对养分的需求特性研究表明，相同种类的蔬菜对养分的吸收规律相似，不同的土壤和不同品种的蔬菜对各元素的吸收量不同。蔬菜施肥必须根据不同蔬菜在各生育时期的营养需求特点，保持蔬菜对营养平衡的需求，同时注意不同肥料中各种元素

（包括三要素氮、磷、钾和中微量元素）的种类和比例进行合理调配。过量施肥不但会浪费肥料，造成养分流失，而且会污染环境。偏施某单一元素肥料导致一种元素过量，会抑制作物吸收其他元素，使作物养分不平衡，不但会造成减产，而且会使作物抗性降低，易产生病虫害，进而增加农药投入而使作物的品质下降。

有机肥是土壤微生物的“粮食”。土壤施肥仅施化肥，只重视矿质元素养分而不重视含碳、氢、氧的有机养分的话，会造成无机养分的过量累积，极易造成土壤次生盐渍化，导致菜地返盐、退化和出现连作障碍；同时使土壤pH下降，导致菜地土壤有益微生物活性受抑制。土壤微生物的自然平衡受到破坏，有利于有害性真菌生长，造成土壤真菌和细菌比例失调，使土壤养分转化过程发生改变，导致蔬菜生长受抑制，如产生生理性干旱、代谢紊乱、根系生长受抑制等。蔬菜生长环境的恶化将引发严重的土传病害等一系列问题，带来了农药用量增加、蔬菜产量品质下降问题，进而使蔬菜产品质量安全受到威胁。

第六节　测土配方施肥与可持续发展

合理施肥是提高农作物产量最重要的措施，是改善和提高农产品品质的重要手段，是稳定和提高耕地质量、保证农业可持续发展最重要的前提。随着我国人口的增加、耕地面积的减少，肥料将继续发挥它无可替代的作用。随着生活水平的提高，人们更加注重生活质量，对农产品提出了更高的要求。肥料工作者需要在总结前人工作的基础上，取其精华，开拓创新，不断进取，为推动我国农业和生态环境的可持续发展做出新贡献。

FAO调查统计结果表明，化肥的平均增产效果为40%～60%。我国近年来的土壤肥力监测结果表明，肥料对农产品产量的贡献率，全国平均为57.8%。因此，施肥是农业生产的重要措施。但是化肥施用不当，过多过少或比例配合不当，既不能达到增产的目的，又浪费了人力物力。据估算，过去每年均有30%左右的化肥由于施用不当造成浪费，不少农民只知道多用化肥，却不知道施肥不合理造成的浪费，因此如何科学施用化肥是非常值得重视的问题。

肥料施用还与蔬菜产品质量安全息息相关。肥料适量、营养元素平衡、有机无机合理搭配施用不仅可提高蔬菜产量和营养品质、感观品质和贮藏品质，还可减少对土壤微生物的损害作用，平衡土壤微生物种群，提高蔬菜作物的抗性，减少土传病虫害的发生，从而降低农药的需求量，减少肥料和农药的污染，进而提高蔬菜的卫生品质。因此，蔬菜的质量安全管理必须从蔬菜生产的源头——肥料的合理施用抓起。

测土配方施肥的内容——科学施肥，是以不同土壤性质与肥力为依据的合理施肥，肥料用量因土壤肥力的差异而不同，从而避免多施或少施；以不同蔬菜作物或品种的不同营养要求为依据的合理施肥，使各种蔬菜作物均能满足其生理与营养需要；以不同肥料养分（种类）为依据的合理施用，使各类肥料均能发挥其最大增产效能，产生最好的经济效益。

测土配方施肥技术的核心内容，是根据土壤测试结果、农作物的需肥规律和特点，结合肥料效应，有针对性地、科学合理地确定氮磷钾化肥及中微量元素的适宜用量和比例，并加工成各种作物的专用配方肥供应给农户，并指导其使用。测土配方施肥技术的最大优点是可以有效地解决作物施肥与土壤供肥、作物需肥之间的矛盾，有针对性地补充作物所需的短缺营养元素，做到科学合理用肥，土壤缺什么元素补充什么元素，作物需要什么元素补充什么元素，需要多少补充多少，使各种养分平衡供应，满足农作物的需求，最终达到提高农产品产量，改善农产品品质，提高农产品市场竞争力，提高化肥利用率和使用效益的目的。

为什么要实施测土配方施肥？因为农作物和土壤两者为农田生态系统中的一个统一体。农作物生长的根基在土壤，植物养分60%～70%是从土壤中吸收的。当土壤营养供应不足时，就要靠施肥来补充，以达到供肥和农作物需肥的平衡。推广测土配方施肥技术对农业和农村经济发展具有重要的作用。一是增加产量。二是改善农产品品质。三是减少能源消耗，有利于优化化肥资料配置，提高肥料利用率。四是节本增收，降低生产成本，提高经济效益。五是减轻病害，研究表明，大部分农作物病害是因为土壤养分不平衡所致，除氮、磷、钾三要素不平衡外，中微量元素缺乏，特别是缺少碳、氢、氧等有机养分。六是改善环境，可以避免和减轻因施肥不科学带来的环境和食品污染，同时有效减少养分挥发、渗入地下或流入河流，减轻农业面源污染，提高土壤肥力。七是有利于提高和培肥地力，协调土壤、肥料、作物三者的关系，充分发挥土、肥、水、种资源的生产潜力，不断促进农业增产、农民增收，可以做到少投入、多产出、保护环境。因此，蔬菜测土配方施肥意义重大，有利于保障蔬菜产业的可持续发展。

参 考 文 献

［1］中国农业科学院土壤肥料研究所．中国肥料［M］．上海：上海科学技术出版社，1994：124.

［2］中国科学院南京土壤研究所．土壤理化分析［M］．上海：上海科学技术出版社，1978：559.

［3］陈清，张福锁．蔬菜养分资源综合管理理论与实践［M］．北京：中国农业大学出版社，2007：3-17.

第二章　广东菜地土壤的养分供应特征

本章主要利用建立蔬菜测土施肥指标体系的290多个田间试验地的基础土壤样本检测结果进行讨论，虽然样本不算多，但试验地选择是有代表性的地块，因此这些检测结果应能反映出广东省菜地土壤的养分供应特征。

第一节　菜地土壤养分特征

290多个试验地土壤样本分析结果（表2-1）显示，广东省菜地土壤pH为4.05～8.28，平均值为5.87；全氮含量0.123～3.66 g/kg，平均值为2.15 g/kg；有机质含量2.11～61.8 g/kg，平均值为23.7 g/kg；水解氮含量21.9～363 mg/kg，平均值为133 mg/kg；有效磷含量1.22～662 mg/kg，平均值为74.0 mg/kg；速效钾含量15.6～683 mg/kg，平均值为169 mg/kg；有效钙含量48.1～2 5247 mg/kg，平均值为1 564 mg/kg；有效镁含量8.4～628 mg/kg，平均值为116 mg/kg；有效铁含量1.26～4 639 mg/kg，平均值为233 mg/kg；有效锰含量0.71～289 mg/kg，平均值为34.4 mg/kg；有效铜含量0.003 2～17.9 mg/kg，平均值为3.44 mg/kg；有效锌含量0.037～38.8 mg/kg，平均值为5.05 mg/kg；有效硼含量0.03～4.25 mg/kg，平均值为0.373 mg/kg；有效钼含量0.037～0.430 mg/kg，平均值为0.155 mg/kg。

表2-1　广东省蔬菜田间肥效试验地土壤的基本理化性状

项目		pH	全量养分/（g·kg^{-1}）		有效养分/（mg·kg^{-1}）										
			全氮	有机质	水解氮	有效磷	速效钾	有效钙	有效镁	有效铁	有效锰	有效铜	有效锌	有效硼	有效钼
广东省	平均值	5.87	2.15	23.7	133	74.0	169	1 564	116	233	34.4	3.44	5.05	0.373	0.155
	标准差	0.86	11.9	11.3	58.7	71.5	111	2 499	105	358	49.9	3.69	4.99	0.336	0.083
	最小值	4.05	0.123	2.11	21.9	1.22	15.6	48.1	8.4	1.26	0.71	0.003 2	0.037	0.03	0.037
	最大值	8.28	3.66	61.8	363	662	683	25 247	628	4 639	289	17.9	38.8	4.25	0.430
	观测值	293	268	292	293	277	293	248	248	261	261	261	259	260	28
珠江三角洲	平均值	6.00	2.74	24.7	133	74.7	180	1 669	142	222	39.6	4.54	6.26	0.451	0.151
	标准差	0.82	15.9	11.7	61.8	50.6	107	1 344	110	237	54.4	4.46	5.71	0.392	0.084 9
	最小值	4.1	0.123	3.2	21.9	1.48	16.4	48.1	8.7	1.26	0.71	0.003 2	0.037	0.072	0.037
	最大值	7.93	196	104	454	237	491	12 981	470	1 844	251	40.6	38.8	1.400	0.43
	观测值	163	150	162	163	151	163	143	143	150	150	150	148	149	24

续表

项目		pH	全量养分/（$g\cdot kg^{-1}$）		有效养分/（$mg\cdot kg^{-1}$）										
			全氮	有机质	水解氮	有效磷	速效钾	有效钙	有效镁	有效铁	有效锰	有效铜	有效锌	有效硼	有效钼
粤东	平均值	5.72	1.29	18.6	134	87.6	159	1 009	114	238	28.8	2.09	4.23	0.330	0.182
	标准差	0.93	0.64	11.2	64.8	94.0	122	763	114	227	28	0.96	2.88	0.210	—
	最小值	4.19	0.27	2.11	26.5	1.48	18.9	124	8.4	5.17	1.53	0.27	0.56	0.03	0.077
	最大值	8.19	3.66	38	363	563	574	3 032	628	926	114	3.91	14.3	0.877	0.250
	观测值	54	45	54	54	51	54	41	41	43	43	43	43	43	3
粤西	平均值	5.48	1.33	22.7	128	81.3	171	682	57.5	312	31.4	1.73	2.21	0.227	0.170
	标准差	0.67	0.47	7.45	41	100	127	443	45.4	717	59.7	1.17	2.02	0.195	
	最小值	4.04	0.44	8.69	35.1	6.62	15.6	97.1	10.2	7.42	0.88	0.054	0.18	0.04	
	最大值	6.68	2.36	42.7	229	662	683	1 776	200	4 639	289	6.81	8.89	0.939	
	观测值	47	45	47	47	46	47	41	41	44	44	44	44	44	1
粤北	平均值	6.01	1.76	29.2	143	35.3	122	3 474	63.8	151	17.4	2.06	4.26	0.235	
	标准差	0.98	0.626	11.3	55.3	53.1	70.3	7 150	71.9	113	18.6	1.25	4.72	0.182	
	最小值	4.39	0.62	9.2	66.3	1.22	39	103	8.5	6.87	2.32	0.19	1.44	0.062	
	最大值	8.28	3.1	52.1	291	297	265	25 247	293	366	75.2	6.55	25.6	0.846	
	观测值	29	28	29	29	29	29	23	23	24	24	24	24	24	

表2-1的结果显示，土壤pH平均值是粤北（6.01）＞珠江三角洲（6.00）＞粤东（5.72）＞粤西（5.48）；全氮含量平均值是珠江三角洲（2.74 g/kg）＞粤北（1.76 g/kg）＞粤西（1.33 g/kg）＞粤东（1.29 g/kg）；有机质含量平均值是粤北（29.2 g/kg）＞珠江三角洲（24.7 g/kg）＞粤西＞（22.7 g/kg）＞粤东（18.6 g/kg）；水解氮含量平均值是粤北（143 g/kg）＞粤东＞（134 g/kg）＞珠江三角洲（133 g/kg）＞粤西（128 g/kg）；有效磷含量平均值是粤东（87.6 mg/kg）＞粤西（81.3 mg/kg）＞珠江三角洲（74.7 mg/kg）＞粤北（35.3 mg/kg）；速效钾含量平均值是珠江三角洲（180 mg/kg）＞粤西（171 mg/kg）＞粤东（159 mg/kg）＞粤北（122 mg/kg）；有效钙含量平均值是粤北（3 474 mg/kg）＞珠江三角洲（1 669 mg/kg）＞粤东（1 009 mg/kg）＞粤西（682 mg/kg）；有效镁含量平均值是珠江三角洲（142 mg/kg）＞粤东（114 mg/kg）＞粤北（63.8 mg/kg）＞粤西（57.5 mg/kg）；有效铁含量平均值是粤西（312 mg/kg）＞粤东（238 mg/kg）＞珠江三角洲（222 mg/kg）＞粤北（151 mg/kg）；有效锰含量平均值是珠江三角洲（39.6 mg/kg）＞粤西（31.4 mg/kg）＞粤东（28.8 mg/kg）＞粤北（17.4 mg/kg）；有效铜含量平均值是珠江三角洲（4.54 mg/kg）＞粤东（2.09 mg/kg）＞粤北（2.06 mg/kg）＞粤西（1.73 mg/kg）；有效锌含量平均值是珠江三角洲（6.26 mg/kg）＞粤北（4.26 mg/kg）＞粤东（4.23 mg/kg）＞粤西（2.21 mg/kg）；有效硼含量平均值是珠江三角洲（0.451 mg/kg）＞粤东（0.330 mg/kg）＞粤北（0.235 mg/kg）＞粤西（0.227 mg/kg）；有效钼含量平均值是粤东（0.182 mg/kg）＞粤西（0.170 mg/kg）＞珠江三角

洲（0.151 mg/kg）。可见，土壤养分含量存在一定的区域差异，土壤pH呈现从北往南和从东往西变低的趋势，土壤有机质呈现从北到南下降的趋势，这既有土壤母质的影响，也有人为活动的影响。

第二节　养分属性分布特性

一、菜地土壤酸碱度

从表2-2可看出，广东省菜地在微酸和酸性范围内的各占39.7%和34.2%，中性范围的占17.2%，强酸和碱性的仅各占3.42%和5.48%。其中，强酸范围的粤北（6.90%）＞粤西（4.26%）＞粤东（3.70%）＞珠江三角洲（2.45%），酸性范围的粤东（51.9%）＞粤西（51.1%）＞珠江三角洲（26.5%）＞粤北（20.7%），微酸范围的粤北（48.3%）＞珠江三角洲（42.9%）＞粤西（38.3%）＞粤东（25.9%），中性范围的珠江三角洲（23.9%）＞粤北（10.3%）＞粤东（9.26%）＞粤西（6.34%），碱性范围的粤北（13.8%）＞粤东（9.24%）＞珠江三角洲（4.25%），而粤西片菜地酸碱度未出现碱性范围的情况。

表2-2　各个地区的菜地土壤酸碱度等级分布频率

pH	强酸	酸性	微酸	中性	碱性
	＜4.5	4.5～5.5	5.5～6.5	6.5～7.5	＞7.5
广东省/%	3.42	34.2	39.7	17.2	5.48
珠江三角洲/%	2.45	26.5	42.9	23.9	4.25
粤东/%	3.70	51.9	25.9	9.26	9.24
粤西/%	4.26	51.1	38.3	6.34	—
粤北/%	6.90	20.7	48.3	10.3	13.8

注：表中的分级标准参照第二次土壤普查全国标准。

二、菜地土壤有机质

从表2-3可看出，广东省菜地土壤有机质在三级水平（20～30 g/kg）和四级水平（10～20 g/kg）的比例较大，分别占35.3%和33.2%，二级水平（30～40 g/kg）的占19.5%，一级水平（＞40 g/kg）的只有5.48%，五级水平（6.0～10 g/kg）的仅占2.40%，六级水平（＜6.0 g/kg）的仅占4.12%。其中，达一级水平的粤北（占17.2%）＞珠江三角洲（占6.13%）＞粤西（仅占2.13%），而粤东少见有一级水平的出现；二级水平的粤北（24.1%）＞粤东（20.4%）＞珠江三角洲（20.3%）＞粤西（12.8%）；三级水平的粤西（46.8%）＞珠江三角洲（36.2%）＞粤北（34.5%）＞粤东（22.2%）；四级水平的粤西（36.2%）＞珠江三角洲

（34.4%）>粤东（33.3%）>粤北（20.7%）；五级水平的粤东（5.60%）>粤北（3.50%）>粤西（2.07%）>珠江三角洲（1.23%）；六级水平的粤东（18.5%）>珠江三角洲（1.74%）>粤北和粤西（少出现）。

表2-3　各地区菜地土壤有机质各等级的分布频率

有机质	一级	二级	三级	四级	五级	六级
	>40 g/kg	30～40 g/kg	20～30 g/kg	10～20 g/kg	6.0～10 g/kg	<6.0 g/kg
广东省/%	5.48	19.5	35.3	33.2	2.40	4.12
珠江三角洲/%	6.13	20.3	36.2	34.4	1.23	1.74
粤东/%	—	20.4	22.2	33.3	5.60	18.5
粤西/%	2.13	12.8	46.8	36.2	2.07	—
粤北/%	17.2	24.1	34.5	20.7	3.50	—

注：表中的分级标准参照第二次土壤普查全国标准。

三、菜地土壤氮

从表2-4可看出，广东省菜地土壤氮素一级水平（全氮>2.0 g/kg，水解氮>260 mg/kg）的占15.2%和2.73%；二级水平（全氮 1.5～2.0 g/kg，水解氮 210～260 mg/kg）的占26.0%和4.44%；三级水平（全氮 1.0～1.5 g/kg，水解氮 140～210 mg/kg）的占32.3%和31.4%；四级水平（全氮 0.75～1.0 g/kg，水解氮 95～140 mg/kg）的占14.9%和34.8%；五级水平（全氮 0.5～0.75 g/kg，水解氮 42～95 mg/kg）的占8.18%和25.6%；六级水平（全氮<0.5 g/kg，水解氮<42 mg/kg）的占3.42%和1.03%。

表2-4　各地区菜地土壤全氮和水解氮各等级的分布频率

全氮/水解氮	一级		二级		三级		四级		五级		六级	
	全氮	水解氮	全氮	水解氮	全氮	水解氮	全氮	水解氮	全氮	水解氮	全氮	水解氮
	>2.0 g/kg	>260 mg/kg	1.5～2.0 g/kg	210～260 mg/kg	1.0～1.5 g/kg	140～210 mg/kg	0.75～1.0 g/kg	95～140 mg/kg	0.5～0.75 g/kg	42～95 mg/kg	<0.5 g/kg	<42 mg/kg
广东省/%	15.2	2.73	26.0	4.44	32.3	31.4	14.9	34.8	8.18	25.6	3.42	1.03
珠江三角洲/%	18.0	3.07	22.7	4.29	32.7	30.1	15.3	36.2	9.30	25.2	2.0	1.14
粤东/%	6.67	3.70	33.3	5.56	22.2	29.6	17.8	29.6	8.89	27.8	11.14	3.74
粤西/%	11.1	—	22.2	2.13	42.2	38.3	15.6	29.8	6.67	27.7	2.23	2.07
粤北/%	25.0	3.50	37.7	6.90	28.6	24.1	7.1	44.8	1.6	20.7	—	—

注：表中全氮的分级标准参照第二次土壤普查全国标准，水解氮的分级标准是参照广东省蔬菜测土配方施肥指标体系。

四、菜地土壤有效磷、速效钾

表2-5中广东省菜地土壤有效磷（Olsen-P）为三级水平和二级水平的比例较大，分别占40.9%和28.0%，一级水平的占13.3%，四级水平的占14.7%，五级水平的仅占3.10%。其

中，有效磷达一级水平的粤东（19.6%）>珠江三角洲（13.3%）>粤西（10.9%）>粤北（3.45%），二级水平的粤西（32.6%）>珠江三角洲（31.8%）>粤东（25.5%）>粤北（3.45%），三级水平的珠江三角洲（44.4%）>粤北（41.4%）>粤东（37.3%）>粤西（34.8%），四级水平的粤北（41.4%）>粤西（19.6%）>粤东（11.8%）>珠江三角洲（9.18%），五级水平的粤北（10.3%）>粤东（5.80%）>粤西（2.10%）>珠江三角洲（1.32%）。

表2-5　菜地土壤有效磷和速效钾各等级的分布频率

有效磷/速效钾	一级		二级		三级		四级		五级	
	P	K	P	K	P	K	P	K	P	K
	>122 mg/kg	>196 mg/kg	70～122 mg/kg	120～196 mg/kg	23～70 mg/kg	46～120 mg/kg	7.5～23 mg/kg	18～46 mg/kg	<7.5 mg/kg	<18 mg/kg
广东省/%	13.3	31.4	28.0	28.3	40.9	32.1	14.7	6.83	3.10	1.37
珠江三角洲/%	13.3	37.4	31.8	27.0	44.4	29.5	9.18	4.29	1.32	1.81
粤东/%	19.6	24.1	25.5	27.8	37.3	37.0	11.8	11.1	5.80	—
粤西/%	10.9	27.7	32.6	31.9	34.8	31.9	19.6	6.38	2.10	2.12
粤北/%	3.45	17.2	3.45	31.0	41.4	37.9	41.4	13.9	10.3	—

注：表中的有效磷和速效钾的分级标准均是根据广东省蔬菜测土配方施肥指标体系。

从表2-5可看出，广东省菜地土壤速效钾，一级、二级、三级水平的居多，分别为31.4%、28.3%和32.1%，四级水平和五级水平的只有6.83%和1.37%。其中，达一级水平的珠江三角洲（37.4%）>粤西（27.7%）>粤东（24.1%）>粤北（17.2%），二级水平的粤西（31.9%）>粤北（31.0%）>粤东（27.8%）和珠江三角洲（27.0%），三级水平的粤北（37.9%）>粤东（37.0%）>粤西（31.9%）>珠江三角洲（29.5%），四级水平的粤北（13.9%）>粤东（11.1%）>粤西（6.38%）>珠江三角洲（4.29%），五级水平的粤西和珠江三角洲分别仅占2.12%和1.81%，粤北和粤东均少见。

五、菜地土壤有效钙、有效镁

从表2-6可看出，广东省菜地土壤的有效钙是一级水平的居多，占52.2%，二级水平的占20.7%，三级、四级、五级水平的分别只占7.29%、12.2%和7.61%，这可能是菜农大多数有施石灰的习惯所造成的，而粤北则可能是有部分石灰岩母质发育的土壤。其中，一级水平是珠江三角洲（68.5%）>粤北（34.8%）>粤东（34.2%）>粤西（22.0%），二级水平是粤东（29.3%）>珠江三角洲（22.4%）>粤西（14.5%）>粤北（4.35%），三级水平是粤西（19.5%）>粤北（17.4%）>粤东（4.88%）>珠江三角洲（2.80%），四级水平是粤北（34.8%）>粤东（24.4%）>粤西（22.0%）>珠江三角洲（2.80%），五级水平是粤西（22.0%）>粤北（8.65%）>粤东（7.22%）>珠江三角洲（3.50%）。可见，珠江三角洲有效钙丰富的居多，粤西各等级的占比较均衡，而粤东和粤北则有部分丰富，有相当部分缺钙。

广东省菜地的有效镁，一级水平的只占5.60%，二级水平的占10.9%，三级水平、四级水平、五级水平的分别占27.8%、25.0%和30.7%。可见，广东省菜地有大部分是缺镁的。其中五级水平粤北（60.9%）>粤西（50.0%）>粤东（24.4%）>珠江三角洲（21.0%），四级水平粤东（36.6%）>粤西（35.7%）>粤北（21.7%）>珠江三角洲（19.6%），三级水平珠江三角洲（37.8%）>粤东（22.0%）>粤西（9.54%）>粤北（8.70%），二级水平珠江三角洲（13.3%）>粤东（12.2%）>粤北（8.70%）>粤西（4.76%），一级水平珠江三角洲（8.30%）>粤东（4.80%），而粤西和粤北则少见有效镁达一级水平的。可见，广东省菜地土壤有效镁在四级以下即缺镁的占55.7%，其中粤西占85.7%、粤北占82.6%、粤东占61.0%、珠江三角洲占40.56%。

表2-6　菜地土壤有效钙、有效镁各等级的分布频率

有效钙/有效镁	一级		二级		三级		四级		五级	
	Ca	Mg	Ca	Mg	Ca	Mg	Ca	Mg	Ca	Mg
	>1 000 mg/kg	>300 mg/kg	700～1 000 mg/kg	200～300 mg/kg	500～700 mg/kg	100～200 mg/kg	300～500 mg/kg	50～100 mg/kg	<300 mg/kg	<50 mg/kg
广东省/%	52.2	5.60	20.7	10.9	7.29	27.8	12.2	25.0	7.61	30.7
珠江三角洲/%	68.5	8.30	22.4	13.3	2.80	37.8	2.80	19.6	3.50	21.0
粤东/%	34.2	4.80	29.3	12.2	4.88	22.0	24.4	36.6	7.22	24.4
粤西/%	22.0	—	14.5	4.76	19.5	9.54	22.0	35.7	22.0	50.0
粤北/%	34.8	—	4.35	8.70	17.4	8.70	34.8	21.7	8.65	60.9

注：表中的分级标准是参照第二次土壤普查全国标准。

六、菜地土壤微量元素

从表2-7可看出，广东省菜地土壤的有效硼是四级水平、五级水平和三级水平的占比较大，其中四级水平的占44.2%，五级水平的占29.8%，三级水平的占24.8%，而一级水平和二级水平的仅占0.42%和0.78%。土壤有效硼在五级水平的粤西和粤北分别达61.4%和58.3%，远远大于粤东（31.0%）和珠江三角洲（16.0%），四级水平的珠江三角洲和粤东分别达49.3%和45.2%，大于粤北（33.3%）和粤西（29.6%），三级水平的珠江三角洲（32.7%）>粤东（23.8%）>粤西（9.0%）和粤北（8.4%），二级水平和一级水平的只有珠江三角洲为1.33%和0.67%，而粤东、粤西和粤北均少见有效硼达到二级水平和一级水平。可见，广东省菜地土壤普遍缺硼。

表2-7显示，广东省菜地土壤有效钼处于五级水平和四级水平的分别占28.6%和25.0%，三级水平的占14.3%，二级水平的占28.6%，而一级水平的仅占3.5%。珠江三角洲五级水平和四级水平均占29.2%，三级水平的占12.5%，二级水平的占25.0%，一级水平的仅占4.1%；粤东的五级水平占33.4%、三级水平和二级水平均占33.3%，少见四级水平和一级水平；其他片区无数

据。可见，广东省菜地大部分缺钼。

表2-7 菜地土壤有效硼、有效钼各等级的分布频率

有效硼/有效钼	一级		二级		三级		四级		五级	
	B	Mo	B	Mo	B	Mo	B	Mo	B	Mo
	>2.0 mg/kg	>0.3 mg/kg	1.0～2.0 mg/kg	0.2～0.3 mg/kg	0.5～1.0 mg/kg	0.15～0.2 mg/kg	0.2～0.5 mg/kg	0.1～0.15 mg/kg	<0.2 mg/kg	<0.1 mg/kg
广东省/%	0.42	3.5	0.78	28.6	24.8	14.3	44.2	25.0	29.8	28.6
珠江三角洲/%	0.67	4.1	1.33	25.0	32.7	12.5	49.3	29.2	16.0	29.2
粤东/%	—	—	—	33.3	23.8	33.3	45.2	—	31.0	33.4
粤西/%	—	无数据	—	无数据	9.0	无统计	29.6	无数据	61.4	无数据
粤北/%	—	无数据	—	无数据	8.4	无数据	33.3	无数据	58.3	无数据

注：表中的分级标准参照第二次土壤普查全国标准。

从表2-8可知，广东省菜地土壤有效铁一级水平的占95.8%，二级水平和三级水平的分别占1.91%和1.53%，四级水平和五级水平的均占0.38%。其中，一级水平占比例最大，珠江三角洲、粤东、粤西和粤北四个片区有效铁占比为87.5%～98.0%；二级水平是粤北（8.33%）>粤西（4.55%）>珠江三角洲（0.67%）；三级水平是粤北（4.17%）>粤东（2.30%）>粤西（2.25%）>珠江三角洲（0.67%）；四级水平和五级水平均少见（除珠江三角洲五级仅占0.66%外）。可见，广东省菜地土壤有效铁基本上是丰富的。

表2-8还显示，广东省菜地土壤有效锰，一级水平、二级水平和三级水平分别占28.4%、26.1%和35.3%，四级水平的占9.43%，五级水平的仅占0.77%。其中，一级水平的珠江三角洲（32.0%）>粤东（27.9%）>粤北（25.0%）>粤西（18.2%）；二级水平的粤东（32.6%）>珠江三角洲（30.0%）>粤西（18.2%）>粤北（4.1%）；三级水平的粤北（54.2%）>粤西（52.3%）>粤东（32.6%）>珠江三角洲（28.0%）；四级水平的粤北（16.7%）>珠江三角洲（9.33%）>粤西（9.09%）>粤东（6.90%）；五级水平的粤西和珠江三角洲分别仅占2.21%和0.67%，而粤东和粤北少见。可见，广东省菜地土壤锰基本是丰富的。

表2-8 菜地土壤有效铁、有效锰各等级的分布频率

有效铁/有效锰	一级		二级		三级		四级		五级	
	Fe	Mn	Fe	Mn	Fe	Mn	Fe	Mn	Fe	Mn
	>20 mg/kg	>30 mg/kg	10.0～20.0 mg/kg	15～30 mg/kg	4.5～10 mg/kg	5.0～15 mg/kg	2.5～4.5 mg/kg	1.0～5.0 mg/kg	<2.5 mg/kg	<1.0 mg/kg
广东省/%	95.8	28.4	1.91	26.1	1.53	35.3	0.38	9.43	0.38	0.77
珠江三角洲/%	98.0	32.0	0.67	30.0	0.67	28.0	—	9.33	0.66	0.67
粤东/%	97.7	27.9	—	32.6	2.30	32.6	—	6.90	—	—
粤西/%	93.2	18.2	4.55	18.2	2.25	52.3	—	9.09	—	2.21
粤北/%	87.5	25.0	8.33	4.1	4.17	54.2	—	16.7	—	—

注：表中的分级标准是参照第二次土壤普查全国标准。

表2-9显示，广东省菜地土壤有效铜处于一级水平的达67.4%，二级水平占21.1%，三级水平占9.58%，四级水平和五级水平仅占0.38%和1.54%。其中，一级水平的珠江三角洲（80.0%）>粤北（66.7%）>粤东（55.8%）>粤西（36.4%）；二级水平粤西（36.4%）>粤东（34.9%）>粤北（20.8%）>珠江三角洲（12.7%）；三级水平粤西（25.0%）>粤东（9.30%）>粤北（8.33%）>珠江三角洲（5.30%）；四级水平只有粤北，仅占4.17%，其他区域少见；五级水平只有粤西和珠江三角洲，仅占2.20%和2.00%，粤东和粤北少见。可见，广东省菜地土壤基本不缺铜。

表2-9还显示，全省菜地土壤有效锌，一级水平和二级水平的分别占比为62.6%和26.6%，三级水平占7.72%，四级水平和五级水平均仅占1.54%。其中一级水平珠江三角洲（74.3%）>粤东（58.1%）和粤北（58.3%）>粤西（27.3%）；二级水平粤北（41.7%）>粤西（36.4%）>粤东（34.9%）>珠江三角洲（18.9%）；三级水平粤西（22.7%）>粤东（7.00%）>珠江三角洲（4.73%），粤北少见；四级水平和五级水平粤西占9.09%和4.51%，珠江三角洲仅占0.68%和1.39%；粤北少见三级水平、四级水平和五级水平的，粤东少见四级水平、五级水平的。可见，广东省菜地土壤基本不缺锌。

表2-9　菜地土壤有效铜、有效锌各等级的分布频率

有效铜/有效锌	一级		二级		三级		四级		五级	
	Cu	Zn	Cu	Zn	Cu	Zn	Cu	Zn	Cu	Zn
	>1.8 mg/kg	>3.0 mg/kg	1.0～1.8 mg/kg	1.0～3.0 mg/kg	0.2～1.0 mg/kg	0.5～1.0 mg/kg	0.1～0.2 mg/kg	0.3～0.5 mg/kg	<0.1 mg/kg	<0.3 mg/kg
广东省/%	67.4	62.6	21.1	26.6	9.58	7.72	0.38	1.54	1.54	1.54
珠江三角洲/%	80.0	74.3	12.7	18.9	5.30	4.73	—	0.68	2.00	1.39
粤东/%	55.8	58.1	34.9	34.9	9.30	7.00	—	—	—	—
粤西/%	36.4	27.3	36.4	36.4	25.0	22.7	—	9.09	2.20	4.51
粤北/%	66.7	58.3	20.8	41.7	8.33	—	4.17	—	—	—

注：表中的分级标准是参照第二次土壤普查全国标准。

第三节　菜地土壤养分供应状况

菜地土壤养分的供肥量可根据田间试验无肥区蔬菜产量占比来反映，即土壤肥力依存率=（无肥区作物产量/施肥区作物产量）×100%。现对几年来200多个蔬菜田间试验缺氮区、缺磷区和缺钾区的相对产量进行梳理，统计获得结果见表2-10，用以考察广东省菜地土壤的养分供应特征。

一、菜地土壤肥力依存率

根据表2-10，广东省菜地土壤肥力依存率（无肥区相对产量）为5.61%～110%，平均为55.6%；菜地土壤供氮能力（缺氮区相对产量）为10.1%～120%，平均为68.8%；菜地土壤供磷能力（缺磷区相对产量）为22.8%～119%，平均为89.0%；菜地土壤供钾能力（缺钾区相对产量）为34.7%～125%，平均为89.8%。但各区域菜地土壤肥力依存率和氮磷钾的供肥能力有一定差异，土壤肥力依存率表现为：珠江三角洲（61.4%）＞粤西（56.5%）＞粤北（55.8%）＞粤东（47.6%）；土壤供氮能力表现为：珠江三角洲（70.1%）和粤西（70.6%）＞粤东（66.5%）＞粤北（65.9%）；土壤供磷能力表现为：珠江三角洲（92.4%）＞粤东（86.4%）＞粤西（85.8%）＞粤北（83.2%）；土壤供钾能力表现为：珠江三角洲（93.0%）=粤西（93.0%）＞粤东（84.8%）＞粤北（82.6%）。可见，粤北的菜地土壤供肥能力低于珠江三角洲及东西部沿海地区。

表2-10　广东省及各区域蔬菜田间试验地的缺肥区相对产量（土壤养分供应状况）

区域		土壤肥力依存率（无肥区相对产量）	土壤供氮能力（缺氮区相对产量）	土壤供磷能力（缺磷区相对产量）	土壤供钾能力（缺钾区相对产量）
广东省	平均值/%	55.6+23.93	68.8+22.7	89.0+14.6	89.8+15.3
	范围/%	5.61～110	10.1～120	22.8～119	34.7～125
	观测数/个	209	209	209	209
珠江三角洲	平均值/%	61.4+26.6	70.1+24.1	92.4+12.4	93.0+14.6
	范围/%	5.61～110	15.5～110	48.2～116	37.1～125
	观测数/个	105	105	105	105
粤东	平均值/%	47.6+17.6	66.5+21.1	86.4+15.7	84.8+13.6
	范围/%	7.6～88.3	10.1～107	22.8～119	34.6～111
	观测数/个	55	55	55	55
粤西	平均值/%	56.5+21.8	70.6+22.7	85.8+16.1	93.0+13.1
	范围/%	27.3～98.2	27.7～120	34.0～106	60～121
	观测数/个	28	28	28	28
粤北	平均值/%	55.8+21.1	65.9+19.7	83.2+16.1	82.6+20.2
	范围/%	24.8～92.4	38.2～93.4	45.9～105	43.6～117
	观测数/个	21	21	21	21

二、菜地土壤供氮能力

根据表2-11，菜地土壤供氮能力，广东省处于极低水平的占48.8%，其中粤东占比最大，为58.2%，其次是粤西，占50.0%，珠江三角洲和粤北占比最小，分别为44.8%和42.9%；处于低水平的广东省占12.0%，其中粤北占23.8%，珠江三角洲占11.4%，粤西和粤东最少，分别占10.7%和9.09%；处于中等水平的广东省占19.6%，其中粤北占28.6%，粤东占21.8%，珠江三角洲占20.0%，粤西占7.14%；处于高水平的广东省占10.5%，粤西占25.0%，珠江三角洲占11.4%，粤北占4.7%，粤东占3.64%；处于极高水平的广东省只占9.1%，其中珠江三角洲占比较大，为12.4%，粤东和粤西分别为7.27%和7.16%，粤北则没有这一个级。

表2-11　各区域菜地土壤各级供肥能力的分布频率

区域	试验项目	试验数/个	极低/%（相对产量<70%）	低/%（相对产量70%～80%）	中/%（相对产量80%～90%）	高/%（相对产量90%～95%）	极高/%（相对产量>95%）
广东省	缺氮区	209	48.8	12.0	19.6	10.5	9.1
珠江三角洲		105	44.8	11.4	20.0	11.4	12.4
粤东		55	58.2	9.09	21.8	3.64	7.27
粤西		28	50.0	10.7	7.14	25.0	7.16
粤北		21	42.9	23.8	28.6	4.7	0
广东省	缺磷区	209	10.1	9.1	21.5	25.8	33.5
珠江三角洲		105	4.76	8.64	17.1	27.6	41.9
粤东		55	14.6	10.9	21.8	23.6	29.1
粤西		28	17.9	3.5	28.6	28.6	21.4
粤北		21	14.3	9.5	33.3	23.8	19.1
广东省	缺钾区	209	9.57	10.03	23.0	18.2	39.2
珠江三角洲		105	7.62	4.78	19.1	17.1	51.4
粤东		55	12.7	18.2	30.9	16.4	21.8
粤西		28	3.57	7.13	25.0	25.0	39.3
粤北		21	19.1	14.3	23.8	19.1	23.7

注：表中的相对产量，缺氮区反映土壤供氮能力、缺磷区反映土壤供磷能力、缺钾区反映土壤供钾能力。

三、菜地土壤供磷能力

从表2-11可看出，土壤供磷能力与供氮能力相反，处于中等以上水平的广东省占80.8%，处于低水平和极低水平的只占19.2%。处于极高水平的广东省占33.5%，其中珠江三角洲占41.9%，粤东占29.1%，粤西占21.4%，粤北占19.1%；高水平的广东省占25.8%，其中粤西和珠江三角洲占28.6%和27.6%，略大于粤北（23.8%）和粤东（23.6%）；中等水平的广东省占21.5%，其中粤北的占比最大，为33.3%，其次是粤西，占28.6%，粤东占21.8%，珠江三角洲

占比最小，为17.1%；处于极低水平的广东省占比10.1%，其中粤西占17.9%，粤东占14.6%，粤北占14.3%，珠江三角洲仅占4.76%。

四、菜地土壤供钾能力

表2-11显示，土壤供钾能力与供磷能力相似，处于中等以上水平的广东省平均占80.4%，其中粤西和珠江三角洲分别占89.3%和87.6%，占比大，其次是粤东和粤北，分别占69.1%和66.6%；极高水平的广东省平均占39.2%，其中珠江三角洲占比最大，为51.4%，其次是粤西占39.3%，粤北和粤东分别占23.7%和21.8%；处于低水平和极低水平的广东省平均只占19.1%，粤东和粤北占比最大，分别为30.9%和33.4%，珠江三角洲和粤西占比最小，分别占12.4%和10.7%。

菜地土壤无机养分除了有效硼和有效镁之外，有效磷、速效钾和微量元素均较高，因此不难解释广东省的施肥田间试验有6.1%的试验施氮肥无效，有17.6%的试验施磷肥无效，有28.6%的试验施钾肥无效。可见，建立蔬菜测土施肥指标体系，正确指导蔬菜施肥，避免蔬菜生产盲目施肥的重要性和必要性。

第三章　蔬菜的营养需求特性

营养元素是蔬菜生长、产量形成和品质提高的物质基础。蔬菜植株的养分水平与产量和产品品质的关系密切。本章通过研究华南主要蔬菜种类生长及不同生育期所需的营养物质，以及不同施肥处理对蔬菜植株营养状况的影响，探索蔬菜的营养需求规律、营养状况及其与产品品质的关系，以期为蔬菜生产对养分和水分的科学管理提供理论依据。

第一节　蔬菜营养的基本物质

蔬菜同其他植物一样，生物体由水分和干物质两部分组成。

一、蔬菜的水分含量

水是植物维持生命的基本条件，也是土壤肥力的因素之一。同时，水是组成蔬菜的重要成分，蔬菜的水和肥管理是蔬菜丰产的关键。了解蔬菜含水量对蔬菜的水分精确管理，以及提高产量有很大帮助。不同种类的蔬菜及蔬菜不同器官的含水量为56.8%～98.2%，平均达89.9%。一般蔬菜可食部分的含水量要大于不可食部分和地下部分，地上部的可食部分含水量可达90%以上。但块茎类的萝卜和马铃薯则例外，如萝卜的地下部分为可食部分，其含水量达95.9%，大于地上部的不可食部分（93.1%），马铃薯则是地下部可食部分的含水量为84.8%，远低于地上部的92.3%，这可能是马铃薯含丰富淀粉类物质的原因。

不同蔬菜品种和不同部位的含水量如表3–1和表3–2所示。

表3–1　不同蔬菜的水分含量

项目	总体	叶菜类	瓜类	豆类	甘蓝类	茄果类	块茎类
平均/%	89.9	93.9	89.8	86.3	92.7	85.3	91.1
标准差	5.7	1.7	5.5	6.2	2.7	9.0	4.5
最小值/%	56.8	87.9	69.7	60.9	85.9	56.8	77.3
最大值/%	98.2	98.2	98.1	94.6	98.1	94.5	97.0
观测数/个	5 146	1 216	2 158	1 442	138	159	140

表3-2　蔬菜不同部位的水分含量

项目	叶菜类		瓜类		豆类		甘蓝		茄子		萝卜		马铃薯	
部位	可食	不可食	可食	不可食	可食	不可食	可食	不可食	可食	不可食	可食	不可食	可食	不可食
平均/%	94.1	93.8	94.7	85.1	91.2	80.8	95.4	92.3	90.5	72.6	95.9	93.1	84.8	92.3

同一品种蔬菜在不同的生育时期，其水分含量也有所变化。图3-1以节瓜和茄子为例，显示出瓜果类蔬菜在幼苗期至开花期的水分含量较低，在开花时达到最低水平，以后随着植株的生长发育，水分含量不断增加，至盛瓜期达到最高水平，以后又逐渐降低。

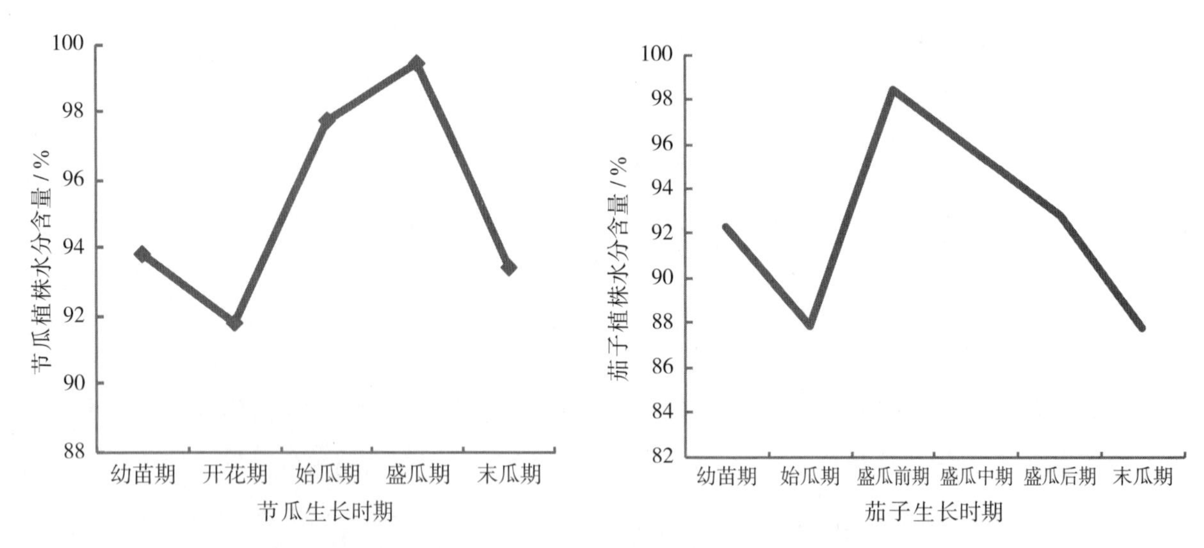

图3-1　两种瓜在不同生长时期的水分含量动态变化

二、蔬菜的干物质

新鲜的蔬菜除去水分，剩余的部分即为干物质。植物的含水量往往因其所处的环境条件不同而变化很大，因此，植物各器官生长量的多少以其干物质为基础来表示（干基），蔬菜也一样。

干物质是植物生理学、营养学中的一个术语，是指有机体在60～90℃的恒温下，充分干燥后余下的有机物的重量，是衡量植物有机物积累、营养成分多寡的一个重要指标。蔬菜等植物的干物质中有机物占90%左右。将干物质进行充分燃烧，燃烧时其中的碳、氢、氧、氮等元素以CO_2、水、分子态氮和氮的氧化物的形式挥发掉，剩下的物质便是灰分。灰分主要由各种金属的氧化物、磷酸盐、硫酸盐和氯化物等构成。灰分的元素称为灰分元素或矿质元素，平均占植物干物质的5%。氮在燃烧过程中散失而不存在于灰分中，因此氮不属于矿质元素。

三、蔬菜的养分

（一）养分浓度

据表3-3至表3-6可知，蔬菜养分浓度尽管因不同的土壤肥力而有所差异，但总的来说存在相同的规律。其中，在小白菜养分（表3-3）中，以钾的浓度最高，其次为氮，其大量元素和中量元素养分浓度高低的顺序为K＞N＞Ca＞P＞S＞Mg，微量养分浓度高低的顺序为Zn＞B＞Cu，说明以小白菜为代表的叶菜类蔬菜，是喜钾作物。

表3-3　小白菜植株养分浓度（干基）

元素	项目	小白菜（矮脚奶白菜）						小白菜（黑叶白菜）	
		砂土		壤土		黏土		黏壤土	
		地上部	地下部	地上部	地下部	地上部	地下部	地上部	地下部
N/（g·kg^{-1}）	范围	31.52～50.8	22.9～23.32	38.8～57.2	23.8～26.2	20.9～53.1	20.1～23.1	40.8～50.7	25.6～27.1
	平均值	44.3	23.1	45.3	25	42.0	21.6	44.9	26.1
P/（g·kg^{-1}）	范围	7.22～9.99	6.93～7.22	7.26～9.99	5.68～5.76	6.49～11.9	6.32～6.56	6.49～8.16	3.68～3.96
	平均值	8.54	7.08	8.57	5.72	9.15	6.44	7.45	3.80
K/（g·kg^{-1}）	范围	32.9～64.9	61.2～61.4	52.4～67.6	59.9～59.9	45.8～75.8	45.8～47.9	75.0～97.5	42.5～57.5
	平均值	52.7	61.29	61.9	59.9	61.5	46.8	87.5	52.5
Ca/（g·kg^{-1}）	范围	16.0～25.5	8.19～11.59	17.1～22.3	10.5～20.0	14.8～35.2	—	18.1～32.1	8.70～9.10
	平均值	20.0	9.89	18.9	15.3	26.4	20.5	26.9	8.87
Mg/（g·kg^{-1}）	范围	1.84～3.30	2.06～2.35	2.14～4.68	2.22～2.81	1.71～2.68	—	1.34～2.15	1.04～1.08
	平均值	2.69	2.21	2.49	2.52	2.17	2.83	1.76	1.05
S/（g·kg^{-1}）	范围	2.16～7.20	1.71～3.31	3.83～6.66	1.79～2.31	3.75～6.86	—	4.20～7.10	3.30～4.30
	平均值	4.80	2.51	5.17	2.05	4.53	2.09	5.37	3.70
B/（mg·kg^{-1}）	范围	12.4～41.8	23.0～24.0	15.8～36.8	27.0～31.2	23.9～61.1	—	26.6～44.2	17.9～33.9
	平均值	26.5	23.5	25.5	29.1	34.8	29.7	36.2	28.0
Cu/（mg·kg^{-1}）	范围	5.67～13.7	15.2～17.3	6.25～12.7	11.8～16.0	7.90～21.8	—	8.37～16.73	6.51～10.2
	平均值	9.81	16.3	9.86	13.9	12.3	14.3	11.5	8.37
Zn/（mg·kg^{-1}）	范围	34.7～134.7	49.5～66.7	36.0～81.1	67.9～85.2	35.4～83.3	—	44.1～50.2	46.1～51.9
	平均值	71.3	58.1	53.5	76.6	61.2	88.2	48.1	48.9

注：表中数据为试验中几个有代表性处理，3个重复，共36个分析数据的平均值。

苦瓜养分浓度（表3-4），如果从不同部位看，氮、磷、钾、硼的养分浓度均是果实的浓度高于植株，但钙、镁的浓度则是植株高于果实，特别是养分钙，植株的钙浓度是果实的5～7倍。果实的养分浓度在两种土壤上均为K＞N＞P＞Ca＞Mg＞S＞B＞Zn＞Cu，植株的养分浓度

在两种土壤上均为K> Ca>N>P>Mg>S>Zn>B>Cu。

表3–4 不同质地土壤的苦瓜养分浓度（干基）

元素	项目	砂土		壤土	
		苦瓜果实	苦瓜植株	苦瓜果实	苦瓜植株
N/（$g·kg^{-1}$）	范围	20.2～41.7	20.9～30.8	24.6～41.8	19.9～29.7
	平均值	31.4	25.3	31.1	24.3
P/（$g·kg^{-1}$）	范围	5.02～8.47	3.00～6.44	4.83～7.88	3.85～7.01
	平均值	6.70	4.60	6.23	4.87
K/（$g·kg^{-1}$）	范围	40.1～59.7	34.8～50.9	45.5～55.6	39.4～56.1
	平均值	50.0	43.8	49.2	46.1
Ca/（$g·kg^{-1}$）	范围	3.25～5.92	23.3～37.7	3.80～5.53	30.8～41.2
	平均值	4.95	28.2	4.70	35.5
Mg/（$g·kg^{-1}$）	范围	2.53～3.65	3.19～4.56	2.90～3.44	3.06～4.25
	平均值	3.12	3.73	3.15	3. 80
S/（$g·kg^{-1}$）	范围	1.40～2.53	1.61～2.08	1.99～2.49	1.62～2.55
	平均值	1.86	1.86	2.255	2.19
B/（$mg·kg^{-1}$）	范围	30.1～91.4	17.5～39.7	30.7～81.4	16.7～28.5
	平均值	61.7	23.5	51.6	20.5
Zn/（$mg·kg^{-1}$）	范围	33.2～46.6	49.2～68.4	29.1～43.2	34.9～63.4
	平均值	40.7	61.3	35.0	45.2
Cu/（$mg·kg^{-1}$）	范围	10.6～15.3	10.4～17.9	9.01～13.5	12.0～18.2
	平均值	13.7	15.4	11.4	15.0

注：苦瓜植株带根，表中数据为试验中几个有代表性处理，3个重复，共36个分析数据的平均值。

豇豆养分（表3–5），氮、磷、钾的浓度均是豆荚的浓度高于植株，但钙、镁、硫的浓度则是植株高于豆荚，特别是钙元素，植株的钙浓度是豆荚的3～5倍。其中豆荚的养分大量和中量元素浓度在两种土壤上均为N>K>P>Ca>Mg>S，植株的养分大量和中量元素浓度在砂土均为K>N>Ca>S>Mg>P，壤土上为K>N>Ca>Mg>S>P。而微量元素浓度，在两种土壤上的豆荚和植株均是Zn>B>Cu。

茄子养分（表3–6），氮、磷、钾、铜的浓度是果实的浓度高于植株，但钙和锌的浓度则是植株比果实高几倍，而镁、硫、硼的浓度则两部位之间差异不明显。其中果实的养分浓度为K>N>P>Mg≈Ca>S>B>Zn>Cu，植株的养分浓度为K>N≈Ca>P>Mg>S>Zn>B>Cu。

冬种马铃薯（表3–6）所有养分浓度均是植株高于块茎，其中植株的钙浓度是块茎的59

倍，钾浓度是块茎的2.7倍，氮浓度是块茎的1.8倍，镁浓度是块茎的3.5倍，锌浓度是块茎的3倍。其中块茎的养分浓度为K>N>P>S>Mg>Ca>Zn>B>Cu，植株的养分浓度为K>N>Ca>Mg>S>P>Zn> B>Cu。

表3-5　不同质地土壤的豇豆养分浓度（干基）

元素	项目	砂土		壤土	
		豇豆豆荚	豇豆植株	豇豆豆荚	豇豆植株
N/（$g \cdot kg^{-1}$）	范围	29.9～41.2	18.6～31.9	34.5～42.9	15.5～23.9
	平均值	35.6	22.6	39.0	19.7
P/（$g \cdot kg^{-1}$）	范围	3.78～7.61	3.00～4.48	4.84～6.46	2.64～4.57
	平均值	5.50	3.51	5.60	3.41
K/（$g \cdot kg^{-1}$）	范围	20.6～30.4	21.8～36.0	24.4～35.4	22.3～33.4
	平均值	24.3	28.6	27.2	27.1
Ca/（$g \cdot kg^{-1}$）	范围	2.38～5.61	16.6～26.4	3.41～6.56	8.29～22.0
	平均值	4.64	22.5	5.08	15.5
Mg/（$g \cdot kg^{-1}$）	范围	2.65～4.24	2.87～4.40	3.33～4.12	3.98～5.21
	平均值	3.32	3.71	3.75	4.59
S/（$g \cdot kg^{-1}$）	范围	1.20～2.10	3.39～5.45	1.28～1.97	3.19～5.05
	平均值	1.68	4.20	1.63	4.17
B/（$mg \cdot kg^{-1}$）	范围	22.2～46.2	32.0～60.4	34.8～60.7	28.3～45.3
	平均值	34.1	40.6	42.2	38.4
Zn/（$mg \cdot kg^{-1}$）	范围	46.3～72.9	29.9～54.5	38.8～67.4	36.2～70.6
	平均值	56.8	46.2	55.1	55.0
Cu/（$mg \cdot kg^{-1}$）	范围	7.18～14.6	8.44～20.2	9.16～15.7	11.2～15.6
	平均值	10.7	13.0	13.2	12.7

注：豇豆植株带根，表中数据为试验中几个有代表性处理，3个重复，共36个分析数据的平均值。

表3-6　茄子、马铃薯养分浓度（干基）

元素	项目	茄子		马铃薯	
		茄子果实	茄子植株	马铃薯块茎	马铃薯植株
N/（$g \cdot kg^{-1}$）	范围	12.7～21.0	7.50～21.5	11.6～17.4	17.2～36.7
	平均值	17.7	12.6	15.2	27.5
P/（$g \cdot kg^{-1}$）	范围	3.01～5.30	0.98～4.79	1.61～2.67	1.41～4.53
	平均值	3.74	2.07	2.05	2.14

续表

元素	项目	茄子		马铃薯	
		茄子果实	茄子植株	马铃薯块茎	马铃薯植株
K/（$g·kg^{-1}$）	范围	21.1～27.8	12.8～25.9	18.4～29.8	50.6～77.0
	平均值	24.4	19.5	23.4	62.6
Ca/（$g·kg^{-1}$）	范围	0.83～2.44	—	0.31～0.50	19.2～27.4
	平均值	1.64	12.5	0.40	23.7
Mg/（$g·kg^{-1}$）	范围	1.60～1.90	—	1.00～1.10	—
	平均值	1.70	2.00	1.10	3.90
S/（$g·kg^{-1}$）	范围	1.44～1.53	—	1.16～1.20	2.49～2.76
	平均值	1.47	1.35	1.18	2.61
B/（$mg·kg^{-1}$）	范围	16.6～41.2	—	7.18～13.6	13.2～22.4
	平均值	30.4	30.1	9.47	16.3
Zn/（$mg·kg^{-1}$）	范围	14.8～18.8	—	14.6～15.6	42.9～49.5
	平均值	16.5	49.2	15.0	45.2
Cu/（$mg·kg^{-1}$）	范围	8.86～11.9	—	4.09～5.13	6.11～7.64
	平均值	10.3	6.41	4.75	6.71

注：植株带根，表中数据为试验中几个有代表性处理，3个重复，共36个分析数据的平均值。

（二）养分吸收量

蔬菜的植株养分吸收量包括地上部的养分吸收量和根的养分吸收量。作物的养分吸收量大小，可以反映作物对养分的需求量。

表3–7　小白菜全株养分吸收量（鲜物）

元素	项目	小白菜（矮脚奶白菜）			小白菜（黑叶白菜）
		砂土	壤土	黏土	黏壤土
N/（$kg·1\ 000\ kg^{-1}$）	范围	3.10～5.71	3.96～5.02	1.53～5.76	1.35～2.33
	平均值	4.00	4.36	2.20	1.96
P/（$kg·1\ 000\ kg^{-1}$）	范围	0.690～1.11	0.719～0.980	0.395～1.073	0.266～0.348
	平均值	0.797	0.779	0.527	0.315
K/（$kg·1\ 000\ kg^{-1}$）	范围	5.35～8.57	5.31～7.47	2.43～9.22	3.22～4.07
	平均值	5.64	6.13	3.53	3.72

续表

元素	项目	小白菜（矮脚奶白菜）			小白菜（黑叶白菜）
		砂土	壤土	黏土	黏壤土
Ca/（kg·1 000 kg^{-1}）	范围	1.13～1.81	1.63～2.040	0.935～2.10	0.963～1.29
	平均值	1.52	1.78	1.47	1.09
Mg/（kg·1 000 kg^{-1}）	范围	0.222～0.270	0.218～0.263	0.094 8～0.175	0.070 1～0.077 8
	平均值	0.253	0.238	0.126	0.073 5
S/（kg·1 000 kg^{-1}）	范围	0.311～0.594	0.419～0.544	0.152～0.391	0.188～0.263
	平均值	0.406	0.459	0.240	0.227
B/（kg·1 000 kg^{-1}）	范围	0.013 7～0.035 4	0.020 3～0.032 8	0.012 3～0.031 8	0.001 17～0.002 08
	平均值	0.021 6	0.025 6	0.020 0	0.001 58
Cu/（kg·1 000 kg^{-1}）	范围	0.007 1～0.012 1	0.000 97～0.010 7	0.005～0.009 3	0.000 372～0.000 546
	平均值	0.009 35	0.001 01	0.007 1	0.000 478
Zn/（kg·1 000 kg^{-1}）	范围	0.039 3～0.083 5	0.004 86～0.067 8	0.030 3～0.045 9	0.001 73～0.002 46
	平均值	0.058 4	0.054 6	0.035 2	0.002 15

根据表3-7可知，小白菜在相同的施肥数量条件下，三种土壤相比：壤土的氮、钾、钙、硫、硼养分吸收量最大；砂土的磷、镁、铜、锌吸收量最大；黏土的养分吸收量均为最小。说明壤土较适合这种蔬菜的生长，在黏土中大多数养分浓度均较高，但由于质地黏重，土壤的通透性能较差，即使所施养分与其他土壤一样，但还是抑制了作物对土壤中养分的吸收，同时由于质地黏重影响一些养分（如磷）的有效性，因而作物的生长与其他质地的土壤相比较差；而砂土，虽然大多数养分浓度均较低，但适量施肥，作物可以及时吸收到所施养分，因此作物生长受影响不大。

表3-7的结果表明，在生长条件合适时（以壤土为例），每生产1 000 kg矮脚奶白菜，平均从土壤中吸收N 4.36 kg、P 0.779 kg、K 6.13 kg、Ca 1.78 kg、Mg 0.238 kg、S 0.459 kg、B 25.6 g、Cu 1.01 g、Zn 54.6 g。

表3-7还表明，每生产1 000 kg黑叶白菜，从黏壤土中吸收：N 1.96 kg、P 0.315 kg、K 3.72 kg、Ca 1.09 kg、Mg 0.073 5 kg、S 227 g、B 1.58 g、Cu 0.478 g、Zn 2.15 g。

表3-8 不同质地土壤的苦瓜和豇豆全株养分吸收量（鲜物）

元素	项目	苦瓜		豇豆	
		砂土	壤土	砂土	壤土
N/（kg·1 000 kg^{-1}）	范围	1.88～3.28	3.06～4.26	3.20～5.70	3.51～4.64
	平均值	2.81	3.49	4.33	3.93
P/（kg·1 000 kg^{-1}）	范围	0.389～0.681	0.587～0.875	0.547～0.832	0.535～0.709
	平均值	0.555	0.694	0.658	0.593
K/（kg·1 000 kg^{-1}）	范围	3.57～5.76	5.43～7.68	2.53～5.18	3.07～3.77
	平均值	4.71	6.19	3.65	3.38
Ca/（kg·1 000 kg^{-1}）	范围	1.93～2.76	2.65～4.20	0.790～1.51	1.02～1.50
	平均值	2.29	3.24	1.09	1.21
Mg/（kg·1 000 kg^{-1}）	范围	0.343～0.415	0.399～0.569	0.332～0.461	0.461～0.557
	平均值	0.386	0.460	0.386	0.507
S/（kg·1 000 kg^{-1}）	范围	0.186～0.231	0.237～0.346	0.219～0.320	0.282～0.372
	平均值	0.203	0.283	0.266	0.332
B/（kg·1 000 kg^{-1}）	范围	0.003 88～0.008 76	0.004 14～0.005 39	0.003 08～0.005 12	0.004 49～0.005 85
	平均值	0.005 89	0.004 76	0.004 16	0.005 05
Cu/（kg·1 000 kg^{-1}）	范围	0.000 915～0.001 08	0.000 902～0.001 04	0.000 743～0.000 819	0.000 752～0.000 835
	平均值	0.000 981	0.000 974	0.000 784	0.000 784
Zn/（kg·1 000 kg^{-1}）	范围	0.003 51～0.003 70	0.002 64～0.003 12	0.003 68～0.003 79	0.003 10～0.003 64
	平均值	0.003 63	0.002 93	0.003 73	0.003 33

表3-8显示，每生产1 000 kg苦瓜，平均所需吸收的大量和中量元素，壤土的均大于砂土的，砂土的苦瓜产量虽然较高，但其所需养分较低，可能与瓜的干物量较小而水分含量较高有关。

在壤土上，苦瓜每形成1 000 kg产量，平均从土壤中吸收N 3.49 kg、P 0.694 kg、K 6.19 kg、Ca 3.24 kg 、Mg 0.460 kg 、S 0.283 kg 、B 4.76 g、Cu 0.974 g、Zn 2.93 g。在砂土上，微量元素硼的吸收比壤土上吸收得略多。

表3-8的结果还显示，每生产1 000 kg豇豆，平均所需吸收的大量元素是砂土＞壤土，而中量、微量元素的量则是壤土＞砂土。

在砂土和壤土上，每生产1 000 kg豇豆，平均从土壤中吸收N 4.33 kg和3.93 kg，P 0.658 kg和0.593 kg，K 3.65 kg和3.38 kg，Ca 1.09 kg和1.21 kg，Mg 0.386 kg和0.507 kg，S 0.266 kg和0.332 kg，B 4.16 g和5.05 g，Cu均为0.784 g，Zn 3.73 g和3.33 g。砂土上的N、P、K、Zn的吸收量比壤土的稍多，而Ca、Mg、S、B的吸收量在壤土上略多。

表3-9　茄子、冬种马铃薯全株养分吸收量（鲜物）

元素	项目	茄子	马铃薯
N/（$kg \cdot 1\,000\ kg^{-1}$）	范围	1.02～3.48	1.79～3.23
	平均值	2.13	2.61
P/（$kg \cdot 1\,000\ kg^{-1}$）	范围	0.249～0.499	0.225～0.430
	平均值	0.386	0.309
K/（$kg \cdot 1\,000\ kg^{-1}$）	范围	1.87～4.53	3.75～5.20
	平均值	3.09	4.52
Ca/（$kg \cdot 1\,000\ kg^{-1}$）	范围	1.28～1.45	0.463～0.732
	平均值	1.36	0.563
Mg/（$kg \cdot 1\,000\ kg^{-1}$）	范围	0.285～0.356	0.200～0.260
	平均值	0.326	0.232
S/（$kg \cdot 1\,000\ kg^{-1}$）	范围	0.223～0.265	0.189～0.235
	平均值	0.242	0.219
B/（$kg \cdot 1\,000\ kg^{-1}$）	范围	0.004 18～0.005 98	0.001 31～0.002 38
	平均值	0.005 20	0.001 71
Cu/（$kg \cdot 1\,000\ kg^{-1}$）	范围	0.001 37～0.001 41	0.000 600～0.000 925
	平均值	0.001 38	0.000 806
Zn/（$kg \cdot 1\,000\ kg^{-1}$）	范围	0.005 65～0.006 62	0.002 61～0.003 39
	平均值	0.006 09	0.003 06

注：单位养分吸收量=单位干物量×养分浓度。

表3-9的结果显示，每生产1 000 kg茄子，平均从土壤中吸收N 2.13 kg、P 0.386 kg、K 3.09 kg、Ca 1.36 kg、Mg 0.326 kg、S 0.242 kg、B 5.20 g、Cu 1.38 g、Zn 6.09 g。每生产1 000 kg冬种马铃薯块茎，平均从土壤中吸收N 2.61 kg、P 0.309 kg、K 4.52 kg、Ca 0.563 kg、Mg 0.232 kg、S 0.219 kg、B 1.71 g、Cu 0.806 g、Zn 3.06 g。

从表3-10可看出，各种蔬菜对大量、中量元素的吸收量大小顺序为，除豇豆吸收氮最多之外，小白菜、苦瓜、茄子、马铃薯均为吸收钾最多；对几种微量元素的吸收量顺序均为铜最少，苦瓜、豇豆吸收硼最多，小白菜、茄子和马铃薯吸收锌最多。

表3-10 几种蔬菜对各元素的吸收量顺序

品种	吸收量顺序比较	
	大量元素和中量元素	微量元素
小白菜	K>N>Ca>P>S>Mg	Zn>B>Cu
苦瓜	K>N>Ca>P>Mg>S	B>Zn>Cu
豇豆	N>K>Ca>P>Mg>S	B>Zn>Cu
茄子	K>N> Ca>P≈Mg>S	Zn>B> Cu
马铃薯	K>N> Ca>P>Mg≈S	Zn>B> Cu

（三）养分吸收比例和吸收总量

作物的养分吸收量和比例可以反映该作物对各种养分的需求量，从表3-11可知，小白菜对大量元素和中量元素的吸收比例，N：P为1：（0.16～0.24），N：K为1：（1.41～1.90），N：Ca为1：（0.38～0.67），N：Mg为1：（0.04～0.06），N：S为1：（0.10～0.12）。

苦瓜对大量元素和中量元素的吸收比例，N：P为1：0.2，N：K为1：（1.68～1.77），N：Ca为1：（0.81～0.93），N：Mg为1：（0.13～0.14），N：S为1：（0.07～0.08）。

豇豆对大量元素和中量元素的吸收比例，N：P为1：0.15，N：K为1：（0.84～0.86），N：Ca为1：（0.25～0.31），N：Mg为1：（0.09～0.13），N：S为1：（0.06～0.08）。

茄子对大量元素和中量元素的吸收比例，N：P为1：0.18，N：K为1：1.45，N：Ca为1：0.64，N：Mg为1：0.15，N：S为1：0.11。

冬种马铃薯对大量元素和中量元素的吸收比例，N：P为1：0.12，N：K为1：1.74，N：Ca为1：0.22，N：Mg为1：0.09，N：S为1：0.08。

在相同质地的土壤上，叶菜类、瓜类和豆类三种蔬菜的养分吸收总量中，氮所占的比例是豆类＞瓜类＞叶菜类；磷所占的比例是豆类和叶菜类相似＞瓜类；钾所占的比例是叶菜类＞瓜类＞豆类；钙所占的比例是瓜类＞叶菜类＞豆类；镁所占的比例是豆类＞瓜类＞叶菜类；硫所占的比例是叶菜类＞豆类＞瓜类。

表3-11 蔬菜对大量和中量元素吸收比例

蔬菜品种	土壤	大量和中量元素吸收百分数/ %						总量/（kg·1 000 kg^{-1}，鲜物）	大量和中量元素吸收比例
		N	P	K	Ca	Mg	S		N：P：K：Ca：Mg：S
小白菜（矮脚奶白菜）	砂土	31.7	6.32	44.69	12.06	2.01	3.22	12.6	1：0.20：1.41：0.38：0.06：0.10
	壤土	31.71	5.67	44.6	12.95	1.73	3.34	13.7	1：0.18：1.41：0.41：0.05：0.11
	黏土	27.2	6.50	43.6	18.17	1.56	2.97	8.09	1：0.24：1.60：0.67：0.06：0.11

续表

蔬菜品种	土壤	大量和中量元素吸收百分数/%						总量/（kg·1 000 kg^{-1}，鲜物）	大量和中量元素吸收比例
		N	P	K	Ca	Mg	S		N：P：K：Ca：Mg：S
小白菜（黑叶白菜）	黏壤土	26.5	4.30	50.30	14.8	1.00	3.10	7.39	1：0.16：1.90：0.56：0.04：0.12
苦瓜	砂土	25.66	5.06	43.0	20.9	3.53	1.85	10.95	1：0.20：1.68：0.81：0.14：0.07
	壤土	24.3	4.83	43.1	22.6	3.20	1.97	14.36	1：0.20：1.77：0.93：0.13：0.08
豇豆	砂土	41.7	6.34	35.16	10.5	3.72	2.57	10.38	1：0.15：0.84：0.25：0.09：0.06
	壤土	39.49	5.96	33.97	12.16	5.09	3.33	9.95	1：0.15：0.86：0.31：0.13：0.08
茄子	黏壤土	28.3	5.13	41.0	18.06	4.30	3.21	7.53	1：0.18：1.45：0.64：0.15：0.11
马铃薯	黏壤土	30.8	3.66	53.5	6.70	2.75	2.59	8.45	1：0.12：1.74：0.22：0.09：0.08

在几种不同类型的蔬菜中，单位产量（1 000 kg）养分吸收总量的顺序为：苦瓜>小白菜>豇豆>马铃薯>茄子。其中单位产量（1 000 kg）对氮养分吸收量顺序为：豇豆>小白菜>马铃薯>茄子>苦瓜；对磷养分吸收量顺序为：小白菜>豇豆>茄子>苦瓜>马铃薯；对钾养分吸收量顺序为：马铃薯>小白菜>苦瓜>茄子>豇豆；对钙养分吸收量顺序为：苦瓜>茄子>小白菜>豇豆>马铃薯；对镁养分吸收量顺序为：豇豆>茄子>苦瓜>马铃薯>小白菜。

第二节　蔬菜生长特点和营养吸收规律

一、蔬菜的生长特点

图3-2是以小白菜和节瓜为代表的叶菜和瓜果类蔬菜在整个生育期的生长量变化过程，从图中可看出，以节瓜为代表的瓜果类蔬菜在前期（开花期以前）植株的生长较缓慢，到了中前期（始瓜期）进入一个快速生长阶段，中后期生长速度减缓；其在结果期经历多次收获过程，因此需要进行5次以上的水分和养分的补充。而以小白菜为代表的非果类蔬菜的生长过程较简单，也是在苗期生长较缓慢，到中期有一个快速生长阶段，但没经历收果的过程，因此一般追肥1～3次即可一次收获。因此，不同种类的蔬菜对养分的要求不同。

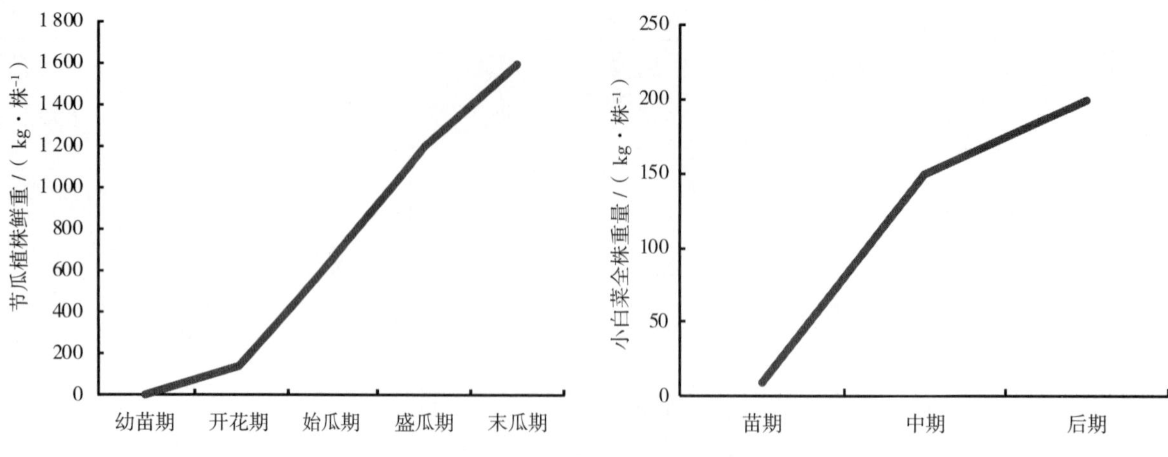

图3-2　节瓜和小白菜全期生长过程的植株重量变化

二、蔬菜的营养吸收规律

图3-3以节瓜为例，描述以节瓜为代表的蔬菜在整个生育期中氮磷钾养分含量的动态变化规律。

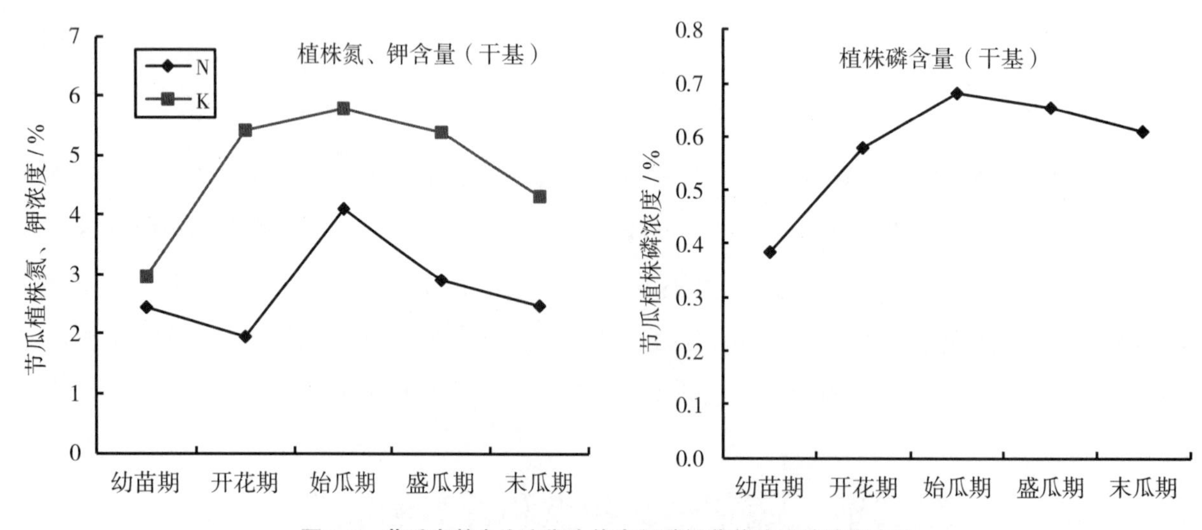

图3-3　节瓜在整个生育期中体内氮磷钾营养浓度的动态变化

从图3-3可看出，在节瓜的全生育期中，植株的磷、钾浓度均是在幼苗期最低，到开花期开始提升，至始瓜期磷、钾养分浓度达到最高峰，然后逐渐下降；而氮的养分浓度的最低点则是在开花期，在始瓜期达到最高峰，然后逐渐下降。再从节瓜全生育期的营养吸收动态变化图（图3-4）可进一步看出，节瓜前期对养分吸收量较少，到了花期以后（前中期）对养分吸收量才逐渐提升；其中对磷的养分吸收曲线在整个生育期均平缓，是随着生物量的增长而增长；钾的养分吸收曲线表现为前期缓，后期随着收瓜增多而急剧增长；而氮的吸收曲线则是波浪式增长，同样是前期缓慢，到始瓜期增长快速，后期增长较缓慢。这提示我们对以节瓜为代表的瓜果类蔬菜的施肥，氮肥特别要求在前期控肥，中后期要求供钾肥比例增大，磷肥可均匀供应。

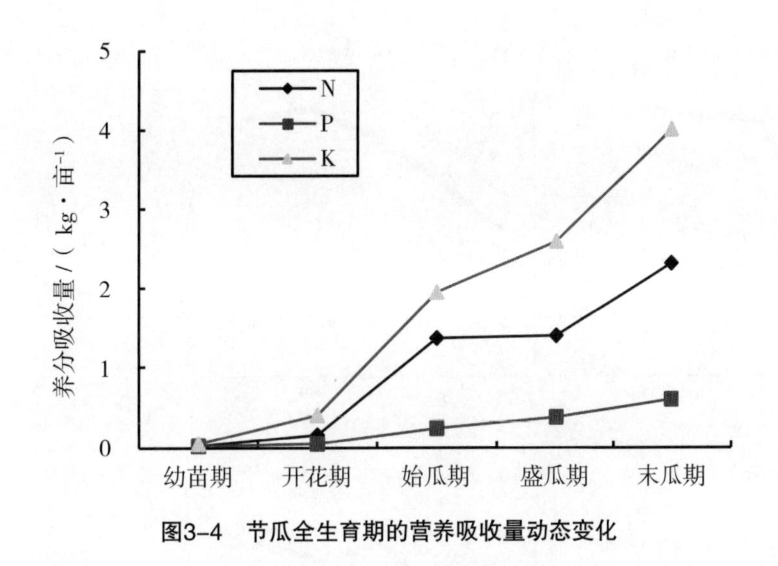

图3-4　节瓜全生育期的营养吸收量动态变化

第三节　施肥对蔬菜植株养分的影响

一、不同施肥处理对叶菜类蔬菜氮磷钾养分吸收的影响

图3-5显示，在不同质地的土壤上，施肥对蔬菜植株的氮磷钾养分吸收影响均有所差异。

（一）施肥对小白菜氮养分吸收的影响

在砂土上，无肥、不施氮、不施磷时对植株氮浓度影响均不大，但不施氮处理抑制了植株生长，因而氮的吸收量最低；不施磷虽然对氮浓度影响不大，反而有助于植株生长而增加了氮吸收量，氮吸收量甚至高于氮磷钾全肥处理，这可能由于土壤的有效磷含量较高（达87.32 mg/kg）所致；不施钾，则不仅降低氮浓度，还降低了植株氮吸收量。可见，在有效磷较高的砂土上，不施氮对蔬菜生长影响最大，而不施钾次之。

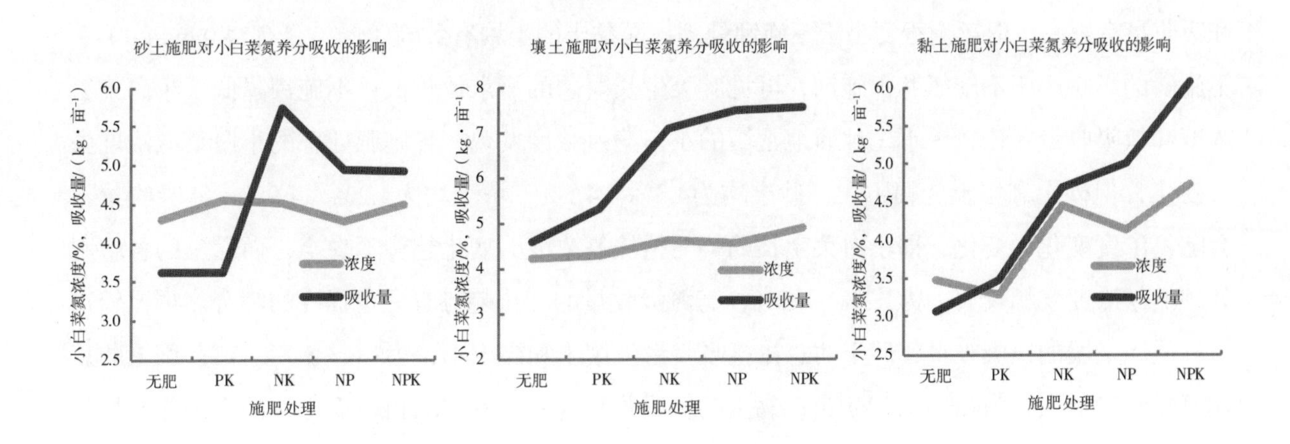

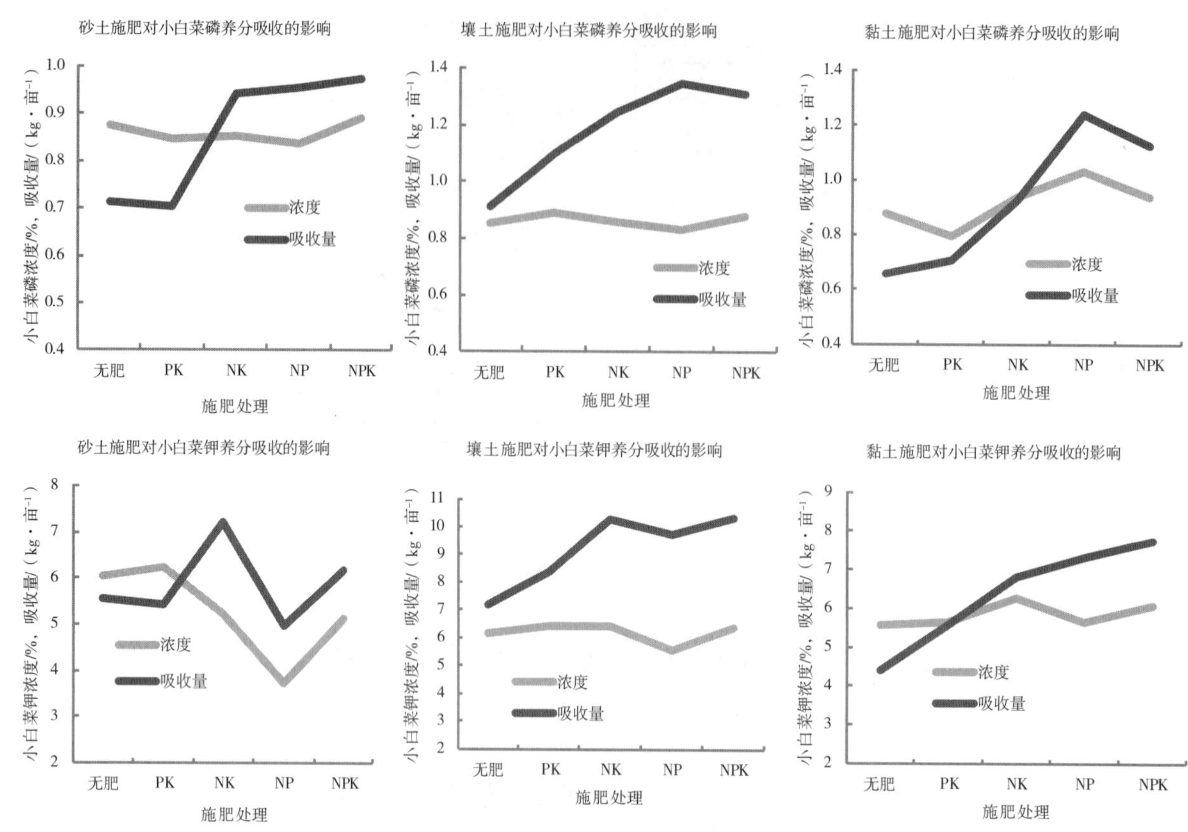

图3-5　三种不同质地土壤上施肥对小白菜氮、磷、钾养分吸收的影响

注：（1）全株吸收量=地上部吸收量+根吸收量；（2）吸收量=浓度×干物重；（3）砂土的氮、磷、钾养分（mg/kg）为60.6、87.3、87.7，壤土的氮、磷、钾养分（mg/kg）为93.9、62.4、152，黏土的氮、磷、钾养分（mg/kg）为150、14.0、136。

在壤土上，无肥及不施氮磷钾对植株氮浓度影响不大，但只有无肥和不施氮处理抑制植株生长而影响氮吸收量，不施磷对氮吸收稍有影响，但不施钾并未降低氮吸收，可能原因是壤土的钾含量较高（达152 mg/kg），以及壤土的供肥能力优于砂土。

在黏土上，无肥和不施氮处理对小白菜氮浓度和生长均有影响，而不施磷对小白菜氮浓度和吸收虽有影响，但影响程度小于不施钾处理，而黏土的土壤有效磷较低（只有14.0 mg/kg），不施磷的影响小于不施氮和不施钾，可见叶菜生长对磷的需求量较低；不施钾降低了小白菜氮浓度和氮吸收量。比较一下三种质地土壤的小白菜氮浓度发现，各施肥处理的小白菜氮浓度虽有变化，但砂土和壤土变幅不大，砂土均为4.3%～4.5%，壤土均为4.2%～4.9%，氮吸收量不会随氮浓度变化而变化，即小白菜生长趋势与植株氮浓度的变化趋势不吻合，而黏土的各施肥处理的氮浓度变幅较大，为3.2%～4.7%，与氮吸收量的变化趋势有一定程度的吻合。再比较这三种质地土壤的氮吸收量，砂土的总体氮吸收量较壤土和黏土小，为3.6～5.7 kg/亩；壤土的总体氮吸收量最大，为4.6～7.5 kg/亩；黏土的氮吸收量为3.0～6.1 kg/亩。而土壤的水解氮含量是黏土（150 mg/kg）＞壤土（93.9 mg/kg）＞砂土（60.6 mg/kg）。可见，土壤的供氮肥能力是壤土＞砂土＞黏土。

（二）施肥对小白菜磷养分吸收的影响

在砂土上，不施钾处理的小白菜磷浓度最低，其次是不施氮处理，但各施肥处理的小白菜磷浓度变幅不大；而无肥和不施氮处理抑制了小白菜正常生长而使其对磷的吸收量最低；在壤土上，各施肥处理对小白菜磷浓度影响不大，但磷吸收量是无肥区最小，其次为无氮区，再次为无磷区，而无钾的小白菜磷浓度高于氮磷钾施肥区；在黏土上，对小白菜磷浓度的影响最大是无氮区，其次是无肥区，而磷吸收量是无肥区最低，其次为无氮区；而无钾区的磷浓度和吸收量均为最高，其次为氮磷钾全肥和无磷区。比较一下三种质地土壤的小白菜磷浓度，砂土的与壤土的变化趋势和含量较为接近（0.83%～0.89%），均为无钾区的植株磷浓度最低，而黏土的植株磷浓度变幅相对较大，最低点的磷浓度在无氮区为0.79%，最高点在无钾区为1.03%。再比较三种质地土壤上小白菜的磷吸收量，在砂土上，小白菜磷吸收量最低，为0.7～0.97 kg/亩，最低为无氮区和无肥区，不施磷和不施钾对小白菜的磷吸收量影响不大；壤土的磷吸收量最大，为0.9～1.34 kg/亩，最低为无肥区和无氮区，最高点在无钾区，不施磷对磷吸收影响不大；黏土的磷吸收量为0.6～1.24 kg/亩，最低点在无氮区，与壤土一样是最高点在无钾区，不施磷对磷吸收影响不大。而土壤的有效磷含量是砂土（87.3 mg/kg）＞壤土（62.4 mg/kg）＞黏土（14.0 mg/kg），可见土壤供磷能力是壤土＞黏土和砂土。

（三）施肥对小白菜钾养分吸收的影响

在砂土上，不施氮和无肥区的小白菜钾养分浓度最高，不施钾的钾养分浓度最低，其次为不施磷和全肥；钾养分吸收量最高为不施磷处理，这可能是由于砂土的土壤磷养分水平（达87.3 mg/kg）较高，再施磷肥反而造成磷过量而影响小白菜对钾养分的吸收所致。可见，不施磷和磷过量对氮和钾养分吸收的影响相同；不施钾处理使小白菜的钾养分浓度大幅度下降而严重抑制小白菜生长使其钾吸收量急剧下降。

在壤土上，各施肥处理的小白菜钾浓度和吸收量变化趋势相似，无肥区、无氮区的小白菜钾养分吸收最低，无钾区次之，最高为无磷区和氮磷钾施肥区。不施钾对小白菜的钾吸收量影响很小，对氮和磷吸收均无影响，这可能由于土壤上土壤速效钾含量（达152 mg/kg）较高所致。

在黏土上，无肥区和无氮区的钾养分浓度最低，影响小白菜生长而使无肥区的钾吸收量极低，不施磷肥不影响钾浓度，不施钾肥降低了小白菜钾浓度但对钾吸收量影响较小，这可能是由于黏土的土壤速效钾养分较高所致。可见，在速效钾含量较高的黏土上不施钾只对小白菜氮吸收有所影响，而对钾吸收影响小，对磷吸收反而有促进作用，即土壤钾含量高时施钾会影响对磷的吸收。

二、不同施肥处理对瓜果类蔬菜氮磷钾养分吸收的影响

从表3-12可看出，施肥对瓜豆类蔬菜的植株养分和吸收量均有一定的影响。

苦瓜，无肥和无氮区的植株氮浓度最低、磷浓度最高，钾浓度则只有无钾区的植株钾浓度最低。不施氮使苦瓜的单位产量氮吸收量明显下降；与无肥区相比施肥反而会降低磷和钾吸收量。说明植株的养分浓度与苦瓜产量有一个平衡点。

表3-12　不同施肥处理对瓜豆类蔬菜养分的影响

蔬菜品种	施肥处理	N		P		K	
		植株浓度/%	吸收量/（kg·1 000 kg^{-1}，产量）	植株浓度/%	吸收量/（kg·1 000 kg^{-1}，产量）	植株浓度/%	吸收量/（kg·1 000 kg^{-1}，产量）
苦瓜	无肥	1.96	3.53	0.54	1.97	3.09	5.33
	PK	1.94	3.14	0.53	1.85	3.19	4.85
	NK	2.18	3.41	0.44	1.65	3.09	4.92
	NP	2.18	3.30	0.47	1.65	2.89	4.65
	NPK	2.14	3.33	0.46	1.63	3.09	4.76
豇豆	无肥	1.81	5.53	0.37	2.23	2.32	5.89
	PK	1.81	5.22	0.34	1.98	2.56	5.65
	NK	1.76	5.09	0.32	1.89	2.54	5.45
	NP	1.84	5.28	0.35	2.00	2.34	5.22
	NPK	1.78	5.07	0.32	1.96	2.47	5.27

注：瓜的植株浓度n=132，吸收量n=21；豇豆的植株浓度n=78，吸收量n=14。

豇豆，无磷区的植株氮浓度最低，无钾区的植株氮浓度相对最高；植株磷浓度最低的为氮磷钾全肥区和无磷区，最高为无肥区和无钾区；植株钾浓度为无肥和无钾区最低。无磷区和氮磷钾区的氮和磷吸收量最低，钾吸收量则以无钾区和氮磷钾区最低。同样说明施肥对植株养分有影响，但养分浓度与豇豆产量有一个平衡点。

下文以茄子为例，展示了不同施肥处理，对不同生育期的瓜果类蔬菜植株养分和水分的动态影响变化情况（图3-6）。

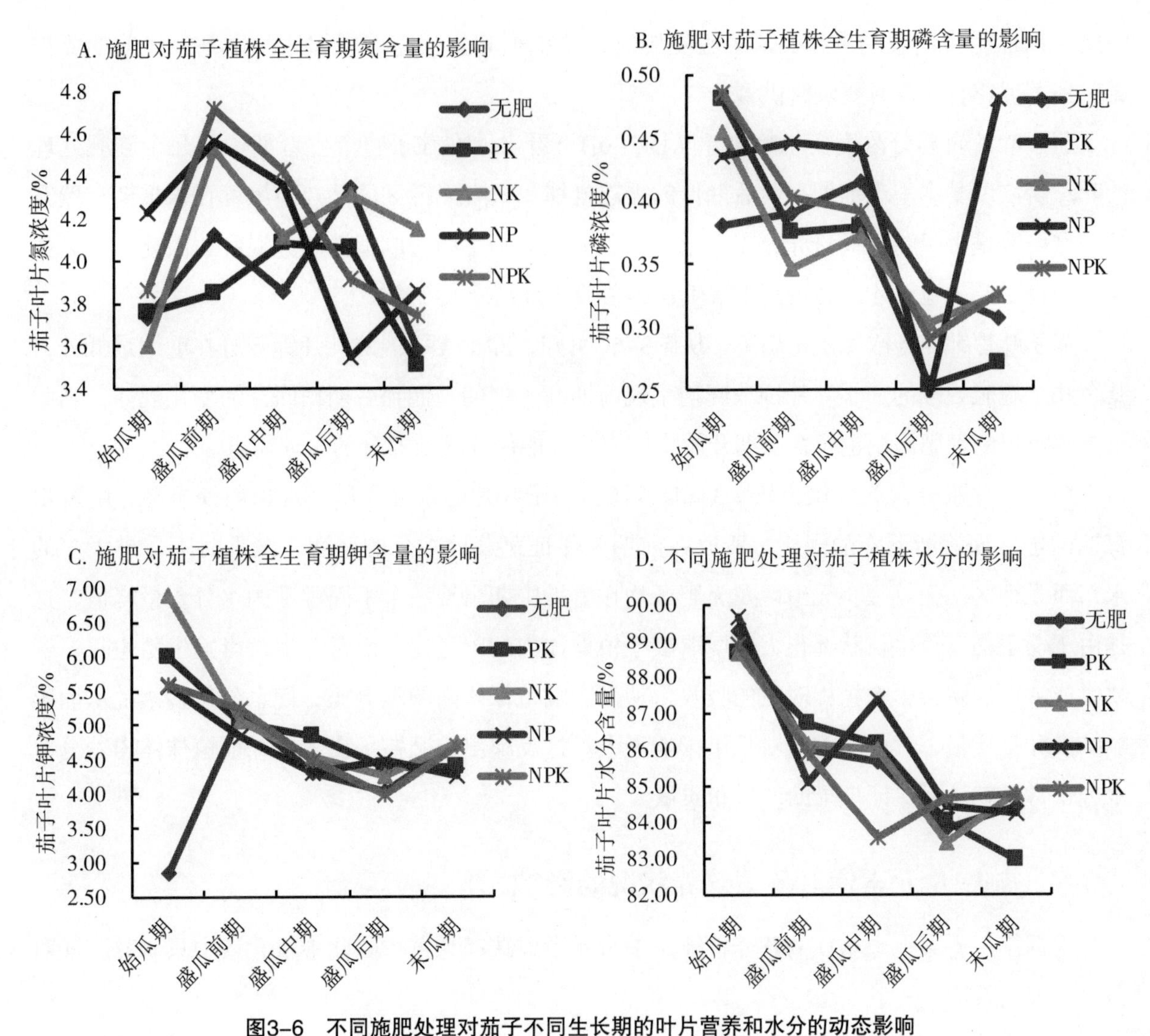

图3-6　不同施肥处理对茄子不同生长期的叶片营养和水分的动态影响

注：试验地土壤pH 6.78，全氮 2.54 g/kg，有机质42.1 g/kg，水解氮、有效磷、速效钾分别为211 mg/kg、44.9 mg/kg、368.2 mg/kg。

茄子叶片氮养分浓度变化趋势，从图3-6A可看出，在整个生育期，基本呈现出两头低中间高，即始瓜期和末瓜期低，有瓜期高的氮营养需求规律。无钾区与氮磷钾区基本一致，均是在盛瓜前期达到最高峰，然后逐渐下降到末瓜期回到最低点，无钾区在盛瓜后期有一个低谷，然后在末瓜期回升至氮磷钾区的水平，这可能由于土壤速效钾较高（达368 mg/kg）使在茄子生长前期即使不施钾也基本能保证生长所需，但到了盛瓜期由于结瓜需要大量钾养分，如不施钾则会由于缺钾影响对氮的吸收，而到了末瓜期生长需求减少使其叶片氮又接近施氮磷钾的水平。无磷区的茄子叶片氮在盛瓜中期有一个低谷，土壤中的磷养分不算很高（44.9 mg/kg），在茄子生长前期的养分需求不高，到了盛瓜前期植株也能吸收到一定量的养分，但到了盛瓜中期结瓜对养分需求量增大，由于不施磷而导致缺磷影响了对氮的吸收，而到了后期叶片氮升高可能是由于需求量大时植株缺磷而诱导植株吸收混乱所致，无肥区和无氮区这个情况均相似。

因此，以茄子为代表的瓜果类蔬菜施氮肥时，要根据其生长需求规律适时供氮，在前期要控氮，到了现花有幼瓜时要及时供氮。

茄子叶片磷养分浓度变化趋势，从图3-6B可看出，在茄子整个生育期中，几个施肥处理的叶片磷浓度基本呈现前期高而后期低的需求规律，只有无钾区的叶片磷浓度在末瓜期突然升高。这可能是由于结瓜期对养分需求量大而养分供应不足而造成植株养分混乱。因此，瓜果类蔬菜的磷肥要早施，才能满足其正常生长的营养生理需求。

茄子叶片钾养分浓度变化趋势，从图3-6C可知，除了无肥区的叶片钾养分在前期最低外，其余几个施肥处理的茄子叶片钾浓度均呈现前期高、中期降低到后期稍回升的变化规律，因此瓜果类蔬菜的钾肥施用也应在前期开始供应充足才能保证其对养分的生理需求。

茄子叶片水分含量变化，从图3-6D可知，茄子叶片的水分含量呈现出前期最高，随着生育期的进展而逐渐下降的规律，所以在前期要保证蔬菜地水分的湿润，结瓜时不需淋太多的水；而无钾区、无氮区、无磷区及无肥区均在盛瓜中期出现一个不同程度的水分含量峰值，这是由于茄子的营养生长状况很大程度取决于植株体内的碳氮比，而营养生长影响生殖生长；若缺氮或缺钾、磷会影响植株对氮的吸收，从而影响植株体内的碳氮比，使水分运转紊乱从而影响结瓜和瓜质量，其中缺钾时对瓜果影响最大。这反映出施肥要平衡才能保证植株体内养分、水分正常运转从而保证瓜果的产量和质量。

三、施中量元素镁对蔬菜营养状况的影响

根据广东省菜地土壤镁的营养特征，中量元素以缺镁为主，因此中量元素中只研究施镁对蔬菜营养的效应。

镁是作物不可缺少的中量元素，参与光合作用等一系列重要的生理过程；同时又是植物体内多种酶的活化剂，能促进植物体的新陈代谢和脂肪合成[1, 2]。表3-13可以看出，在施氮磷钾条件下，土壤有效镁不足时，菜心施镁对提高氮、镁浓度和吸收量作用显著，对磷浓度和钾吸收量也有所提高，但差异不显著。施镁可以提高可食部分对氮磷钾的吸收，其中对氮磷的吸收表现为Mg_2处理最高且与对照差异显著，表明过量施镁会降低菜心可食部分对氮磷的吸收。不可食部分对氮磷钾的吸收，不同处理间的差异不显著。施镁可以提高全株对氮钾的吸收，但是对磷的吸收呈现出降低的趋势。适量施镁才能改善菜心植株营养吸收水平。

在施氮磷钾条件下，缺镁土壤的蒜青施镁，同样可提高氮、钾、镁元素浓度和吸收量，虽然差异不显著，对磷的影响作用也不明显，但同样显示适量施镁才有益于蒜青的营养吸收（表3-13）。

四、施微量元素硼对蔬菜营养状况的影响

广东省大部分菜地土壤普遍存在缺硼的情况。硼是植物生长的必需微量元素，有稳定叶绿

素结构、促进碳水化合物运输和蛋白质合成的作用[3-5]。表3–14反映出，在缺硼的菜地上施硼，对菜心、蒜青、苦瓜等蔬菜，均可促进植株对硼的吸收，适量施硼总体上可提高所试几种蔬菜的氮磷钾吸收量，虽然处理间差异不显著，但是可以看出施硼能够提高植株氮磷钾吸收的趋势。施硼不足或过量施硼均会影响几种蔬菜的营养状况。

五、施微量元素钼对蔬菜营养状况的影响

广东省大部分菜地土壤普遍有缺钼的情况。钼是植物生长的必需微量元素，是硝酸还原酶的组分，通过提高硝酸还原酶（NR）的活性，加速NO_3^-的还原，促进蛋白质合成[6]。缺钼导致植物不能有效利用和转化养分，造成植物体内营养分布失衡，抑制NO_3^-转化成NH_3，降低NR活性，导致植物由于缺少NH_4^+-N和积累NO_3^--N过多而受害[7]。表3–15显示，在缺钼的土壤上适量施钼，不仅促进了菜心对钼的吸收量，还能促进菜心对氮、磷、钾的吸收量；施钼虽然未能提高蒜青的钼吸收量，但适量施钼能提高蒜青的氮、磷、钾吸收量。而过量施钼，会影响作物对钾的吸收，导致营养效果均下降。

表3-13　施镁对菜心、蒜青元素浓度和吸收量的影响

地点/品种	处理	氮浓度/% 可食	氮浓度/% 不可食	氮吸收量/（kg·亩$^{-1}$）	磷浓度/% 可食	磷浓度/% 不可食	磷吸收量/（kg·亩$^{-1}$）	钾浓度/% 可食	钾浓度/% 不可食	钾吸收量/（kg·亩$^{-1}$）	镁浓度/% 可食	镁浓度/% 不可食	镁吸收量/（kg·亩$^{-1}$）
增城菜心	对照	5.26 ± 0.2ab	2.84 ± 0.31a	3.59 ± 0.22b	0.74 ± 0.15a	0.62 ± 0.05a	0.89 ± 0.03a	5.62 ± 0.08a	5.4 ± 0.02ab	4.66 ± 0.4a	0.26 ± 0.01c	0.31 ± 0.01c	0.22 ± 0.01b
	Mg_1	5.52 ± 0.2a	2.97 ± 0.26a	4.65 ± 0.62ab	0.78 ± 0.19a	0.54 ± 0.02a	0.68 ± 0.06a	5.28 ± 0.14a	5.12 ± 0.09b	5.09 ± 0.4a	0.27 ± 0.01bc	0.34 ± 0.01ab	0.3 ± 0.03ab
	Mg_2	5.65 ± 0.05a	2.54 ± 0.23a	4.95 ± 0.41a	0.79 ± 0.04a	0.55 ± 0.04a	0.75 ± 0.1a	5.62 ± 0.08a	5.96 ± 0.03a	5.69 ± 0.3a	0.3 ± 0.007a	0.33 ± 0.01bc	0.31 ± 0.02a
	Mg_3	5.00 ± 0.12b	2.81 ± 0.15a	4.76 ± 0.76ab	0.75 ± 0.01a	0.53 ± 0.03a	0.73 ± 0.11a	5.45 ± 0.15a	5.74 ± 0.2ab	5.78 ± 0.98a	0.29 ± 0.01ab	0.35 ± 0.005a	0.3 ± 0.03ab
南海蒜青	对照	3.25 ± 0.38a	3.26 ± 0.06a	5.60 ± 0.86a	0.35 ± 0.01a	0.29 ± 0.02a	0.59 ± 0.04a	2.46 ± 0.28a	3.25 ± 0.14a	4.20 ± 0.41a	0.093 ± 0.01a	0.11 ± 0.004a	0.16 ± 0.01a
	Mg_1	3.52 ± 0.34a	3.27 ± 0.15a	6.80 ± 0.62a	0.30 ± 0.05a	0.32 ± 0.02a	0.58 ± 0.08a	2.49 ± 0.45a	3.42 ± 0.39a	4.69 ± 0.15a	0.096 ± 0.02a	0.12 ± 0.01a	0.19 ± 0.03a
	Mg_2	3.72 ± 0.13a	3.10 ± 0.23a	6.90 ± 0.49a	0.26 ± 0.01a	0.30 ± 0.02a	0.48 ± 0.02a	2.62 ± 0.33a	2.79 ± 0.17a	4.80 ± 0.5a	0.092 ± 0.01a	0.11 ± 0.008a	0.17 ± 0.01a
	Mg_3	3.59 ± 0.29a	3.29 ± 0.11a	6.30 ± 0.59a	0.32 ± 0.03a	0.33 ± 0.04a	0.55 ± 0.06a	2.37 ± 0.12a	2.91 ± 0.1a	4.14 ± 0.38a	0.10 ± 0.02a	0.12 ± 0.006a	0.18 ± 0.03a

注：（1）表中数据为3次重复的平均值 ± 标准误，经DMRT检验，同一地点、同列数字具有相同字母的表示差异不显著（$P \geq 0.05$）；（2）试验地的交换性镁含量为：增城菜心128 mg/kg，南海蒜青63.8 mg/kg。

表3-14　施硼对菜心、蒜青和苦瓜元素浓度和吸收量的影响

地点品种	处理	氮浓度/%		氮吸收量/（kg·亩$^{-1}$）	磷浓度/%		磷吸收量/（kg·亩$^{-1}$）	钾浓度/%		钾吸收量/（kg·亩$^{-1}$）	硼浓度/（mg·kg^{-1}）		硼吸收量/（g·亩$^{-1}$）
		可食	不可食		可食	不可食		可食	不可食		可食	不可食	
增城菜心	对照	5.26 ± 0.1ab	2.84 ± 0.31a	3.59 ± 0.22a	0.74 ± 0.02a	0.62 ± 0.05a	0.59 ± 0.03a	5.62 ± 0.08a	5.42 ± 0.02a	4.66 ± 0.4a	20.0 ± 0.71b	19.4 ± 1.5a	1.61 ± 0.09a
	B_1	4.98 ± 0.26b	2.71 ± 0.4a	4.06 ± 0.49a	0.74 ± 0.02a	0.56 ± 0.07a	0.64 ± 0.06a	5.22 ± 0.18a	5.17 ± 0.3a	4.80 ± 0.37a	21.7 ± 0.7ab	19.1 ± 1.2a	1.94 ± 0.25a
	B_2	4.47 ± 0.1c	2.81 ± 0.09a	4.20 ± 0.28a	0.74 ± 0.05a	0.55 ± 0.03a	0.72 ± 0.06a	5.26 ± 0.29a	5.30 ± 0.5a	5.59 ± 0.48a	24.9 ± 1.5ab	20.7 ± 0.5a	2.5 ± 0.46a
	B_3	5.50 ± 0.03a	2.75 ± 0.2a	4.30 ± 0.14a	0.79 ± 0.03a	0.55 ± 0.02a	0.65 ± 0.01a	5.36 ± 0.08a	4.87 ± 0.3a	4.66 ± 0.09a	29.1 ± 1.93a	22.6 ± 1.2a	2.45 ± 0.28a
南海菜心	对照	4.65 ± 0.18a	3.49 ± 0.67a	6.24 ± 0.61a	0.97 ± 0.05a	0.65 ± 0.01a	1.25 ± 0.06a	5.41 ± 0.42a	5.26 ± 0.39a	7.51 ± 0.44a	18.6 ± 1.4b	24.0 ± 2.22a	3.16 ± 0.57a
	B_1	4.46 ± 0.2a	3.26 ± 0.63a	6.58 ± 0.57a	0.90 ± 0.06a	0.65 ± 0.09a	1.30 ± 0.09a	4.99 ± 0.57a	4.49 ± 0.57a	7.96 ± 1.4a	21.5 ± 1.73b	24.3 ± 1.27a	3.69 ± 0.37a
	B_2	4.57 ± 0.08a	3.34 ± 0.4a	5.89 ± 0.45a	0.89 ± 0.1a	0.65 ± 0.1a	1.13 ± 0.11a	5.24 ± 0.66a	4.95 ± 0.63a	7.34 ± 0.76a	26.3 ± 2.1ab	28.4 ± 1.98a	3.89 ± 0.35a
	B_3	4.59 ± 0.26a	3.39 ± 0.7a	6.08 ± 0.58a	0.86 ± 0.13a	0.64 ± 0.1a	1.12 ± 0.1a	5.29 ± 49a	5.38 ± 0.18a	7.89 ± 0.11a	30.9 ± 1.98a	28.7 ± 1.22a	4.43 ± 0.39a
南海蒜青	对照	3.25 ± 0.38a	3.26 ± 0.06a	5.60 ± 0.86a	0.35 ± 0.01a	0.29 ± 0.02a	0.59 ± 0.04a	2.46 ± 0.28a	3.25 ± 0.14a	4.20 ± 0.41a	10.6 ± 1.4b	20.2 ± 1.22a	1.84 ± 0.3a
	B_1	3.36 ± 0.16a	2.98 ± 0.25a	6.07 ± 0.49a	0.28 ± 0.03a	0.25 ± 0.02a	0.50 ± 0.04a	2.79 ± 0.25a	2.91 ± 0.27a	5.01 ± 0.44a	12.6 ± 0.29b	19.2 ± 1.31a	2.29 ± 0.22a
	B_2	3.72 ± 0.17a	3.36 ± 0.09a	7.75 ± 0.64a	0.30 ± 0.05a	0.27 ± 0.02a	0.60 ± 0.11a	2.46 ± 0.25a	2.83 ± 0.19a	5.16 ± 0.9a	12.4 ± 0.65b	20.8 ± 1.4a	2.62 ± 0.54a
	B_3	3.62 ± 0.15a	3.03 ± 0.14a	6.51 ± 0.81a	0.31 ± 0.07a	0.29 ± 0.02a	0.56 ± 0.08a	2.71 ± 0.25a	2.79 ± 0.22a	4.80 ± 0.42a	16.0 ± 0.76a	20.7 ± 2a	2.96 ± 0.55a
南海苦瓜	对照	2.16 ± 0.3ab	2.05 ± 0.06a	6.53 ± 0.35a	0.54 ± 0.1a	0.22 ± 0.01a	1.16 ± 0.18a	4.13 ± 0.12a	2.54 ± 0.26a	10.2 ± 0.25a	17.7 ± 1.57a	24.6 ± 1.68a	4.50 ± 0.02a
	B_1	2.33 ± 0.18a	1.95 ± 0.16a	7.06 ± 0.58a	0.57 ± 0.02a	0.21 ± 0.01a	1.34 ± 0.1a	5.54 ± 0.08a	2.71 ± 0.27a	13.8 ± 1.15a	15.5 ± 1.79a	18.9 ± 0.73a	3.36 ± 0.14a
	B_2	2.14 ± 0.1ab	2.18 ± 0.12a	6.42 ± 0.53a	0.57 ± 0.01a	0.20 ± 0.01a	1.21 ± 0.07a	5.42 ± 0.17a	2.37 ± 0.07a	12.2 ± 0.69a	26.0 ± 1.64a	18.5 ± 0.32a	3.32 ± 0.19a
	B_3	2.18 ± 0.12b	1.91 ± 0.2a	6.67 ± 0.43a	0.45 ± 0.01a	0.20 ± 0.02a	1.08 ± 0.08a	4.36 ± 0.13a	2.70 ± 0.18a	11.3 ± 1.15a	18.9 ± 0.84a	21.0 ± 1.69a	3.47 ± 0.37a

注：（1）表中数据为3次重复的平均值 ± 标准误，经DMRT检验，同一地点、同列数字具有相同字母的表示差异不显著（$P \geq 0.05$）；（2）试验地土壤有效硼含量：增城菜心为0.39 mg/kg，南海菜心为0.35 mg/kg，南海蒜青为0.22 mg/kg，南海苦瓜为0.31 mg/kg。

表3-15 施钼对菜心、蒜青元素浓度和吸收的影响

项目		氮浓度/%		氮吸收量/（kg·亩$^{-1}$）	磷浓度/%		磷吸收量/（kg·亩$^{-1}$）	钾浓度/%		钾吸收量/（kg·亩$^{-1}$）	钼浓度/（mg·kg^{-1}）		钼吸收量/（kg·亩$^{-1}$）
名称	处理	可食	不可食		可食	不可食		可食	不可食		可食	不可食	
增城菜心	对照	5.26 ± 0.02a	2.84 ± 0.03a	3.59 ± 0.22b	0.73 ± 0.02b	0.62 ± 0.05a	0.59 ± 0.03a	5.62 ± 0.1ab	5.42 ± 0.22a	4.66 ± 0.4b	1.35 ± 0.02b	1.59 ± 0.1c	0.12 ± 0.01b
	Mo_1	5.26 ± 0.03a	2.86 ± 0.15a	4.4 ± 0.57ab	0.81 ± 0.02a	0.55 ± 0.05a	0.71 ± 0.17a	5.29 ± 0.1b	5.25 ± 0.19a	5.18 ± 0.6ab	2.94 ± 0.1ab	4.87 ± 0.34b	0.34 ± 0.04b
	Mo_2	5.27 ± 0.06a	2.80 ± 0.05a	4.89 ± 0.03a	0.77 ± 0.1ab	0.52 ± 0.02a	1.01 ± 0.01a	5.82 ± 0.09a	5.54 ± 0.33a	6.04 ± 0.13a	3.4 ± 0.03ab	4.70 ± 0.08b	0.39 ± 0.08b
	Mo_3	5.48 ± 0.15a	2.74 ± 0.1a	5.18 ± 0.18a	0.77 ± 0.2ab	0.57 ± 0.04a	0.77 ± 0.02a	5.25 ± 0.25b	5.38 ± 0.19a	5.68 ± 0.2ab	5.91 ± 0.17a	8.55 ± 0.85a	0.72 ± 0.03a
南海菜心	对照	4.65 ± 0.18a	3.49 ± 0.67a	6.24 ± 0.61a	0.97 ± 0.05a	0.65 ± 0.01a	1.25 ± 0.06a	5.41 ± 0.42a	5.26 ± 0.39a	7.51 ± 0.44a	0.79 ± 0.01a	0.94 ± 0.03c	0.12 ± 0.01b
	Mo_1	4.37 ± 0.3a	3.47 ± 0.47a	7.10 ± 0.85a	0.86 ± 0.06a	0.70 ± 0.01a	1.38 ± 0.2a	5.03 ± 0.89a	5.04 ± 0.24a	8.91 ± 0.1a	1.10 ± 0.07a	1.45 ± 0.1bc	0.23 ± 0.03ab
	Mo_2	4.40 ± 0.26a	3.60 ± 0.76a	6.59 ± 0.66a	0.83 ± 0.06a	0.67 ± 0.04a	1.21 ± 0.2a	4.91 ± 0.67a	4.74 ± 0.37a	7.76 ± 0.86a	0.99 ± 0.03a	1.76 ± 0.16b	0.21 ± 0.04b
	Mo_3	4.21 ± 0.2a	3.30 ± 0.64a	6.62 ± 0.58a	0.78 ± 0.1a	0.68 ± 0.02a	1.26 ± 0.17a	4.67 ± 0.54a	4.30 ± 0.43a	7.81 ± 0.83a	1.24 ± 0.03a	2.86 ± 0.12a	0.33 ± 0.04a
南海蒜青	对照	3.25 ± 0.38a	3.26 ± 0.06a	5.60 ± 0.86a	0.35 ± 0.01a	0.29 ± 0.02a	0.6 ± 0.04ab	2.46 ± 0.28a	3.25 ± 0.14a	4.20 ± 0.4ab	0.87 ± 0.37a	0.48 ± 0.11a	0.14 ± 0.06a
	Mo_1	3.20 ± 01a	2.99 ± 0.17a	5.73 ± 0.26a	0.31 ± 0.02a	030 ± 0.02a	0.5 ± 0.03ab	2.38 ± 0.32a	2.42 ± 0.18b	4.01 ± 0.24b	0.46 ± 0.06a	0.62 ± 0.1a	0.1 ± 0.001a
	Mo_2	3.32 ± 0.18a	3.15 ± 0.21a	6.46 ± 0.74a	0.34 ± 0.05a	0.31 ± 0.02a	0.64 ± 0.04a	2.66 ± 0.22a	2.58 ± 0.18b	5.10 ± 0.05a	0.53 ± 0.14a	0.74 ± 0.1a	0.10 ± 0.02a
	Mo_3	3.57 ± 0.34a	3.12 ± 0.16a	5.85 ± 0.22a	0.31 ± 0.05a	0.28 ± 0.01a	0.51 ± 0.04b	2.46 ± 0.34a	2.62 ± 0.2b	4.01 ± 0.43b	0.70 ± 0.13a	0.94 ± 0.37a	0.11 ± 0.01a

注：（1）表中数据为3次重复的平均值 ± 标准误，经DMRT检验，同一地点、同列数字具有相同字母的表示差异不显著（$P \geq 0.05$）；（2）试验地土壤有效钼含量：增城菜心为0.120 mg/kg，南海菜心为0.23 mg/kg，南海蒜青为0.13 mg/kg。

参 考 文 献

[1] 谭金芳. 作物施肥原理与技术［M］. 北京：中国农业大学出版社，2003.
[2] 杨竹青. 钙、镁对番茄根、茎叶解剖结构的影响［J］. 华中农业大学学报，1994，13（1）：51-54.
[3] 王寅，鲁剑巍，李小坤，等. 长江流域直播冬油菜氮磷钾硼肥施用效果［J］. 作物学报，2013，39（8）：1491-1500.
[4] 娄运生，杨玉爱. 氮磷钾、硼水平对不同基因型油菜硼吸收及某些生物学性状的影响［J］. 应用生态学报，2001，12（2）：213-217.
[5] 方益华. 高硼胁迫对油菜光合作用的影响研究［J］. 植物营养与肥料学报，2001，7（1）：109-112.
[6] 喻敏，王运华. 种子钼对冬小麦硝酸还原酶活性、干物质重及产量的影响［J］. 植物营养与肥料学报，2000，6（2）：220-226.
[7] 魏文学，谭启玲，王运华. 冬小麦钼营养与无机养分平衡关系初步研究［J］. 华中农业大学学报，1996，15（5）：437-441.
[8] 李淑仪，廖新荣，王荣萍，等. 珠江三角洲几种主要蔬菜的镁硼钼适用量研究［J］. 土壤通报，2011，42（6）：1461-1466.
[9] 李淑仪，廖新荣，王荣萍，等. 珠江三角洲菜园土硼和钼测土施肥技术指标研究［J］. 中国蔬菜，2010，20：69-75.
[10] 邵鹏，李淑仪，刘士哲，等. 硼钼镁对蒜青产量和元素吸收的影响［J］. 北方园艺，2010，17：4-8.
[11] 邵鹏，刘士哲，李淑仪，等. 硼钼镁对菜心产量和元素吸收的影响［J］. 长江蔬菜（学术版），2010（24）：58-62.

第四章　蔬菜对肥料的利用率

第一节　主要蔬菜的氮肥利用率

田间试验及其植株测试分析结果表明，叶菜、瓜类、豆类氮肥偏生产力（PEP）分别为173 kg/kg、146.5 kg/kg、205 kg/kg，农学效率（AE）分别为38.3 kg/kg、55.6 kg/kg、42.4 kg/kg，表观利用率（ARE）分别为18.4%、19.7%、19.6%，生理利用率（PE）分别为292 kg/kg、315 kg/kg、228 kg/kg，肥料贡献率（FCK）分别为38.6%、36.6%、20.6%，地力贡献率（SCR）分别为61.4%、63.4%、79.5%。从肥料利用率分布频率可以看出，叶菜、瓜类、豆类蔬菜氮肥表观利用率＜10%的样本分别占总数的34%、31%、39%，处于10%～20%的样本分别占总数的36%、33%、26%，处于20%～30%的样本分别占总数的16%、21%、17%，＞30%的样本占总数的14%、15%、18%。各类蔬菜氮肥表观利用率＜30%的样本占总样本的80%以上，说明目前试验条件下各类蔬菜的氮肥利用率较低，生产上需同时解决蔬菜产量及肥料利用效率提高的问题。

一、施氮肥对主要蔬菜产量的影响

从表4-1可以看出，在磷、钾肥基础上，叶菜、瓜类和豆类蔬菜施用氮肥均有显著的增产效果，平均增产量为6 072～14 799 kg/hm^2，增产率为45.1%～120.9%，氮肥贡献率为20.6%～38.6%。在试验点3个蔬菜种类氮肥贡献率表现为叶菜＞瓜类＞豆类。

表4-1　施氮肥对主要蔬菜产量的影响

蔬菜种类	处理	产量/（kg·hm^{-2}）		增产量/（kg·hm^{-2}）		增产率/%		氮肥贡献率/%	
		范围	均值	范围	均值	范围	均值	范围	均值
叶菜	PK	2 696～70 085	16 797	290～44 821	10 269	1.7～650	95	1.7～86.7	38.6
	NPK	4 611～78 089	27 065						
瓜类	PK	3 000～59 738	21 930	400～38 066	14 799	1.2～972	121	0.8～90.7	36.6
	NPK	14 207～70 563	36 729						
豆类	PK	4 732～54 110	18 934	18.6～39 902	6 072	0.2～451	45	0.2～81.9	20.6
	NPK	5 442～57 278	25 006						

二、施氮肥对蔬菜养分吸收的影响

施用氮肥后叶菜、瓜类和豆类蔬菜的可食和不可食部分的氮吸收量均有明显增加，随着施氮量的增加，可食和不可食部分的氮累积量亦呈现显著增加的趋势（表4-2）。叶菜类蔬菜施用氮肥后，总养分吸收量比对照高51.2%；瓜类蔬菜施用氮肥后，总养分吸收量比对照高73.9%；豆类蔬菜施用氮肥后，总养分吸收量仅比对照高18.9%。表明在此试验条件下，氮肥的施用促进了蔬菜对养分的吸收，叶菜、瓜类蔬菜的养分累积量明显高于豆类蔬菜，结合土壤基本性质的结果也可以看出，氮肥对瓜类蔬菜的增产效果和对养分吸收的效果更为明显，造成这样的结果可能与土壤肥力、施肥水平及蔬菜的品种有关。

表4-2　施氮肥对主要蔬菜各部位氮吸收量的影响　　kg/hm^2

蔬菜种类	处理	可食部分		不可食部分		可食+不可食	
		范围	平均值	范围	平均值	范围	平均值
叶菜	PK	5.5～106	35.3	0.4～52	12.2	6.6～116	47.5
	NPK	16.5～133	55.9	0.4～58	15.9	18.7～153	71.8
瓜类	PK	4.4～96	33.3	3.7～168	29.1	12.6～196	62.4
	NPK	14.5～130	53.0	2.9～225	55.5	23.1～245	109
豆类	PK	2.3～191	61.4	2.5～274	29.7	19.2～405	91.1
	NPK	13.4～183	72.6	2.7～246	35.7	33.4～360	108

三、蔬菜氮肥利用率

肥料偏生产力、农学效率、表观利用率及生理利用率、肥料贡献率、地力贡献率代表的意义各不相同，其中，表观利用率可以很好地反映作物对化肥养分的吸收状况。从表4-3可以看出，氮肥偏生产力表现为豆类＞叶菜＞瓜类，农学效率表现为瓜类＞豆类＞叶菜，表观利用率表现为瓜类＞豆类＞叶菜，生理利用率表现为瓜类＞叶菜＞豆类，肥料贡献率表现为叶菜＞瓜类＞豆类，地力贡献率为豆类＞瓜类＞叶菜。

表4-3　主要蔬菜氮肥利用率

蔬菜种类	参数	平均	标准差	最小值	中值	最大值
叶菜	偏生产力/（kg·kg^{-1}）	173	97.7	30.7	142	521
	农学效率/（kg·kg^{-1}）	38.3	18.5	1.9	41.5	68.5
	表观利用率/%	18.4	15.5	0.78	15.9	84.9
	生理利用率/（kg·kg^{-1}）	292	137	11.4	307	590
	肥料贡献率/%	38.6	21.2	1.7	38.2	86.7
	地力贡献率/%	61.4	21.2	13.3	61.8	98.3

续表

蔬菜种类	参数	平均	标准差	最小值	中值	最大值
瓜类	偏生产力/（kg·kg^{-1}）	146	59.5	45.8	136	269
	农学效率/（kg·kg^{-1}）	55.6	41.2	1.8	49.8	159
	表观利用率/%	19.7	18.1	0.3	15.2	79.4
	生理利用率/（kg·kg^{-1}）	315.3	184	17.0	293	951
	肥料贡献率/%	36.6	23.2	0.8	34.9	90.7
	地力贡献率/%	63.4	23.2	9.3	65.1	99.2
豆类	偏生产力/（kg·kg^{-1}）	205	104	41.4	183	626
	农学效率/（kg·kg^{-1}）	42.4	45.5	0.2	25.8	222
	表观利用率/%	19.6	20.7	0.2	14.1	110
	生理利用率/（kg·kg^{-1}）	228	196	16.6	172	984
	肥料贡献率/%	20.6	16.3	0.2	16.8	81.9
	地力贡献率/%	79.5	16.3	18.2	83.2	99.8

注：参考Montemurro（2006）[1]、Dilz（1998）[2]等的方法来表征氮肥的利用率。

氮肥偏生产力（PEP，kg/kg），是指投入的单位肥料氮所能生产的作物产量。

氮肥农学效率（AE，kg/kg），是指单位施氮量所增加的作物籽粒产量。

氮肥表观利用率（RE，%），是指作物对施入土壤中的肥料氮的回收效率。

氮肥生理利用率（PE，kg/kg），是指作物地上部分每吸收单位肥料中的氮所获得籽粒产量的增加量。

肥料贡献率（FCR，%）=（施肥区产量－不施肥区产量）/施肥区产量×100%。

地力贡献率（SCR，%）=不施肥区产量/施肥区产量×100%。

磷、钾的肥料利用率计算公式同氮肥。

叶菜、瓜类、豆类蔬菜不同试验点的表观利用率差异很大。根据不同试验点的肥料利用率大小分别把叶菜、瓜类、豆类蔬菜的氮肥表观利用率划分为<10%、10%～20%、20%～30%、30%～40%、>40% 5个等级，每个等级下氮肥利用率的样本所占百分数见表4–4。从表中可以看出，叶菜氮肥表观利用率<10%的样本有40个，占总数的34%，处于10%～20%的样本有43个，占总数的36%，处于20%～30%的样本有19个，占总数的16%，>30%的样本有16个，占总数的14%；瓜类蔬菜氮肥利用率<10%的样本有48个，占总数的31%，处于10%～20%的样本有51个，占总数的33%，处于20%～30%的样本有32个，占总数的21%，>30%的试验有25个，占总数的15%；豆类蔬菜氮肥利用率<10%的样本有54个，占总数的39%，处于10%～20%的样本有36个，占总数的26%，处于20%～30%的样本有23个，占总的数17%，>30%的样本有26个，占总数的18%。氮肥表观利用率<30%的样本占总样本的80%以上，说明目前试验条件下各类

蔬菜的氮肥利用率较低。

表4-4　主要蔬菜氮肥表观利用率分布频率　%

分组	叶菜	瓜类	豆类
＜10%	34	31	39
10%～20%	36	33	26
20%～30%	16	21	17
30%～40%	6	5	10
＞40%	8	10	8

第二节　主要蔬菜的磷肥利用率

田间试验及其植株测试分析结果表明，叶菜、瓜类、豆类蔬菜磷肥偏生产力分别为782 kg/kg、258 kg/kg、212 kg/kg，农学效率分别为30.5 kg/kg、64.1 kg/kg、23.1 kg/kg，表观利用率分别为17.2%、9.7%、6.1%，生理利用率分别为222 kg/kg、371 kg/kg、293 kg/kg，肥料贡献率分别为16.4%、19.4%、12.9%，地力贡献率分别为83.6%、80.4%、87.1%。从肥料利用率分布频率可以看出，叶菜、瓜类、豆类磷肥表观利用率＜5%的样本分别占总数的30%、39%、54%，处于5%～10%的样本分别占总数的22%、31%、29%，处于10%～15%的样本分别占总数的7%、9%、9%，处于15%～20%的样本分别占总数的11%、3%、4%，＞20%的样本分别占总数的30%、18%、4%。磷肥表观利用率小于20%的样本占总样本的80%以上，说明目前试验条件下各类蔬菜的磷肥利用率较低，生产上需同时解决蔬菜产量及肥料利用效率提高的问题。

一、施磷肥对主要蔬菜产量的影响

在氮、钾肥基础上，叶菜、瓜类和豆类蔬菜施用磷肥均有显著的增产效果（表4-5），平均增产量为3 990～9 716 kg/hm^2，增产率为23.0%～46.3%，磷肥贡献率为12.9%～19.4%。磷肥贡献率表现为瓜类＞叶菜＞豆类。

表4-5　施磷肥对主要蔬菜产量的影响

蔬菜种类	处理	产量/（kg·hm^{-2}）		增产量/（kg·hm^{-2}）		增产率/%		磷肥贡献率/%	
		范围	均值	范围	均值	范围	均值	范围	均值
叶菜	NK	3 375～70 035	22 291	80～19 785	3 990	0.2～133	23.0	0.2～57.0	16.4
	NPK	4 611～78 089	26 280						
瓜类	NK	10 424～54 933	28 049	33.45～46 618	9 716	0.22～420	46.3	0.03～58.5	19.4
	NPK	14 390～70 563	37 766						
豆类	NK	3 007～54 735	20 182	3.0～31 388	4 794	0.02～245	32.6	0.16～54.3	12.9

二、施磷肥对蔬菜养分吸收的影响

施用磷肥后叶菜、瓜类和豆类蔬菜的可食和不可食部分的磷吸收量均有明显增加（表4–6），叶菜总养分吸收量比对照高2.4%，瓜类蔬菜总养分吸收量比对照高24.1%，豆类蔬菜总养分吸收量比对照高7.3%。

表4–6　施磷肥对主要蔬菜各部位磷吸收量的影响　kg/hm²

蔬菜种类	处理	可食部分		不可食部分		可食+不可食	
		范围	平均值	范围	平均值	范围	平均值
叶菜	NK	3.4～110	21.7	0.2～40.4	6.9	4.0～125	28.6
	NPK	5.2～58.0	22.1	0.3～32.5	7.2	5.9～73.9	29.3
瓜类	NK	4.42～51.6	23.2	1.79～92.5	20.8	6.8～118	43.9
	NPK	8.72～107	27.8	1.80～137	26.7	11.5～152	54.5
豆类	NK	8.46～65.0	25.1	0.76～121	13.0	11.6～174	38.2
	NPK	4.78～61.1	26.4	0.97～155	14.7	10.5～205	41.0

三、蔬菜磷肥利用率

从表4–7可以看出，磷肥偏生产力表现为叶菜＞瓜类＞豆类，农学效率表现为瓜类＞叶菜＞豆类，表观利用率表现为叶菜＞瓜类＞豆类，生理利用率表现为瓜类＞豆类＞叶菜，肥料贡献率表现为瓜类＞叶菜＞豆类，地力贡献率为豆类＞叶菜＞瓜类。

表4–7　主要蔬菜磷肥利用率

蔬菜种类	参数	平均	标准差	最小值	中值	最大值
叶菜	偏生产力/（$kg \cdot kg^{-1}$）	782	587	76.9	666	2 603
	农学效率/（$kg \cdot kg^{-1}$）	30.5	21.2	3.2	23.7	76.5
	表观利用率/%	17.2	17.9	0.2	9.8	78.1
	生理利用率/（$kg \cdot kg^{-1}$）	222	120	33.6	209	492
	肥料贡献率/%	16.4	12.5	0.2	14.5	57.0
	地力贡献率/%	83.6	12.5	43.0	85.5	99.8
瓜类	偏生产力/（$kg \cdot kg^{-1}$）	258	121	83.2	253	656
	农学效率/（$kg \cdot kg^{-1}$）	64.1	67.4	0.1	42.3	363
	表观利用率/%	9.7	9.3	0.3	6.5	45.7
	生理利用率/（$kg \cdot kg^{-1}$）	371	241	0.8	335	883
	肥料贡献率/%	19.4	15.1	0.0	15.0	58.5
	地力贡献率/%	80.4	15.1	41.5	84.9	99.8

续表

蔬菜种类	参数	平均	标准差	最小值	中值	最大值
豆类	偏生产力/（$kg \cdot kg^{-1}$）	212	131	38.9	175	792
	农学效率/（$kg \cdot kg^{-1}$）	23.1	19.8	0.4	17.1	104
	表观利用率/%	6.1	6.1	0.1	4.5	35.7
	生理利用率/（$kg \cdot kg^{-1}$）	293	241	0.4	246	973
	肥料贡献率/%	12.9	10.1	0.2	10.8	54.3
	地力贡献率/%	87.1	10.1	45.7	89.3	99.8

叶菜、瓜类、豆类蔬菜不同试验点的表观利用率差异很大，根据不同试验点的肥料利用率大小分别把叶菜、瓜类、豆类蔬菜的磷肥表观利用率划分为<5%、5%～10%、10%～15%、15%～20%、>20% 5个等级，每个等级下磷肥表观利用率的样本所占百分数见表4-8。从表中可以看出，叶菜磷肥表观利用率<5%的样本有26个，占总数的30%，处于5%～10%的样本有19个，占总数的22%，处于10%～15%的样本有6个，占总数的7%，处于15%～20%的样本有10个，占总数的11%，>20%的样本有26个，占总数的30%；瓜类蔬菜磷肥利用率<5%的样本有52个，占总数的39%，处于5%～10%的样本有42个，占总数的31%，处于10%～15%的样本有12个，占总数的9%，处于15%～20%的样本有4个，占总数的3%，>20%的样本有25个，占总数的18%；豆类蔬菜磷肥利用率<5%的样本有57个，占总数的54%，处于5%～10%的样本有30个，占总数的29%，处于10%～15%的样本有9个，占总数的9%，处于15%～20%的样本有4个，占总数的4%，>20%的样本有4个，占总数的4%。磷肥表观利用率<20%的样本占总样本的80%以上，说明目前试验条件下各类蔬菜的磷肥利用率较低。

表4-8　主要蔬菜磷肥表观利用率分布频率　　%

分组	叶菜	瓜类	豆类
<5%	30	39	54
5%～10%	22	31	29
10%～15%	7	9	9
15%～20%	11	3	4
>20%	30	18	4

第三节　主要蔬菜的钾肥利用率

田间试验及其植株测试分析结果表明，叶菜、瓜类、豆类蔬菜钾肥偏生产力为299 kg/kg、164 kg/kg、166 kg/kg，农学效率分别为29.5 kg/kg、39.5 kg/kg、25.8 kg/kg，表观利用率分别为24.8%、24.3%、13.0%，生理利用率分别为152 kg/kg、219 kg/kg、229 kg/kg，肥料贡献率分

别为13.8%、21.6%、17.4%，地力贡献率分别为86.2%、78.3%、82.6%。从肥料利用率分布频率可以看出，叶菜、瓜类、豆类蔬菜钾肥表观利用率<10%的样本分别占总数的27%、32%、50%，处于10%～20%的样本分别占总数的19%、24%、30%，处于20%～30%的样本分别占总数的27%、21%、14%，处于30%～40%的样本分别占总数的8%、7%、4%，>40%的样本分别占总数的19%、16%、2%。叶菜和瓜类蔬菜钾肥表观利用率<30%的样本占总样本的70%以上，豆类蔬菜钾肥表观利用率<30%的样本占总样本的80%以上，说明目前试验条件下各类蔬菜的钾肥利用率较低，生产上需同时解决蔬菜产量及肥料利用效率提高的问题。

一、施钾肥对主要蔬菜产量的影响

从表4-9可以看出，氮、磷肥基础上，叶菜、瓜类和豆类蔬菜施用钾肥均有显著的增产效果，平均增产量为3 618～11 067 kg/hm^2，增产率为17.9%～57.7%，钾肥贡献率13.8%～21.6%，钾肥贡献率瓜类>豆类>叶菜。

表4-9　施钾肥对主要蔬菜产量的影响

蔬菜种类	处理	产量/（kg·hm^{-2}）		增产量/（kg·hm^{-2}）		增产率/%		钾肥贡献率/%	
		范围	均值	范围	均值	范围	均值	范围	均值
叶菜	NP	5 374～60 545	23 343	12.0～23 370	3 618	0.09～137	17.9	0.1～57.8	13.8
	NPK	5 855～75 525	26 961						
瓜类	PK	8 470～59 450	26 762	6.19～50 525	11 067	0.02～360	57.7	0.03～73.6	21.6
	NPK	12 333～70 563	37 830						
豆类	PK	4 058～54 916	18 868	50.02～39 190	5 582	0.17～389	41.1	0.6～78.1	17.4
	NPK	5 251～57 278	24 450						

二、施钾肥对蔬菜养分吸收的影响

施用钾肥后叶菜、瓜类和豆类蔬菜的可食和不可食部分的钾吸收量均有明显增加（表4-10），叶菜总养分吸收量比对照高12.3%，瓜类蔬菜总养分吸收量比对照高25.9%，豆类蔬菜总养分吸收量比对照高13.9%。

表 4-10　施钾对主要蔬菜各部位钾吸收量的影响　　kg/hm^2

蔬菜种类	处理	可食部分		不可食部分		可食+不可食	
		范围	平均值	范围	平均值	范围	平均值
叶菜	NP	14.5～369	84.9	0.8～114	32.8	15.9～392	118
	NPK	21.4～314	98.5	1.0～155	33.6	31.8～344	132

续表

蔬菜种类	处理	可食部分		不可食部分		可食+不可食	
		范围	平均值	范围	平均值	范围	平均值
瓜类	NP	10.6～260	80.8	5.97～355	75.7	26.7～440	157
	NPK	22.8～347	97.8	5.16～424	99.4	56.5～582	197
豆类	NP	18.6～144	62.2	2.78～340	59.1	13.3～498	116
	NPK	10.4～152	56.9	4.23～563	75.8	19.5～658	132

三、蔬菜钾肥利用率

从表4-11可以看出，钾肥偏生产力表现为叶菜＞豆类＞瓜类，农学效率表现为瓜类＞叶菜＞豆类，表观利用率表现为叶菜＞瓜类＞豆类，生理利用率表现为豆类＞瓜类＞叶菜，肥料贡献率表现为瓜类＞豆类＞叶菜，地力贡献率为叶菜＞豆类＞瓜类。

表4-11　主要蔬菜钾肥利用率

蔬菜种类	参数	平均	标准差	最小值	中值	最大值
叶菜	偏生产力/（$kg \cdot kg^{-1}$）	299	235	40.9	217	1 507
	农学效率/（$kg \cdot kg^{-1}$）	29.5	17.9	0.6	29.8	77.8
	表观利用率/%	24.8	20.3	0.4	22.1	91.8
	生理利用率/（$kg \cdot kg^{-1}$）	152	119	9.4	109	470
	肥料贡献率/%	13.8	10.0	0.1	12.0	57.8
	地力贡献率/%	86.2	10.0	42.2	88.0	99.9
瓜类	偏生产力/（$kg \cdot kg^{-1}$）	164	80.3	37.4	161	484
	农学效率/（$kg \cdot kg^{-1}$）	39.5	37.3	0.6	27.4	180
	表观利用率/%	24.3	25.3	0.3	17.4	110
	生理利用率/（$kg \cdot kg^{-1}$）	219	188	16.6	160	952
	肥料贡献率/%	21.6	18.2	0.0	15.6	73.6
	地力贡献率/%	78.3	18.1	26.4	84.4	99.1
豆类	偏生产力/（$kg \cdot kg^{-1}$）	166	90.2	30.4	139	449
	农学效率/（$kg \cdot kg^{-1}$）	25.8	25.1	1.0	18.6	125
	表观利用率/%	13.0	10.9	0.2	10.2	56.5
	生理利用率/（$kg \cdot kg^{-1}$）	229	212	4.2	160	841
	肥料贡献率/%	17.4	14.2	0.6	15.1	78.1
	地力贡献率/%	82.6	14.2	21.9	84.9	99.4

将钾肥表观利用率划分为5个等级，＜10%、10%～20%、20%～30%、30%～40%、＞40%，计算每个等级下钾肥利用率的样本百分比，以此来了解目前叶菜、瓜类、豆类蔬菜不同钾肥利用率的样本分布频率（表4–12）。从分布频率来看，瓜类和豆类钾肥表观利用率在＜10%和10%～20%范围内最高。叶菜和瓜类钾肥表观利用率＜30%的样本占总样本的70%以上，豆类蔬菜钾肥表观利用率＜30%的样本占总样本的80%以上，说明目前试验条件下各类蔬菜的钾肥利用率较低。

表4–12　主要蔬菜钾肥表观利用率分布频率　%

分组	叶菜	瓜类	豆类
＜10%	27	32	50
10%～20%	19	24	30
20%～30%	27	21	14
30%～40%	8	7	4
＞40%	19	16	2

第四节　主要蔬菜氮肥、磷肥、钾肥利用率

叶菜、瓜类和豆类蔬菜施用氮肥均有显著的增产效果，叶菜、瓜类和豆类蔬菜的可食和不可食部分的氮吸收量均有明显增加，随着施氮量的增加，可食和不可食部分的氮积累量亦呈现显著增加的趋势。

氮肥偏生产力表现为豆类＞叶菜＞瓜类，农学效率表现为瓜类＞豆类＞叶菜，表观利用率表现为瓜类＞豆类＞叶菜，生理利用率表现为瓜类＞叶菜＞豆类，肥料贡献率表现为叶菜＞瓜类＞豆类，地力贡献率为豆类＞瓜类＞叶菜。

磷肥偏生产力表现为叶菜＞瓜类＞豆类，农学效率表现为瓜类＞叶菜＞豆类，表观利用率表现为叶菜＞瓜类＞豆类，生理利用率表现为瓜类＞豆类＞叶菜，肥料贡献率表现为瓜类＞叶菜＞豆类，地力贡献率为豆类＞叶菜＞瓜类。

钾肥偏生产力表现为叶菜＞豆类＞瓜类，农学效率表现为瓜类＞叶菜＞豆类，表观利用率表现为叶菜＞瓜类＞豆类，生理利用率表现为豆类＞瓜类＞叶菜，肥料贡献率表现为瓜类＞豆类＞叶菜，地力贡献率为叶菜＞豆类＞瓜类。

从肥料利用率分布频率可以看出，叶菜、瓜类、豆类蔬菜氮肥表观利用率＜10%的样本分别占总数的34%、31%、39%；处于10%～20%的样本分别占总数的36%、33%、26%；处于20%～30%的样本分别占总数的16%、21%、17%；＞30%的样本分别占总数的14%、15%、18%。氮肥利用率＜30%的样本占总样本的80%以上，表明在目前蔬菜生产条件下各类蔬菜的

氮肥利用率较低，生产上需同时解决蔬菜产量及肥料利用效率提高的问题。

叶菜、瓜类、豆类磷肥表观利用率<5%的样本分别占总数的30%、39%、54%，处于5%～10%的样本分别占总数的22%、31%、29%，处于10%～15%的样本分别占总数的7%、9%、9%，处于15%～20%的样本分别占总数的11%、3%、4%，>20%的样本分别占总数的30%、18%、4%。磷肥表观利用率<20%的样本占总样本的80%以上，说明目前试验条件下各类蔬菜的磷肥利用率较低，生产上需同时解决蔬菜产量及肥料利用效率提高的问题。

叶菜、瓜类、豆类蔬菜钾肥表观利用率<10%的试验样本分别占总数的27%、32%、50%，处于10%～20%的样本分别占总数的19%、24%、30%，处于20%～30%的样本分别占总数的27%、21%、14%，处于30%～40%的样本分别占总数的8%、7%、4%，>40%的样本分别占总数的19%、16%、2%。叶菜钾肥表观利用率<30%的样本占总样本的70%以上，瓜类和豆类蔬菜钾肥表观利用率<30%的样本占总样本的80%以上，说明目前试验条件下各类蔬菜的钾肥利用率较低。生产上需同时解决蔬菜产量及肥料利用效率提高的问题。

广东省主要蔬菜施用氮肥、磷肥和钾肥均有显著的增产效果，不同蔬菜的增产幅度不同，肥料贡献率也不同，与蔬菜种类、土壤理化性质有密切关系。不同试验点的土壤肥力水平、蔬菜种类、施肥水平各不相同，因此不同试验点的蔬菜肥料利用率的变异较大。从平均水平看，试验条件下华南地区主要叶菜、瓜类、豆类蔬菜氮肥利用率（表观利用率）分别为18.4%、19.7%、19.6%，此结果与国内主要粮食作物的肥料利用率（平均为28.7%）相比较低[3, 4]，也低于长江流域油菜的肥料利用率[5-7]。主要原因是与禾本科作物相比，本研究中主要蔬菜氮的施用量平均为200 kg/hm^2，远远高于水稻、小麦和玉米等粮食作物的施肥量，随着施氮量的增加，氮肥利用率呈现显著下降趋势[8, 9]。尽管蔬菜的肥料利用率低于粮食作物，但氮农学效率远高于粮食作物[4]（农学效率平均为11.3 kg/kg），这与蔬菜的收获指数高有关。

叶菜、瓜类、豆类蔬菜磷肥利用率分别为17.2%、9.7%、6.1%，此结果与国内主要粮食作物的磷肥利用率（平均为13.1%）[3]相比，瓜类、豆类磷肥利用率低于平均水平，而叶菜高于平均水平，但均低于长江流域油菜的磷肥利用率（17.4%）[5-7]。叶菜、瓜类、豆类蔬菜钾肥利用率分别为24.8%、24.3%、13%，均低于国内主要粮食作物的钾肥平均利用率（27.3%）[5]，也低于长江流域油菜的钾肥利用率（36.9%）[5-7]。该区蔬菜的磷钾肥利用率均较低，其主要原因可能是与禾本科作物相比，该区蔬菜单位施肥量远远高于主要粮食作物的施肥量，随着施肥量的增加肥料利用率呈显著下降趋势[8-9]。叶菜的磷肥利用率较高是因为单位面积上叶菜对磷养分的需求量较高。尽管蔬菜的磷钾肥表观利用率低于粮食作物，但农学效率（磷肥平均农学效率39.2 kg/kg，钾肥平均农学效率32.6 kg/kg）远远高于粮食作物（磷肥8.5 kg/kg，钾肥7.5 kg/kg）[10]，这与蔬菜的收获指数高有关。磷肥的当季利用率与钾肥比起来低得多，这是由于试验区土壤属南方酸性红壤，富含铁铝，当磷肥施入土壤后，易与土壤中的铁、铝离子发生化学反应，形成沉淀，累积在土壤中，不能为蔬菜利用[3]。

以上结果表明，华南地区主要蔬菜的肥料利用率低于主要粮食作物，因此要提高蔬菜肥料利用率，可以充分利用土壤养分，并且根据土壤肥力状况及蔬菜对养分的需求规律，合理施肥（施肥量、施肥时间和施肥方法），进行氮磷钾与中微量元素的配合施用、氮的深施及分次施用。

华南地区主要蔬菜的氮肥、磷肥利用率低，造成肥料浪费，带来环境污染风险，因此如何提高蔬菜肥料利用率是今后需解决的问题。

第五节　土壤和各种肥料对蔬菜产量的贡献分析

从表4-13可知，施相同的肥料，不同的土壤，其蔬菜产量不同；同一土壤，施不同的肥料，蔬菜所吸收的养分来自土壤和肥料的养分比例也不同。

在正常施肥条件下，不管是单施化肥，还是单施有机肥，或施化肥与有机肥的混合肥，小白菜吸收的全部养分中有30%～82%来自土壤。土壤供肥性能较好的壤土，不管施有机肥、化肥或两种肥混施，其来自土壤的效应均最大，分别占82.8%、68.0%、61.0%；而砂土为其次，分别占74.5%、60.8%和32.3%；土壤供肥性能较差的黏土，来自土壤的效应均最小，分别占30.5%、36.0%和30.3%。

苦瓜吸收的全部养分中有71%～94%来自土壤。与小白菜不同，土壤供肥性能较好的壤土，不管施有机肥、化肥或两种肥混施，其来自土壤的效应均相应低于砂土，分别占78.1%、77.2%、71.0%，而砂土则分别占94.0%、94.6%和74.9%。

在砂土上豇豆吸收的养分中有46%～67%来自土壤，其中施有机肥时占67%、施化肥时占63%，两种肥料混施时仅占46%。而壤土上豇豆吸收的养分中有81%～92%来自土壤，施有机肥时占92%，施化肥时占86%，两种肥混施时占81%。土壤供肥性能较好的壤土，来自土壤的效应大于砂土（与小白菜一样）。

但不论什么土壤，什么蔬菜种类，对蔬菜产量的贡献部分，来自土壤的效应均为有机肥和化肥配合施用＜化肥＜有机肥，即有机肥和化肥配合施用的处理对蔬菜产量的贡献最大。可见，合理施肥有利于保护土壤肥力。

表4-13　增城蔬菜施肥试验区土壤和各种肥料对蔬菜产量的效应

土壤类型	产量和效应	小白菜				苦瓜				豇豆			
		无肥区	有机肥	化肥	有机肥+化肥	无肥区	有机肥	化肥	有机肥+化肥	无肥区	有机肥	化肥	有机肥+化肥
砂土	产量/（kg·亩$^{-1}$）	665	893	1 094	2 055	1 222	1 300	1 292	1 633	618.9	921	980	1331
	土壤效应/%		74.5	60.8	32.3		94.0	94.6	74.9		67.2	63.1	46.5
	无机肥效应/%	100		38.2	25.1	100		5.39	13.2	100		36.9	25.2
	有机肥效应/%		25.5		42.6		5.96		11.9		32.8		28.3
壤土	产量/（kg·亩$^{-1}$）	1 095	1 322	1 609	1 795	686	879	890	966	1 237	1 340	1 435	1 524
	土壤效应/%		82.8	68.0	61.0		78.1	77.2	71.0		92.3	86.2	81.2
	化肥效应/%	100		32.0	13.6	100		22.8	14.2	100		13.8	6.73
	有机肥效应/%		17.18		25.4		21.9		14.8		7.71		12.1
黏土	产量/（kg·亩$^{-1}$）	610	1 999	1 698	2 014								
	土壤效应/%		30.5	36.0	30.3								
	化肥效应/%	100		64.1	36.3								
	有机肥效应/%		69.5		33.4								

注：表中数据的计算公式为土壤肥力依存率=（无肥区作物产量/施肥区产量）×100%。

参 考 文 献

[1] MONTEMURRO F，MAIORANA N，FERRI D，et al. Nitrogen indicators，uptake，and utilization efficiency in a maize and barley rotation cropped at different levels and sources of N fertilization [J]. Field Crops Research，2006，99：114-124.

[2] DILZ K. Efficiency of uptake and utilization of fertilizer nitrogen by plants [M] //JENKINSON D S，SMITH K A. Nitrogen Efficiency in Agricultural Soils. London：Elsevier Applied Science，1988：1-26.

[3] 闫湘，金继运，何萍，等. 提高肥料利用率技术研究进展 [J]. 中国农业科学，2008，41（2）：450-459.

[4] 李玉影，刘双全，姬景红，等. 玉米平衡施肥对产量、养分平衡系数及肥料利用率的影响 [J]. 玉米科学，2013，21（3）：120-124，130.

[5] 邹娟，鲁剑巍，陈防，等. 长江流域油菜氮磷钾肥料利用率现状研究 [J]. 作物学报，2011，37（4）：729-734.

[6] 王寅，李小坤，李雅颖，等. 红壤不同地力条件下直播油菜对施肥的响应 [J]. 土壤学报，2012，49（1）：121-129.

[7] 王寅，鲁剑巍，李小坤，等. 长江流域直播冬油菜氮磷钾硼肥施用效果 [J]. 作物学报，2013，39（8）：1491-1500.

[8] 巨晓棠，张福锁. 关于氮肥利用率的思考 [J]. 生态环境，2003，12（2）：192-197.

[9] JENSEN L S，CHRISTENSEN L，MUELLER T，et al. Turnover of residual 15N-labelled fertilizer N in soil following harvest of oilseed rape（*Brassica napus* L.）[J]. Plant Soil，1997，190：193-202.

[10] 张福锁，王激清，张卫峰，等. 中国主要粮食作物肥料利用率现状与提高途径 [J]. 土壤学报，2008（5）：915-924.

第五章　蔬菜施肥的肥效变化规律

肥料是农作物的“粮食”。合理施肥是提高农作物产量的最重要措施，是改善和提高农产品品质的重要手段，是稳定和提高耕地质量和保证农业可持续发展最重要的前提。据联合国粮食及农业组织（FAO）肥料试验网近年的数据统计，施用化肥平均可提高作物单产56%，增产效果为40%～60%；我国化肥试验网近年来的土壤肥力监测结果表明，化肥在作物上的增产作用全国平均占53%。因此，施肥是农业生产的重要措施。但是肥料施用不当，过多、过少或比例配合不当，既不能达到增产的目的，又浪费了人力物力。据估算，每年有30%左右的化肥由于施用不当造成浪费，不少农民只知道多用化肥，却不知道肥料配方不合理造成的浪费及带来的危害，因此如何科学施肥是值得重视的问题。肥料田间试验是测土配方施肥技术的一个重要组成部分，因不同蔬菜对养分需求有很大的差异，蔬菜施肥除了要根据蔬菜对养分的需求特性和土壤肥力特性之外，还要根据各类蔬菜对施肥的肥料效应，才能做到合理施肥，所以必须了解蔬菜的田间施肥效应。

第一节　蔬菜施氮磷钾的效应

一、叶菜类蔬菜

（一）生长期40～60天的叶菜

生长期40～60天（包括苗期）的叶菜主要有菜心、小白菜、生菜等。质地不同的土壤，肥料的效应也不同。以生长期约40天的小白菜为例，在施磷的条件下，在砂土、壤土和黏土三种质地的土壤上，小白菜对氮钾配比有不同的效应。在施磷的基础上，氮钾合理配施不仅可使小白菜获得高产，而且还可以降低蔬菜的硝酸盐含量，同时提高维生素C和可溶性糖含量；氮钾施用量控制在最适点上，可以控制小白菜的硝酸盐、维生素C和可溶性糖含量。总的来说，氮钾合理配施可使蔬菜高产优质。小白菜施肥产量效应顺序是：砂土上，N_2K_2+有机肥＞N_2K_3＞N_3K_3＞N_2K_1＞N_3K_2＞N_2K_2＞N_3K_1＞N_1K_3＞N_1K_2＞N_1K_1，即中氮高钾处理不仅可获得最高产量，而且可以降低硝酸盐，提高维生素C含量；低氮中钾处理可提高可溶性糖含量。壤土上施肥效应是：N_3K_1＞N_2K_2+有机肥＞N_3K_3＞N_3K_2＞N_2K_1＞N_2K_2＞N_2K_3＞N_1K_2＞N_1K_1＞N_1K_3，即高氮低

钾虽可获得高产但品质最差；而低氮低钾处理可获得合适产量，降低硝酸盐，提高维生素C含量。黏土上施肥效应是：$N_3K_1>N_1K_3>N_3K_3>N_2K_2>N_2K_2$+有机肥$>N_2K_1>N_1K_1$，即低氮高钾处理可获得较高产量，品质指标均较好，与NPK+有机肥处理效果相当。在施磷条件下，不同用量和不同比例的氮钾肥对小白菜产量的影响如图5-1所示。在三种（土壤水解氮含量60～250 mg/kg）不同肥力、不同质地的土壤上，土壤的施氮量和施钾量与小白菜产量的回归关系均成一元二次的抛物线方程，超过一定的施氮量和施钾量均会使小白菜减产。最高产量的施氮量，在砂土（水解氮含量为60.6 mg/kg）和黏土（水解氮含量为250 mg/kg）均为10～15 kg/亩。而壤土（水解氮含量为93.9 mg/kg），本次试验为20 kg/亩以上；而最高产量的施钾量，在砂土（速效钾含量为87.7 mg/kg）为8～12 kg/亩，壤土（速效钾含量为152 mg/kg）为8～10 kg/亩，而黏土（速效钾含量为136 mg/kg）则为15 kg/亩左右。可见，氮磷钾肥施用量的多少并不能完全根据土壤的速效养分浓度决定，还要根据土壤的质地来决定。在本试验中，壤土可多施氮，而砂土和黏土均不能多施；黏土可多施钾，而砂土和壤土均不能多施。

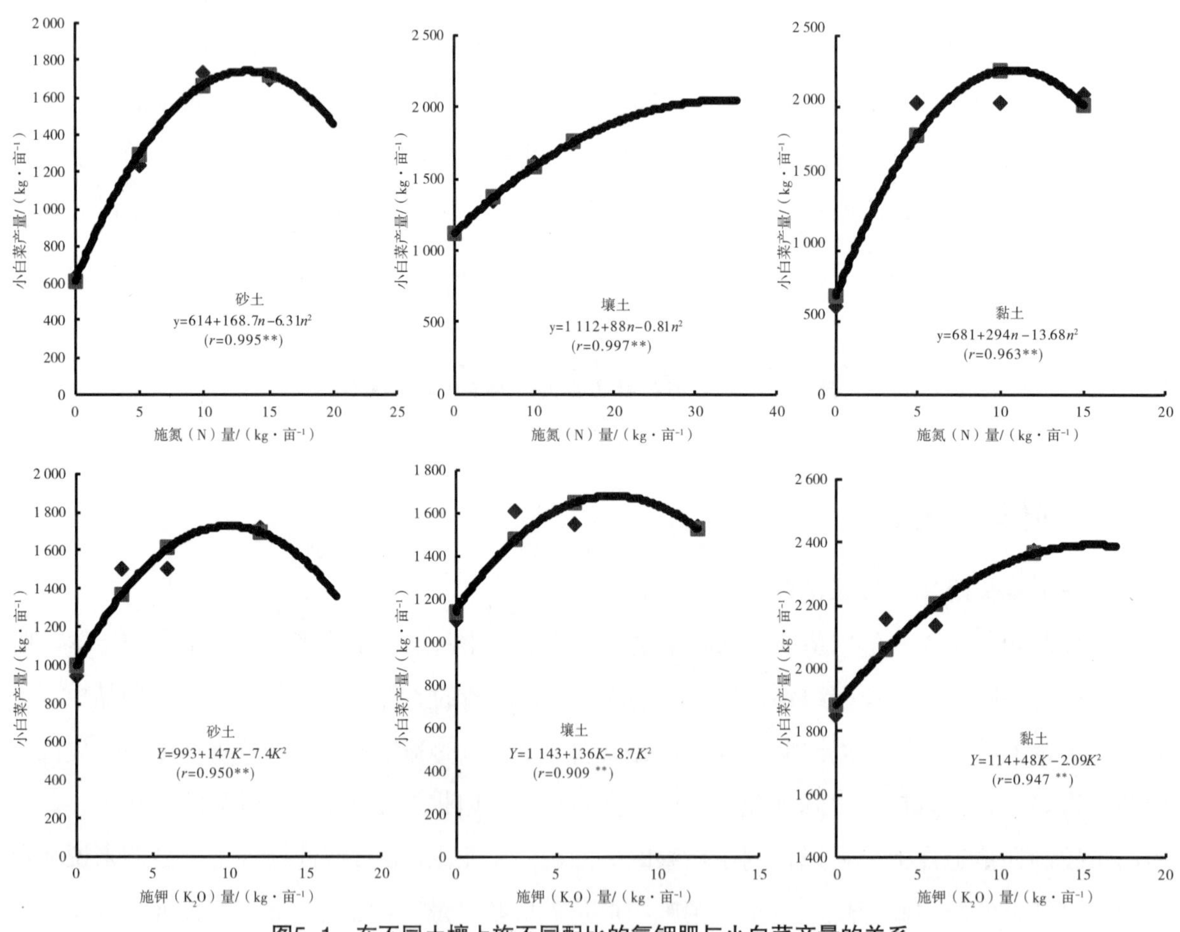

图5-1　在不同土壤上施不同配比的氮钾肥与小白菜产量的关系

不管土壤的地力如何，土壤氮、磷、钾的施用量与蔬菜产量的回归关系均可构成一元二次抛物线正向方程（图5-2为菜心施肥效应）。例如，在地力相对较高的南海里水、地力中等的南海和顺、地力相对较差的南海西樵三个试验点，土壤的氮、磷、钾施用量与菜心产量的回归关系均可构成一元二次抛物线正向方程，表明当氮、磷、钾施用量均在一定范围内，可使菜心获得最高产量，但超过该施用量范围时均会使菜心减产。所以，菜心施肥时应注意不仅施氮不可过量，施磷和钾也不可过量，否则均会减产，同时会造成肥料浪费和环境污染。

氮、钾肥理论最佳施用量的高或低，基本与试验地土壤水解氮和速效钾含量水平相吻合。磷肥理论最佳施用量的高低变化，则不能与试验地土壤有效磷含量水平相吻合，这可能与土壤的pH有关。如南海西樵的土壤有效磷水平达到108 mg/kg，是三个试验地土壤中最高的，但其土壤pH最低，只有4.79，呈较强酸性，降低了磷素被作物利用的有效性，使其理论施磷量和试验中最高产处理所要求的施磷量并不是相应最低水平；而和顺的土壤有效磷水平是最低的（只有24.0 mg /kg），但其土壤pH为6.13，呈较弱酸性，可能提高了磷素被作物吸收利用的有效性，使种植于其土壤中的蔬菜对磷肥用量的要求有所降低。

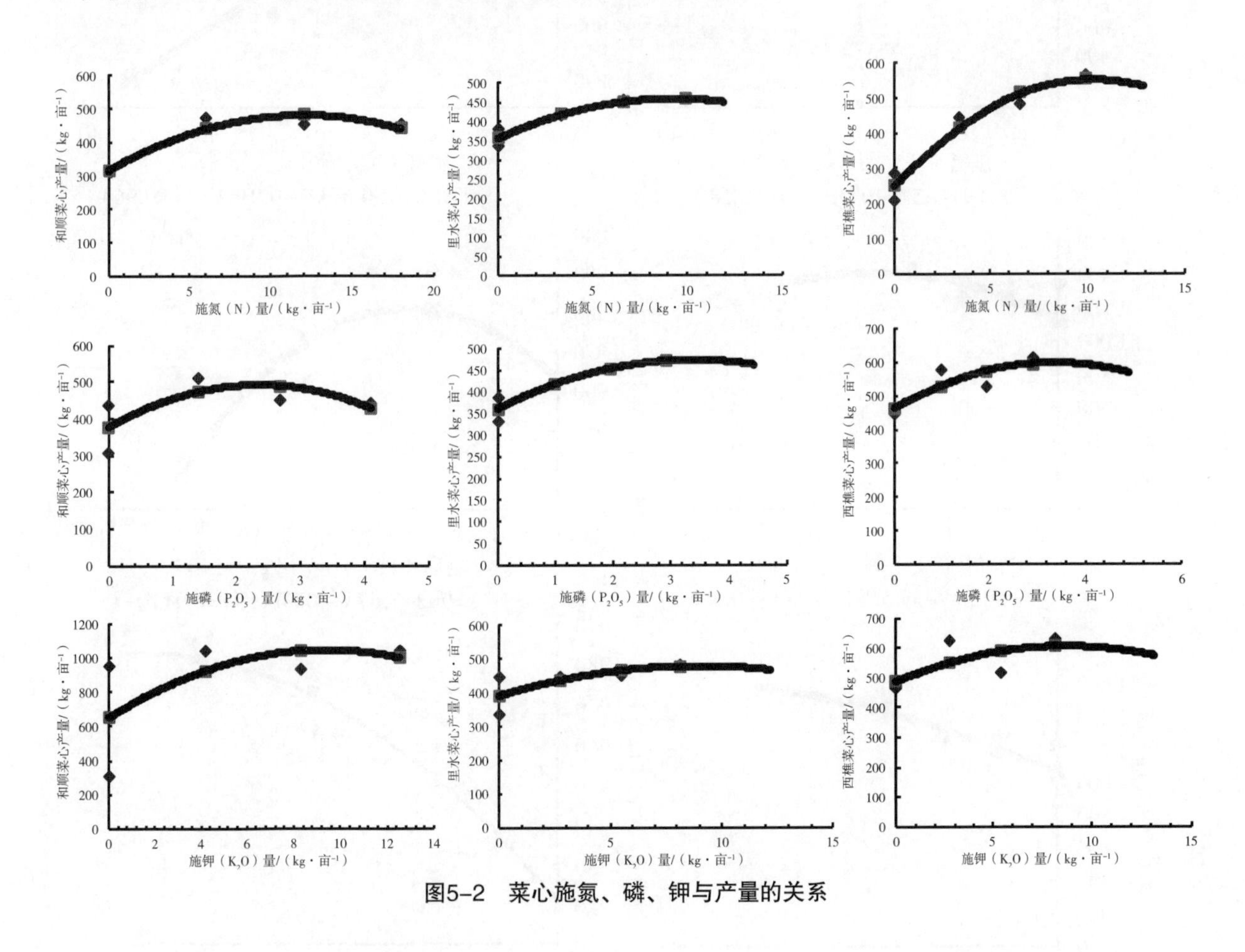

图5-2　菜心施氮、磷、钾与产量的关系

（二）生长期90～120天的叶菜

生长期90～120天的叶菜主要有花椰菜、青花菜、大白菜等。这些叶菜由于生长期相对较长，它们的施肥量比生长期较短的菜心和小白菜等叶菜要多，但不同品种蔬菜其施肥效应会有所不同。

例如，南海大沥的青花菜（西兰花），当施氮（N）量为20～30 kg/亩、施磷（P_2O_5）量达到10～12 kg/亩时、施钾（K_2O）量达到15 kg/亩以上时，青花菜获得最高产量。土壤氮、磷和钾施用量与青花菜的品质指标维生素C含量的回归关系也同样构成一元二次抛物线方程，表明施氮、磷、钾均会显著影响青花菜的维生素C含量。从图5-3可看出，青花菜维生素C含量随着施氮量的增加呈现降低的趋势，因此在该地区施肥时更应注意氮肥和磷肥不可施用过量，否则不仅造成减产，而且会显著影响质量；而合理施钾肥不仅能有效提高青花菜产量，而且还能有效提高维生素C的含量，所以施肥时要注意合理配施钾肥。

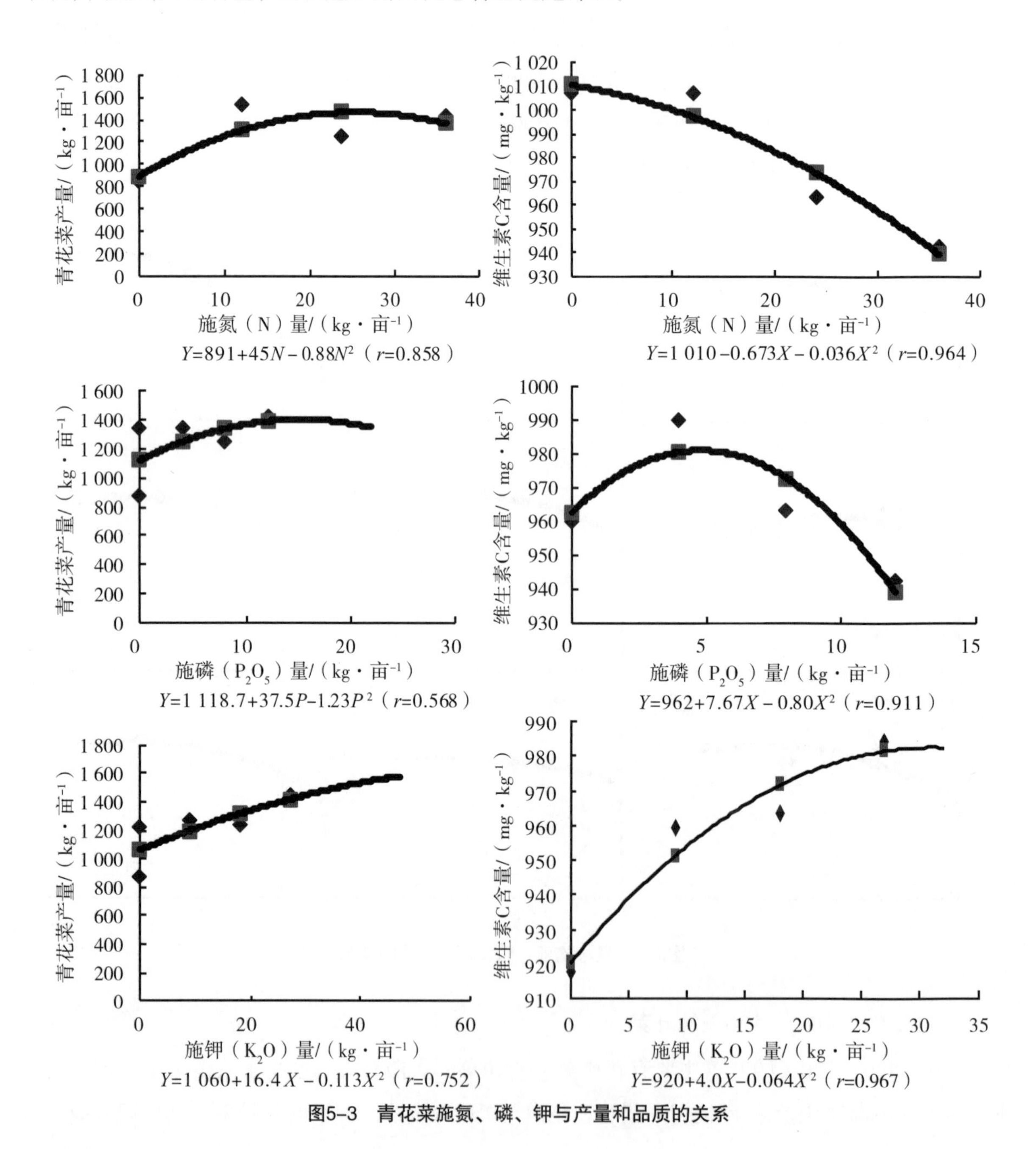

图5-3　青花菜施氮、磷、钾与产量和品质的关系

同样在南海大沥（图5–4），花椰菜当施氮量为18～22 kg/亩、施磷量达到3～5 kg/亩、施钾量为10～13 kg/亩时，花椰菜获得最高产量，但超过该施用量时花椰菜会减产，且维生素C含量急剧下降，而硝酸盐含量则急剧升高。这表明，适量施氮、磷、钾，才能有效提高花椰菜产量和维生素C含量及降低硝酸盐含量。

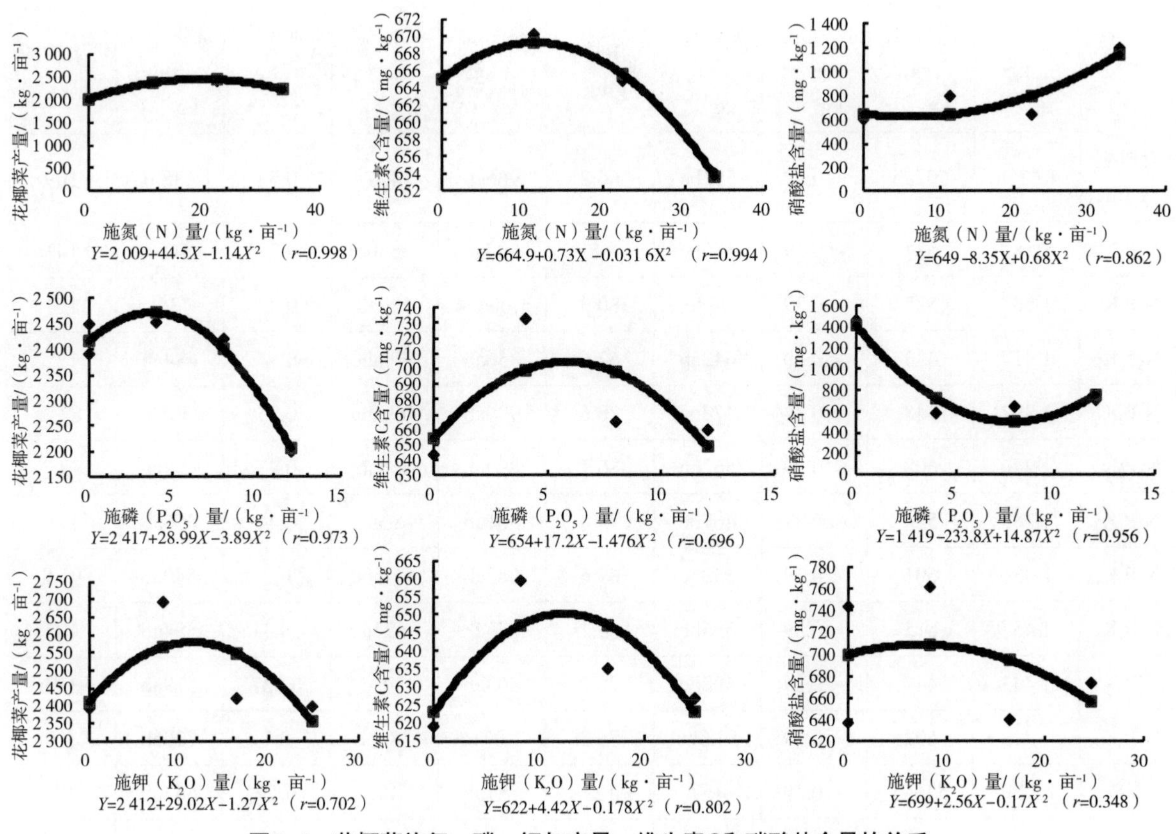

图5–4　花椰菜施氮、磷、钾与产量、维生素C和硝酸盐含量的关系

二、瓜类蔬菜

在华南地区，大宗的特色瓜类蔬菜主要有苦瓜、节瓜、有棱丝瓜等。由于瓜类蔬菜的营养生长特性与叶菜不同，产品收获以果实为主，生长期相对叶菜较长，因而其整个生长期所需养分总量较叶菜多。

不同质地土壤的瓜类蔬菜施肥效应有所不同（表5–1）。以苦瓜为例，在砂土上，不施钾的商品苦瓜产量和维生素C含量最低，与不施肥的空白对照相当，这与该土壤的有机质和速效钾浓度低相吻合，但其硝酸盐含量相对较高，表明缺钾会引起苦瓜的硝酸盐含量增高；不施磷的商品苦瓜产量和硝酸盐次之；不施氮的商品苦瓜产量相对较高（这可能是试验地当时的水解氮含量较高所致），而硝酸盐含量相对较低，表明少施氮有助于降低苦瓜的硝酸盐含量。

在壤土上，不施氮的商品苦瓜产量和维生素C含量均最低，但高于不施肥的空白对照，其硝酸盐含量（为1 649 mg/kg）比空白对照（1 691 mg/kg）的稍低；不施钾的商品苦瓜产量次

之，但硝酸盐含量相对较高（达468 mg/kg），表明缺钾会引起苦瓜硝酸盐含量增高；不施磷的商品苦瓜产量相对最高，甚至高于施氮磷钾（酰胺态氮）和氮磷钾（铵态氮）的产量，这可能是该试验地当时的有效磷含量较高所致。

表5-1　苦瓜对不同氮磷钾配比的效应

处理	砂土					壤土				
	商品瓜/（kg·亩$^{-1}$）	硝酸盐/（mg·kg^{-1}）	亚硝酸盐/（mg·kg^{-1}）	维生素C/（mg·kg^{-1}）	可溶性糖/（g·kg^{-1}）	商品瓜/（kg·亩$^{-1}$）	硝酸盐/（mg·kg^{-1}）	亚硝酸盐/（mg·kg^{-1}）	维生素C/（mg·kg^{-1}）	可溶性糖/（g·kg^{-1}）
有机肥+$N_2P_2K_2$	1 633a	597ab	<0.39	591bc	66.7	966ab	423	0.54	638.0	109
$N_3P_1K_2$	1 581	524	<0.39	550bc	68	807ab	363bc	0.33	546b	141
$N_3P_3K_1$	1 507	587	<0.39	344c	80.3	1 008ab	520ab	0.42	736a	121
$N_3P_2K_3$	1 417	433	<0.39	642ab	67.6	856ab	479abc	0.57	684ab	122
$N_2P_3K_2$	1 392	548	<0.34	477bc	78.6	906ab	469abc	0.25	505b	87.3
$N_2P_2K_2$	1 246	608	<0.39	562bc	86.1	890ab	564ab	0.47	786a	94.7
$N_2P_1K_3$	1 185	536	<0.39	467bc	75.8	861ab	462abc	0.44	655ab	124
$N_2P_2K_1$	1 336	601	<0.39	558bc	69.6	985ab	441abc	0.2	580ab	91.8
$N_1P_1K_1$	1 457	615	<0.39	556bc	83.1	772	623a	0.3	584ab	125
$N_1P_2K_2$	1 443	447	<0.39	498bc	78.2	803ab	297c	0.027	579ab	113
$N_1P_3K_3$	1 313	602	<0.39	54.3bc	76.2	1 071a	382bc	0.1	720ab	110
NP	1 223b	546ab	<0.39	457	121	887ab	469	0.59	645ab	95
NK	1 315ab	544ab	<0.39	529	73.9	916a	483	0.37	613ab	83
PK	14 094ab	446ab	<0.39	560	108	862ab	405	0.38	580ab	97.3
无肥	1 222b	309a	<0.39	523	79.3	686b	425	0.47	479bc	76

关于施氮磷钾与苦瓜产量、硝酸盐、维生素C、可溶性糖的回归关系，根据在增城的苦瓜肥料试验回归分析曲线图（图5-5），在两种（土壤水解氮含量为60.6～93.9 mg/kg）不同肥力、质地的土壤上，土壤的氮磷钾施用量与苦瓜产量的回归关系绝大多数成一元二次的抛物线方程，氮磷钾超过一定的施用量均会使苦瓜减产。最高产量的氮施用量，砂土（水解氮含量为60.6 mg/kg）和壤土（水解氮含量为93.9 mg/kg）均为10～15 kg/亩；最高产量的K_2O施用量，砂土（速效钾含量为87.7 mg/kg）为12～18 kg/亩，壤土（速效钾含量为152 mg/kg）为5～10 kg/亩；最高产量的P_2O_5施用量，砂土（有效磷含量为87.3 mg/kg）为7.5～12.5 kg/亩，壤土（有效磷含量为62.4 mg/kg）本次试验约为15 kg/亩。

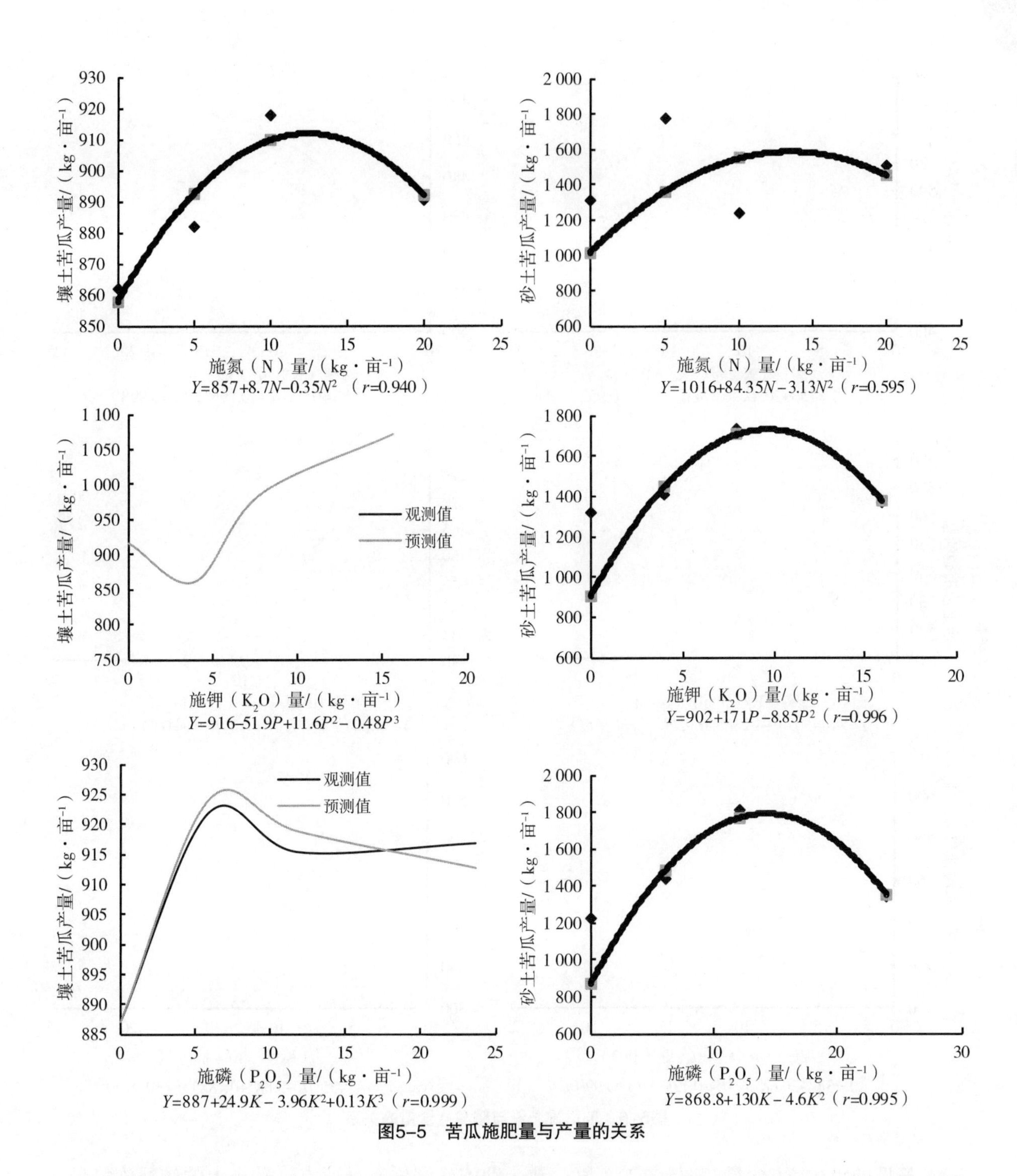

图5–5　苦瓜施肥量与产量的关系

在两种不同肥力、质地的土壤上，苦瓜的硝酸盐含量与施氮量的关系（图5–6）均有随着施氮量增加而增高的趋势，较适宜的施氮量，两种土壤均为5～8 kg/亩；而与施磷和施钾量的关系，则呈一元二次或三次的回归关系，表明存在硝酸盐含量最低点的磷、钾施用量最适点。其中磷施用量最适点，砂土和壤土P_2O_5施用量均为5～10 kg/亩；钾施用量最适点，砂土和壤土K_2O施用量均为11～15 kg/亩。

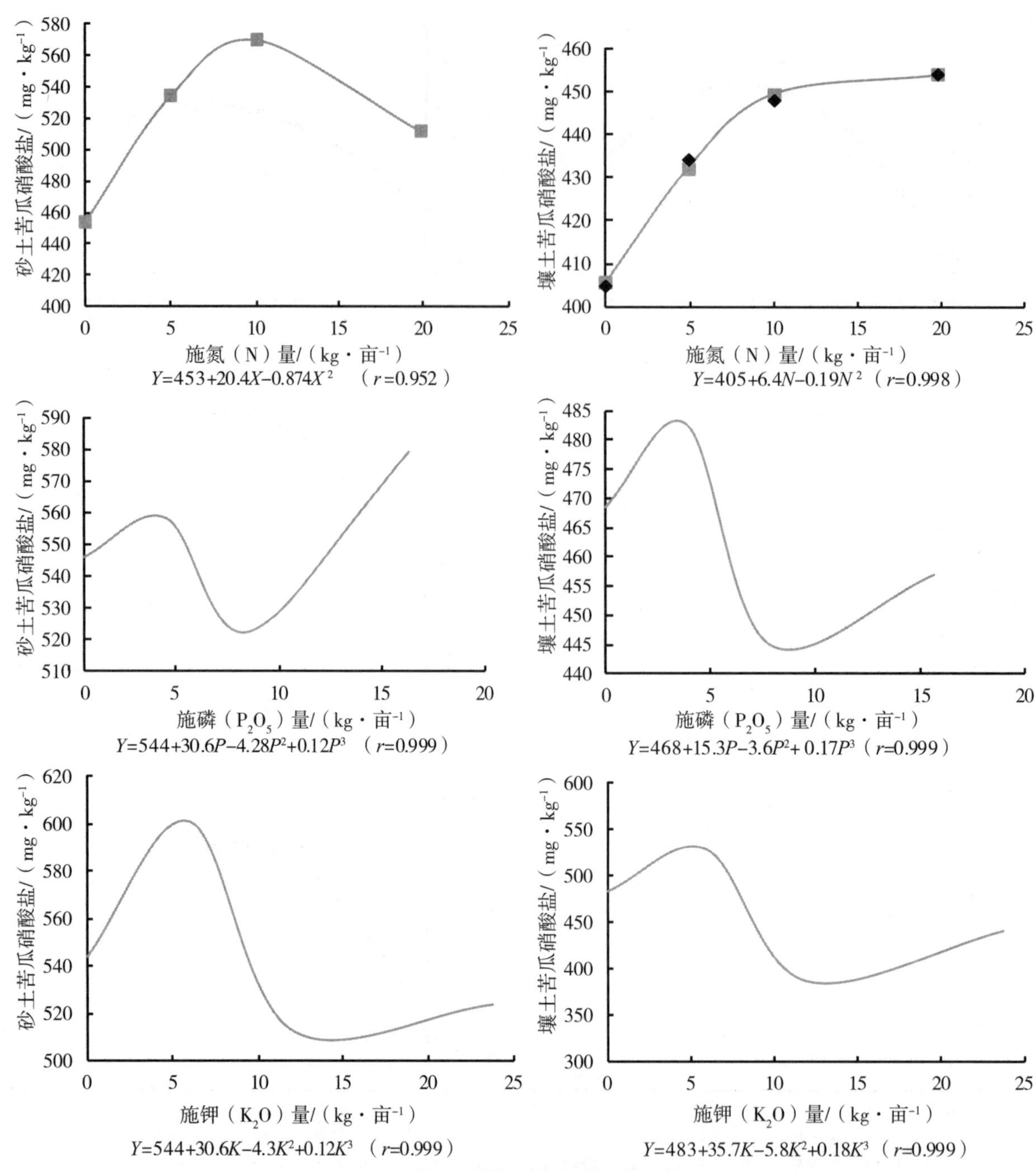

图5-6　苦瓜施肥量与硝酸盐含量的关系

苦瓜的维生素C含量（图5-7），氮、磷、钾施量同样有最适点。砂土上的较适施氮量<10 kg/亩，而壤土的则应>10 kg/亩；P_2O_5施用量最适点，两种土壤均为7～10 kg/亩；而K_2O施用量的最适点，砂土>10 kg/亩，壤土>15 kg/亩。

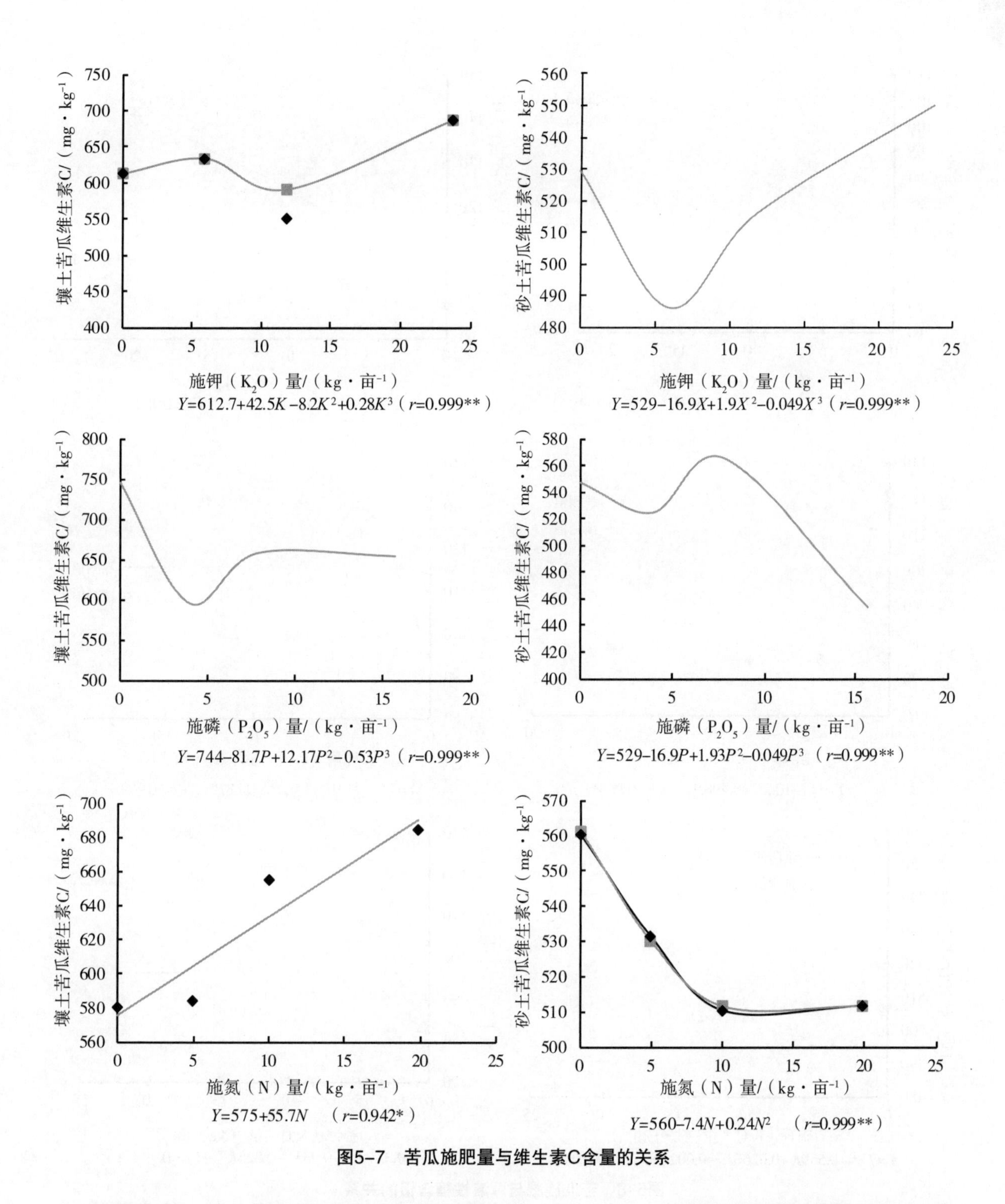

图5-7　苦瓜施肥量与维生素C含量的关系

适量施氮、磷、钾可调节苦瓜可溶性糖含量（图5-8），苦瓜可溶性糖含量的适宜施氮量，砂土应为10 kg/亩左右，壤土可能为20 kg/亩左右；P_2O_5施用量，砂土和壤土均为5 kg/亩左右；而可溶性糖含量的适宜施K_2O量，砂土>10 kg/亩，壤土>5 kg/亩。

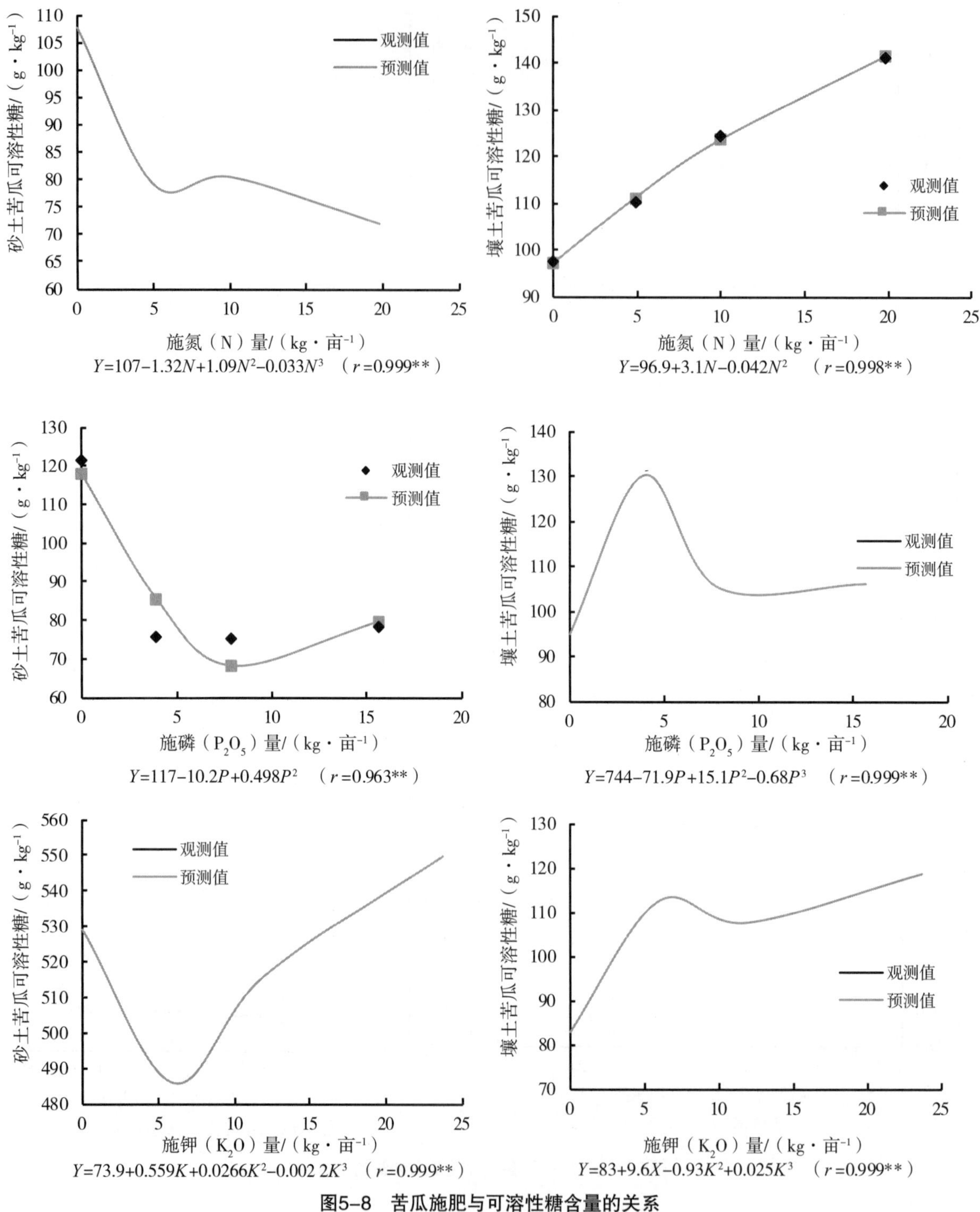

图5-8　苦瓜施肥与可溶性糖含量的关系

节瓜和丝瓜的施肥量可能与苦瓜略有不同，但其肥料效应规律基本是相同的（图5-9和图5-10），即氮、磷、钾施用量均在一定范围内，可使节瓜和丝瓜获得最高产量，但超过该施用量范围时会减产，所以瓜类蔬菜施肥时不仅应注意施氮不可过量，而且施磷和钾也不可过量，否则会减产，且造成浪费和肥料污染。这与叶菜的施肥效应相同。

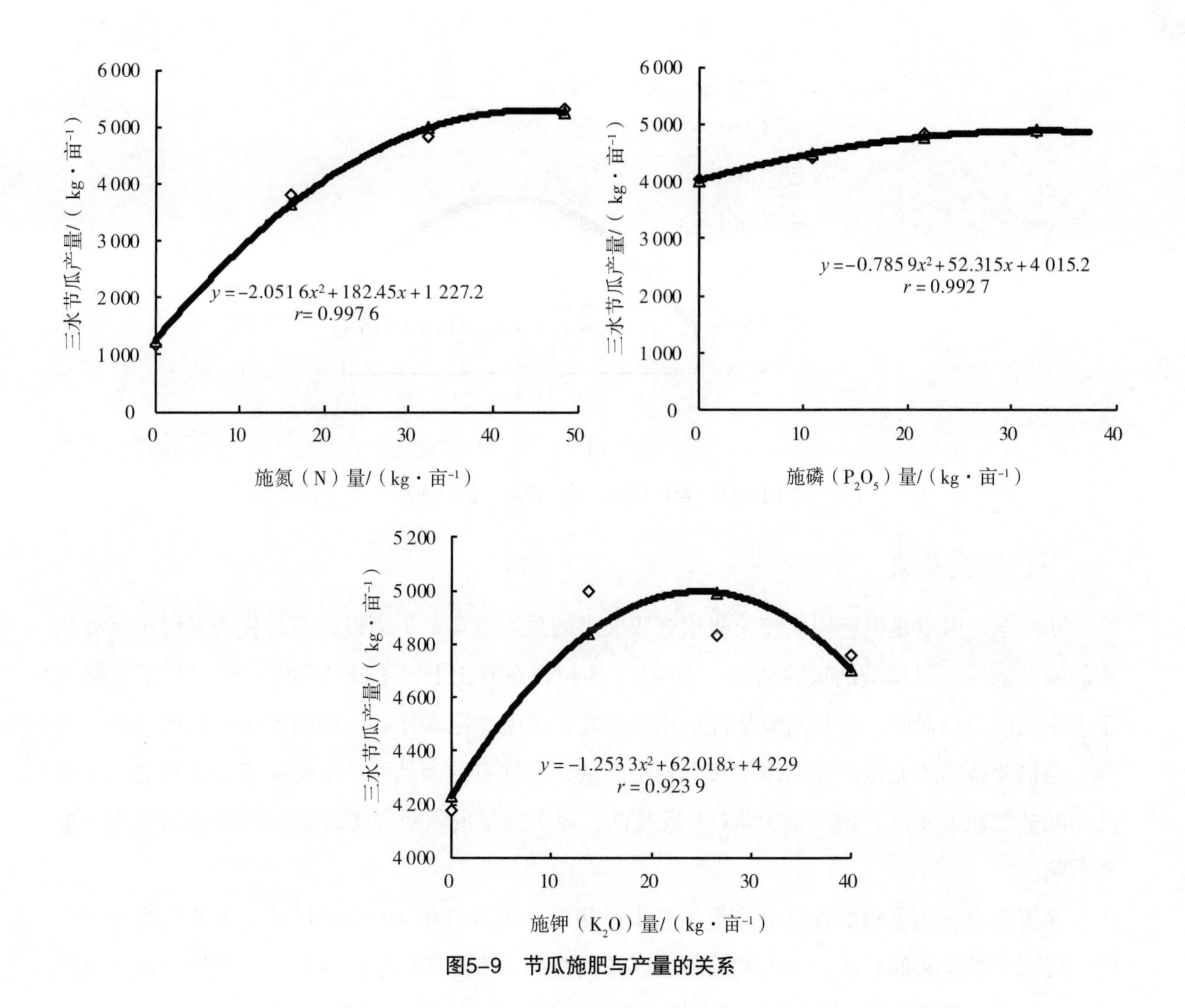

图5-9　节瓜施肥与产量的关系

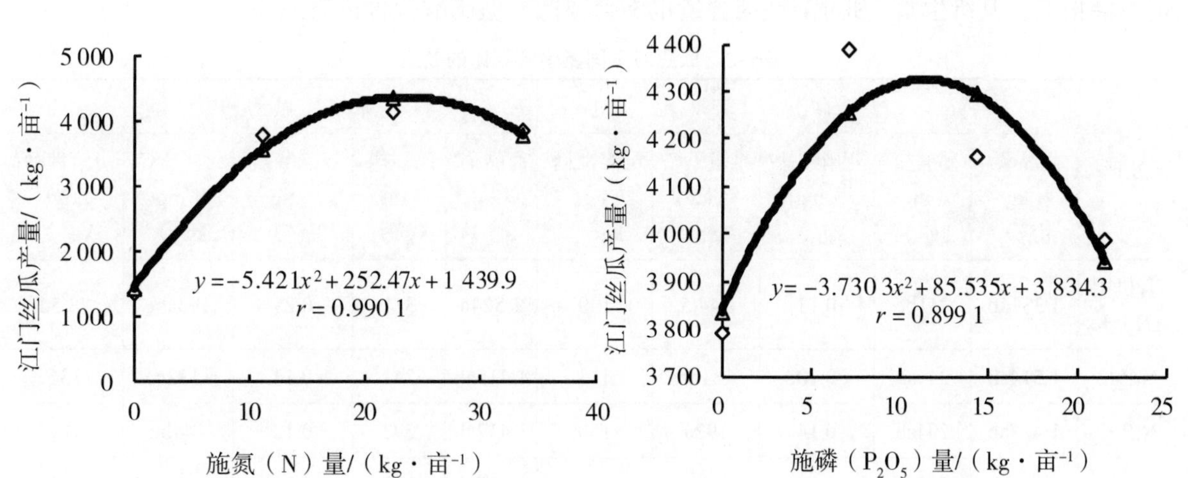

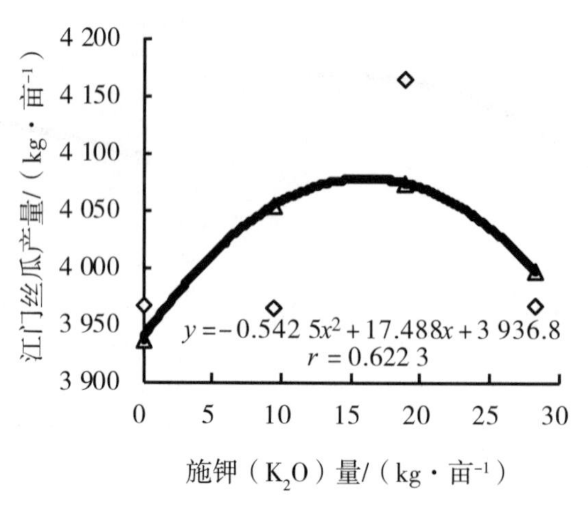

图5-10　丝瓜施氮、磷、钾与产量的关系

三、豆类蔬菜

在广东，豇豆是供应周期较长和相对较大宗的豆类蔬菜。下面以豇豆为代表来讨论豆类蔬菜的施肥效应。以增城的试验结果（表5-2）为例，在砂土上，不施磷的豇豆产量最低，略高于不施肥的空白对照，但其硝酸盐含量相对较高，说明是喜磷作物，即使土壤中磷的含量比较高，但仍要施磷才能保证豆类蔬菜获得较高产量；不施氮的商品豆产量略高于不施磷的，虽然其硝酸盐含量并不高，但其维生素C含量最低，表明适量的氮对豆类蔬菜的产量和品质均有重要影响。

在壤土上，不施磷的商品豆产量虽然不是很低，但其维生素C含量最低，表明适当施磷有助于提高豆类蔬菜的品质；不施氮的商品豆产量略高于不施肥的空白对照；不施钾的商品豆产量不会很低，其维生素C和可溶性糖含量也不会很低，但硝酸盐含量略高。

表5-2　豇豆对不同氮磷钾配比的效应

处理	砂土					壤土				
	商品菜/（kg·亩$^{-1}$）	硝酸盐/（mg·kg^{-1}）	亚硝酸盐/（mg·kg^{-1}）	维生素C/（mg·kg^{-1}）	可溶性糖/（g·kg^{-1}）	商品菜/（kg·亩$^{-1}$）	硝酸盐/（mg·kg^{-1}）	亚硝酸盐/（mg·kg^{-1}）	维生素C/（mg·kg^{-1}）	可溶性糖/（g·kg^{-1}）
有机肥+$N_2P_2K_2$	1 331ab	211bc	0.13	244.5	139	1 524a	311	0.25	193abc	78.5d
$N_1P_2K_2$	1 514ab	244ab	0.10	181ab	113	1 415ab	241	0.14	132c	136
$N_1P_3K_3$	1 427ab	204ab	0.14	192a	150	1 412ab	292	0.12	144bc	187
$N_1P_1K_1$	1 109ab	217ab	0.17	188ab	195	1 497ab	237	0.22	149bc	193
$N_2P_2K_1$	1 301ab	211ab	0.11	176ab	190	1 546a	342	0.22	152bc	178
$N_2P_3K_2$	1 232ab	210ab	0.07	192a	198	1 540a	295	0.20	150bc	149
$N_2P_1K_3$	1 213ab	274a	0.06	196a	163	1 462ab	315	0.16	154bc	145

续表

处理	砂土					壤土				
	商品菜/（kg·亩$^{-1}$）	硝酸盐/（mg·kg^{-1}）	亚硝酸盐/（mg·kg^{-1}）	维生素C/（mg·kg^{-1}）	可溶性糖/（g·kg^{-1}）	商品菜/（kg·亩$^{-1}$）	硝酸盐/（mg·kg^{-1}）	亚硝酸盐/（mg·kg^{-1}）	维生素C/（mg·kg^{-1}）	可溶性糖/（g·kg^{-1}）
$N_2P_2K_2$	980b	280a	0.04	190ab	222	1 435ab	248	0.14	161abc	143
$N_3P_1K_2$	1 250ab	164b	0.13	199a	170	1 498ab	280	0.24	155bc	101
$N_3P_2K_3$	1 206ab	218ab	0.03	169b	184	1 472ab	260	0.19	182ab	149
$N_3P_3K_1$	1 171ab	247ab	0.12	162b	151	1 496ab	246	0.29	158abc	98.8
NP	1 186	222	0.04	188ab	362a	1 465	293a	0.15	123cd	144
NK	762.35	251	0.22	157bc	310ab	1 517	274a	0.31	127cd	98.5
PK	946	198	0.32	156bc	287ab	1 426	285a	0.17	135c	164
无肥	619	204	0.14	178ab	269ab	1 237	294ab	0.07	114cd	108

豇豆最高产量的施N量（图5–11），砂土约为11 kg/亩，壤土约为12 kg/亩；豇豆最高产量的施P_2O_5量，砂土为10 kg/亩左右，壤土为7 kg/亩左右；豇豆最高产量的施K_2O量，砂土约为7 kg/亩，壤土约为13 kg/亩。

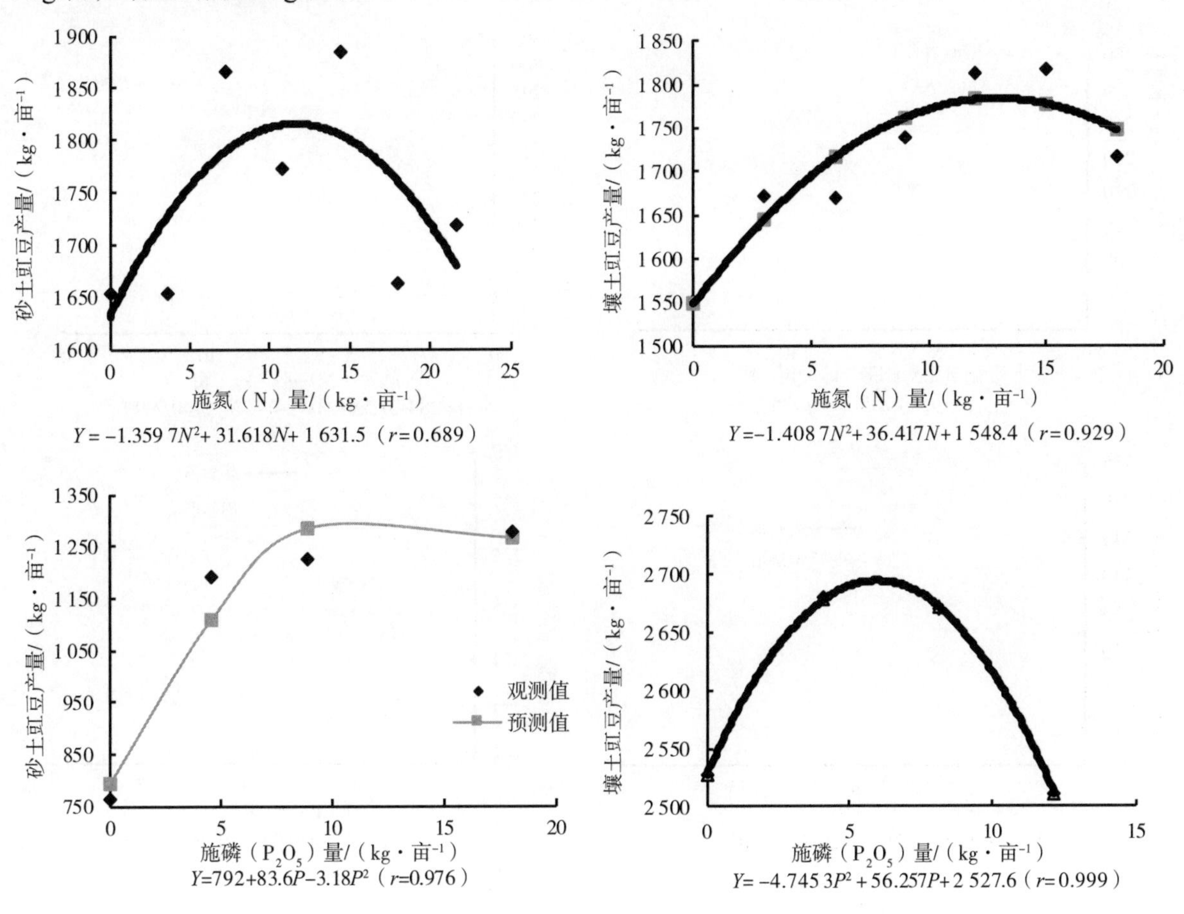

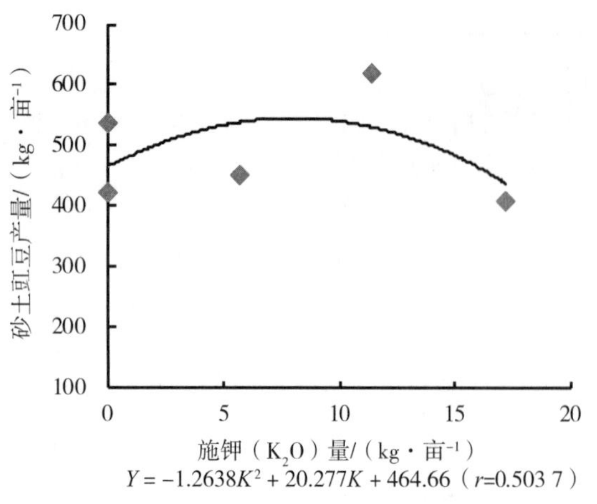

$Y = -1.2638K^2 + 20.277K + 464.66$（$r$=0.503 7）

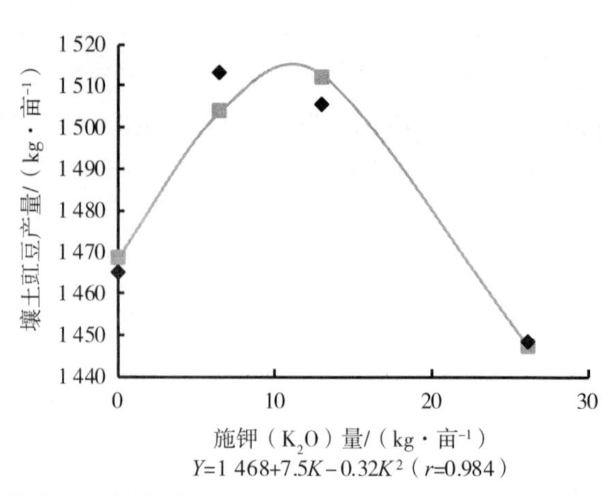

Y=1 468+7.5K−0.32K^2（r=0.984）

图5-11　豇豆施肥与产量的关系

在砂土上，施氮磷钾量与硝酸盐含量关系（图5-12），有随着施氮量增高而增高的趋势，其较适施氮量应在3 kg/亩左右；在壤土上，硝酸盐含量与施氮量呈一元三次方程，硝酸盐含量最低点的最适施氮量与砂土一样在3 kg/亩左右。在两种土壤上，豇豆硝酸盐含量与施磷量均呈一元三次方程，硝酸盐含量最低点的P_2O_5最适施用量，砂土上为5 kg/亩左右，壤土为8 kg/亩左右。在砂土上，硝酸盐含量与施K_2O呈一元三次的回归关系，硝酸盐含量最低点的K_2O施用量最适点应在10～15 kg/亩。壤土上豇豆硝酸盐含量的较适施K_2O量应大于15 kg/亩。

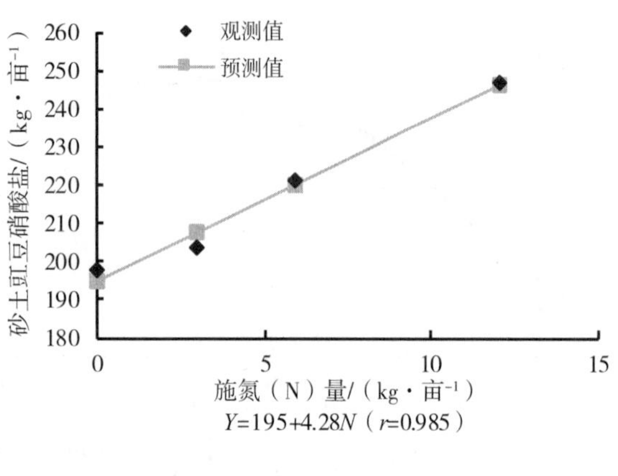

Y=195+4.28N（r=0.985）

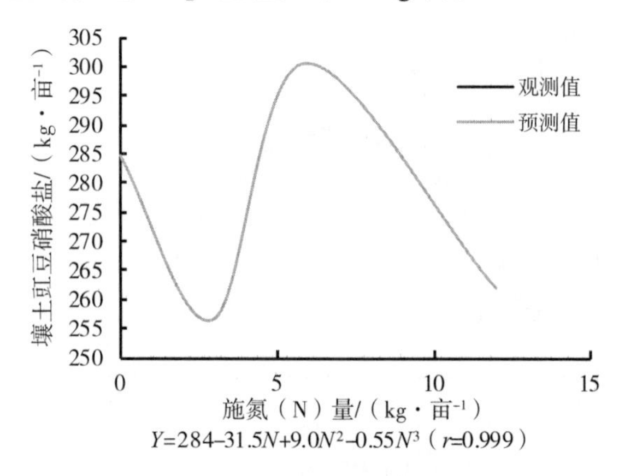

Y=284−31.5N+9.0N^2−0.55N^3（r=0.999）

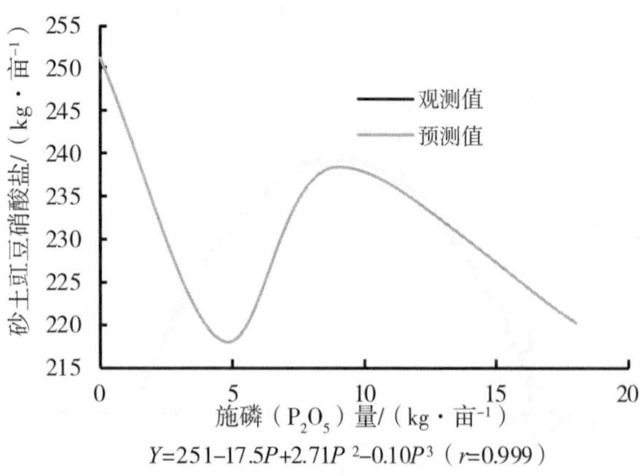

Y=251−17.5P+2.71P^2−0.10P^3（r=0.999）

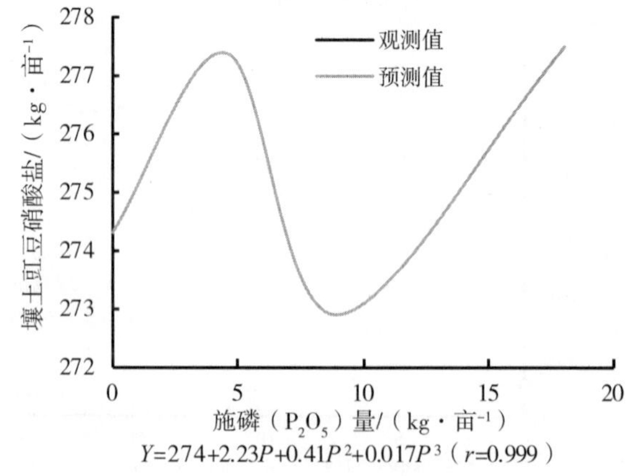

Y=274+2.23P+0.41P^2+0.017P^3（r=0.999）

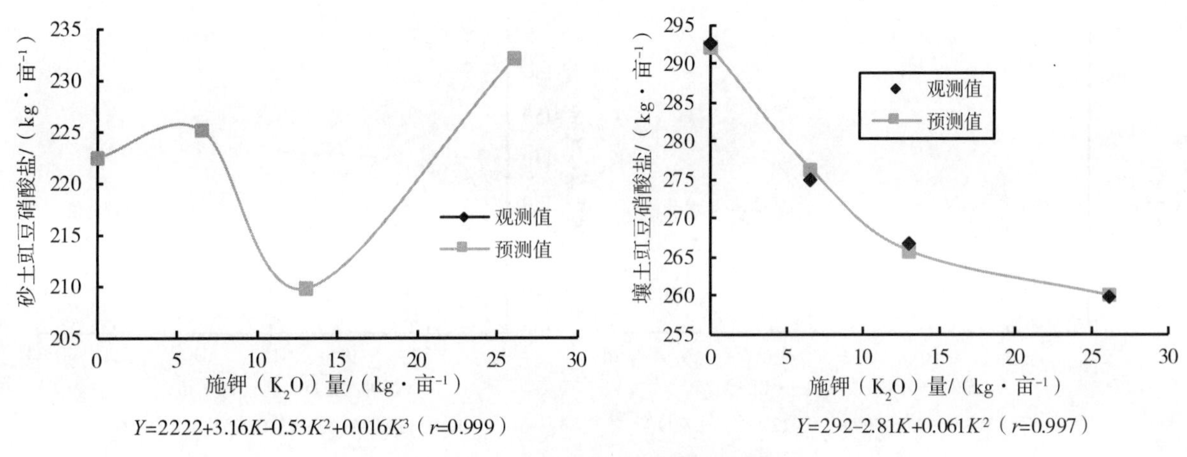

图5-12　豇豆施肥与硝酸盐含量的关系

根据回归曲线（图5-13），砂土上豇豆含维生素C较高的施氮量应为6 kg/亩左右，而壤土应为12 kg/亩左右；最适的施P_2O_5量两种土壤均为4～6 kg/亩；最适施K_2O量砂土为12～18 kg/亩，而壤土为6 kg/亩左右。同样是施用过量时会降低维生素C含量。总体是高磷适氮钾的较好，而高氮的较差。

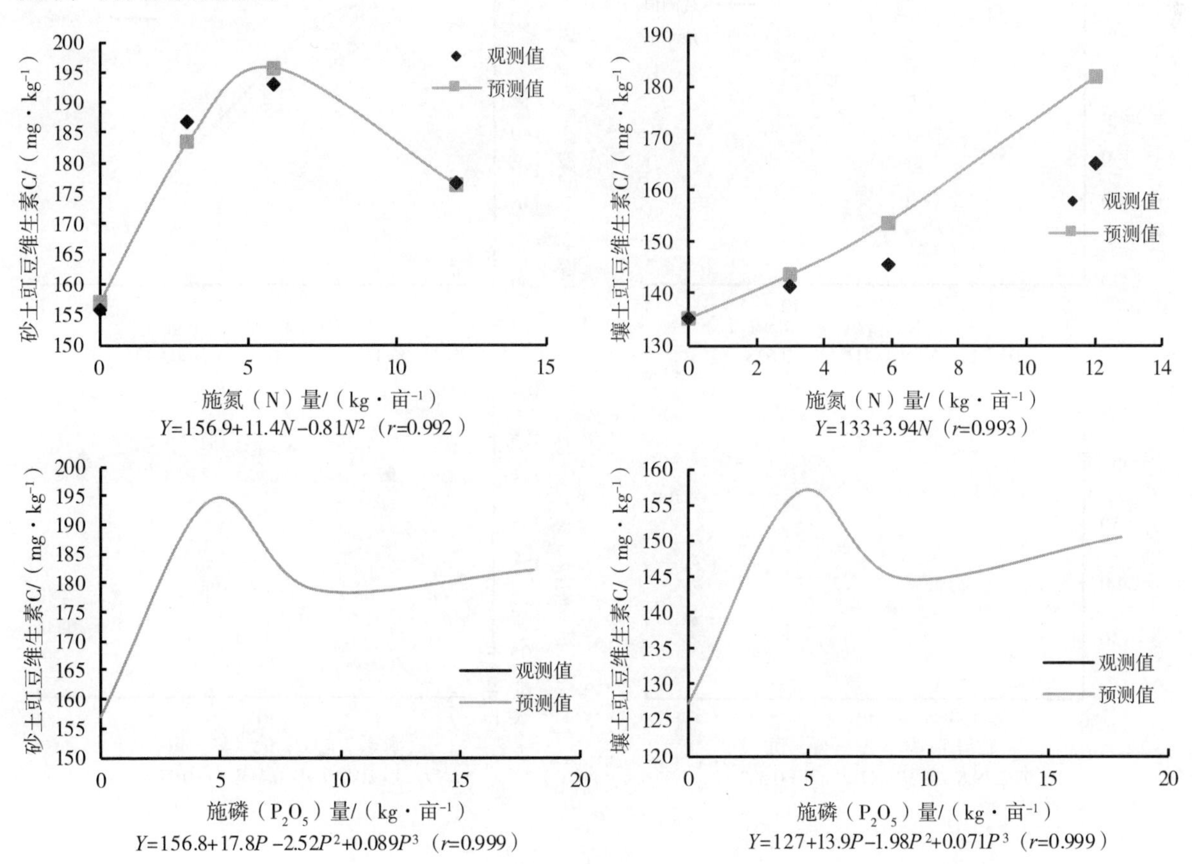

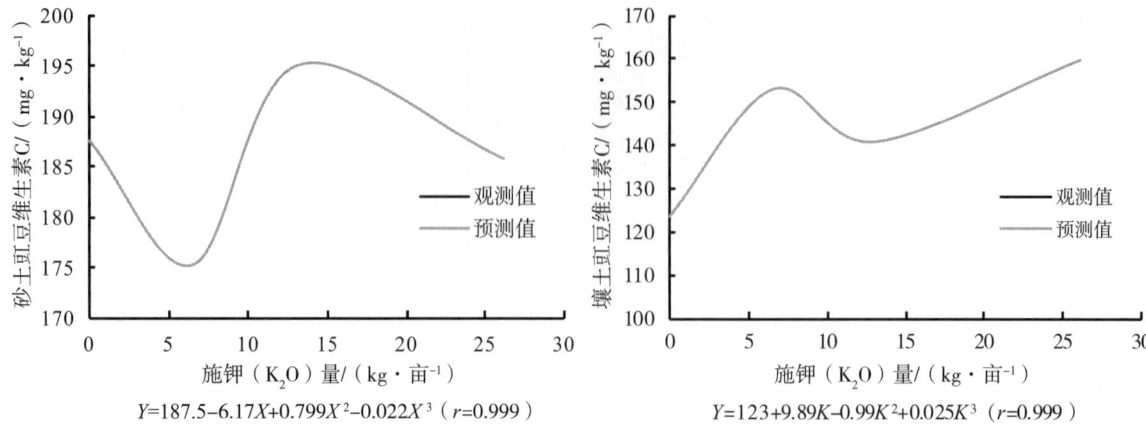

图5-13　豇豆施肥与维生素C含量的关系

豇豆含较高可溶性糖的较适施氮量（图5-14），砂土和壤土上均为5～6 kg/亩；较适施P_2O_5量两种土均应为4.5 kg/亩左右；较适施K_2O量砂土为13 kg/亩左右，而壤土则可大于13 kg/亩。

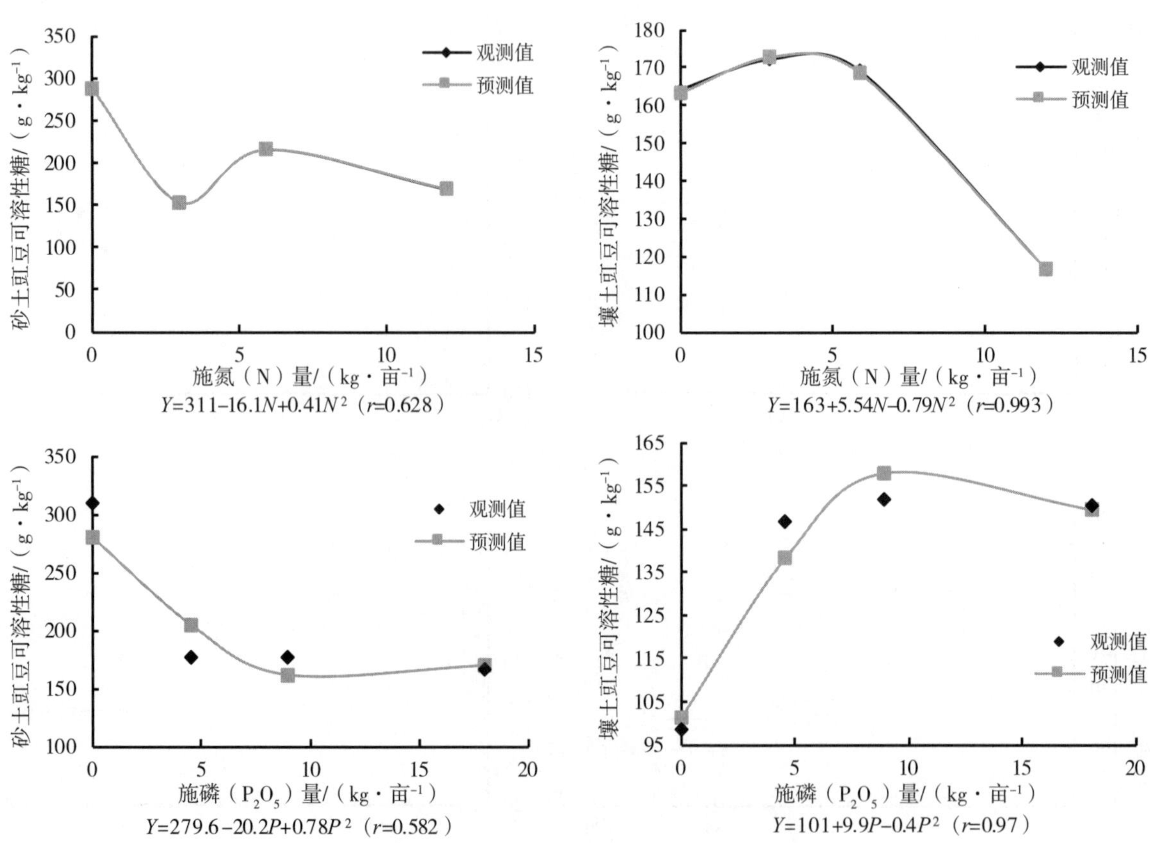

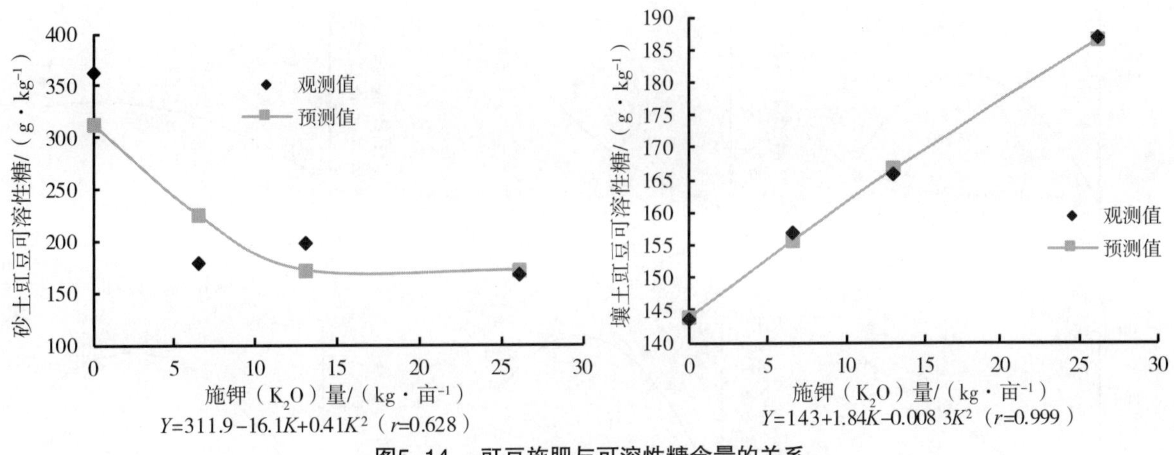

图5-14　豇豆施肥与可溶性糖含量的关系

四、茄果类蔬菜

以茄子施肥试验的肥效来说明这一类蔬菜的肥效变化规律。

图5-15的茄子施肥试验回归曲线显示：茄子施氮的效应，不施氮的茄子产量最低，维生素C、可溶性糖和蛋白质含量甚至还低于无肥区，这与该试验地的氮素（水解氮含量只有71 mg/kg）和有机质含量（只有12.4 g/kg）较低相吻合，在施等量磷钾的条件下施不同水平氮肥不仅可提高产量还可相应提高维生素C、可溶性糖和蛋白质含量，但施氮过量在降低产量的同时，除硝酸盐之外的品质指标均会降低。但茄子的硝酸盐含量则随着施氮量增高而升高，即不施氮的茄子硝酸盐含量最低，比无肥区略低，不同施氮水平的茄子硝酸盐含量为$N_3>N_2>N_1>N_0$。

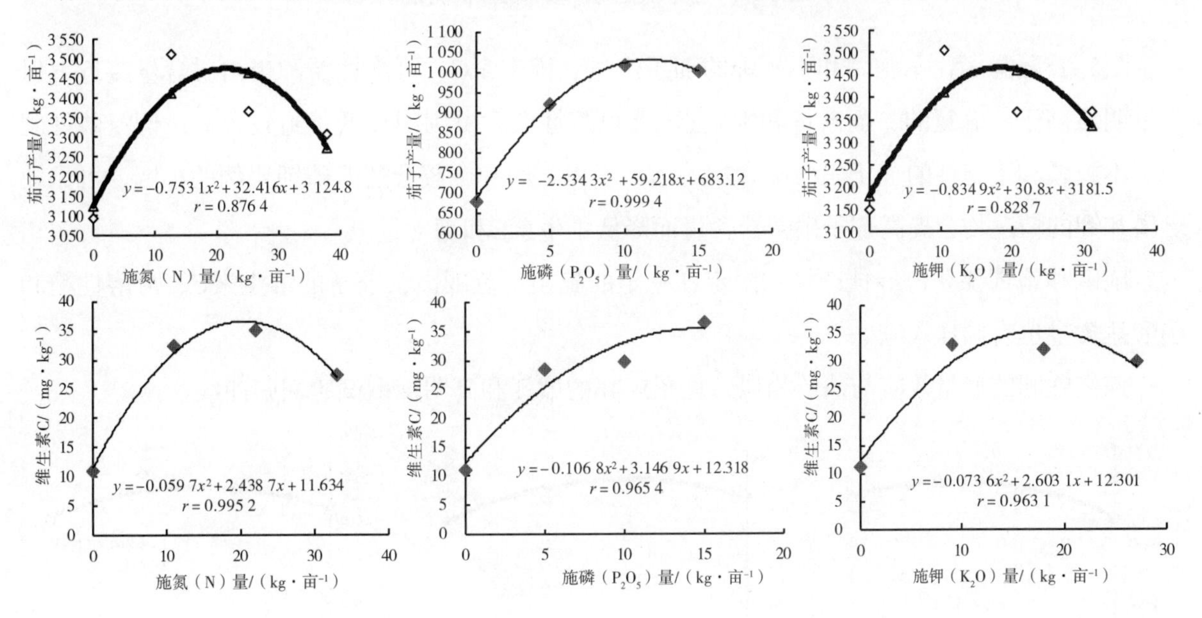

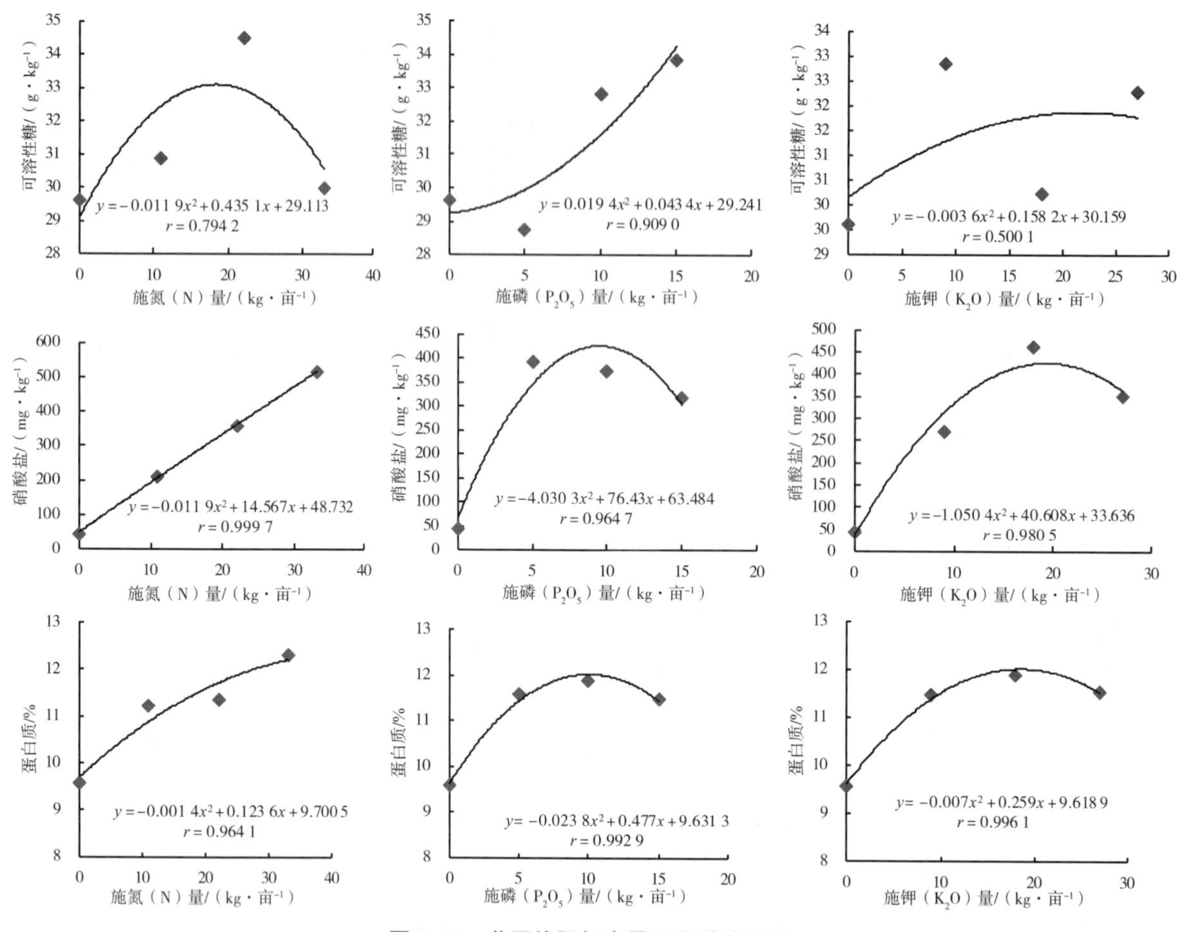

图5-15　茄子施肥与产量和品质的关系

图5-15还显示，不施磷和不施钾的茄子产量和维生素C、可溶性糖和蛋白质含量接近，但产量明显高于不施氮的，而产量和维生素C及可溶性糖含量则明显低于施较合适比例氮磷钾肥的。不施磷和不施钾的茄子硝酸盐含量均远高于无氮区和施较合适氮磷钾比例的小区，可见缺乏磷和钾的情况均会提高茄子硝酸盐含量而降低维生素C和糖含量。

施磷和施钾要获得最佳产量均限定在一定的施用量范围内，茄子的维生素C、可溶性糖和硝酸盐含量也有同样效应。

辣椒施肥的产量效应与茄子相似，见图5-16的廉江和高明辣椒试验回归曲线。

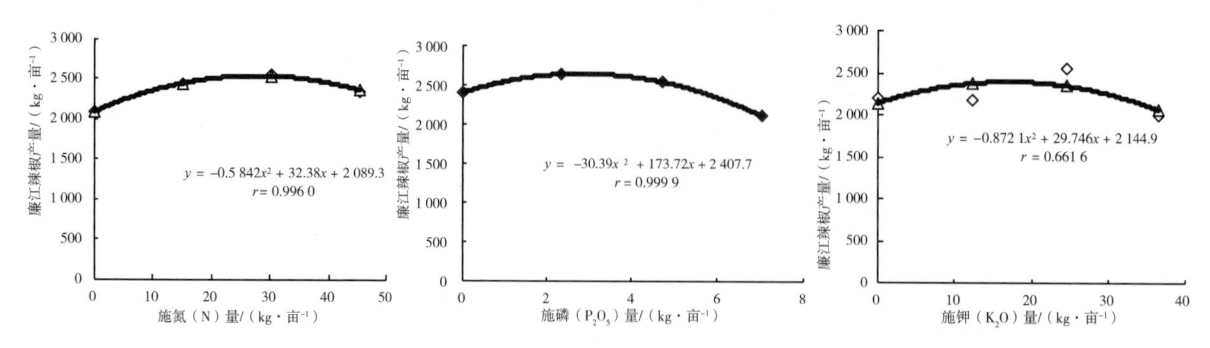

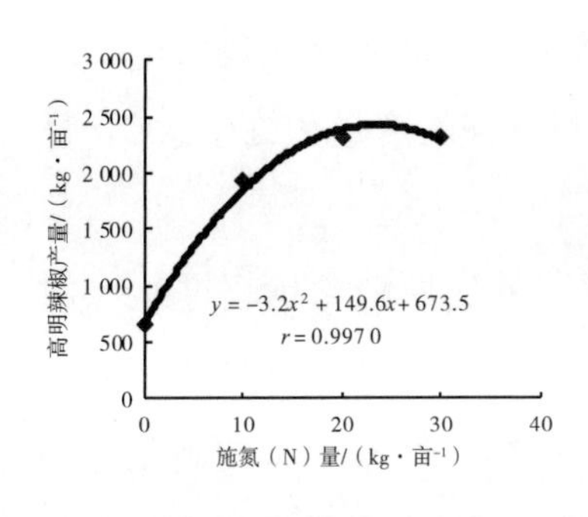

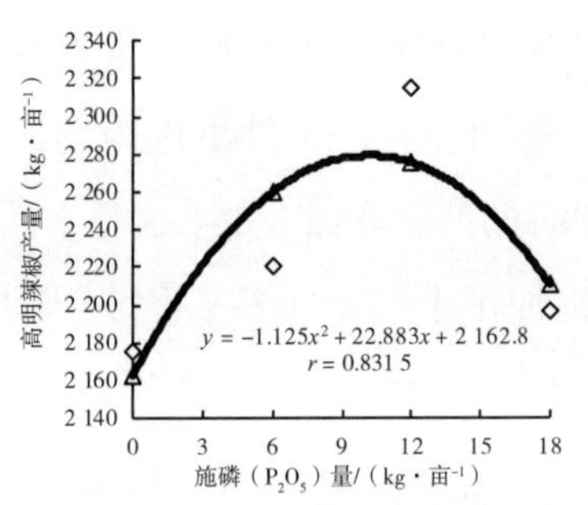

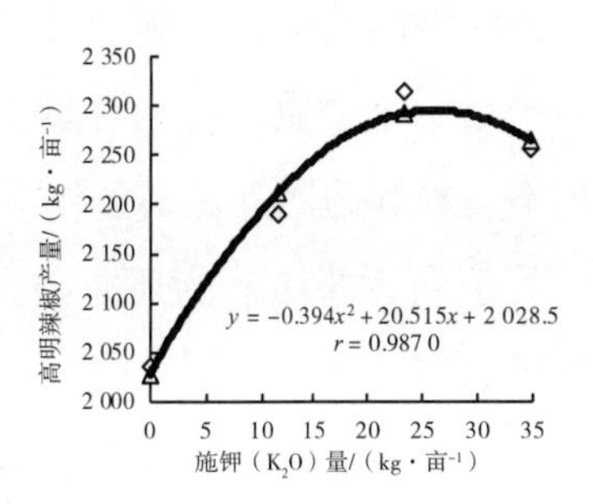

图5-16　辣椒施氮磷钾肥与产量的关系

五、块茎类蔬菜

以冬种马铃薯为例说明块茎类蔬菜的试验效应变化规律。

根据在惠阳进行的冬种马铃薯施肥试验结果（表5-3），冬种马铃薯施氮的效应，无肥区的产量和维生素C及蛋白质含量最低，不施氮的马铃薯产量、干物质、维生素C和蛋白质含量排在倒数第二，这与该试验地的土壤水解氮（89.54 mg/kg）和有机质（16.8 g/kg）含量较低相吻合。施同等磷钾条件下在一定范围内施氮肥的产量、干物质、维生素C、淀粉、蛋白质含量均提高，而还原糖含量在同样施氮范围内较低。

表5-3　惠阳冬种马铃薯施不同氮磷钾配比的效应

处　理	产量/（kg·亩⁻¹）	干物质/%	维生素C/（mg·kg⁻¹鲜样）	还原糖/（g·kg⁻¹鲜样）	淀粉/（g·kg⁻¹鲜样）	蛋白质/%干样
$N_1P_1K_1$	1 038.04a	19.48	219.53a	1.83b	154.4a	9.94a
$N_1P_2K_2$	974.03ab	19.83	162.00b	1.48b	151.9a	9.65ab
$N_1P_3K_3$	933.49ab	18.67	147.16b	1.16b	145.1ab	8.81b
$N_2P_2K_1$	1 107.72a	19.69	154.57b	1.42b	147.9ab	8.88b
$N_2P_2K_2$	976.39ab	19.11	170.01b	1.50b	153.6a	9.71a
$N_2P_3K_2$	1 057.69a	19.05	160.15b	1.42b	140.7ab	10.08a
$N_2P_1K_3$	947.78ab	20.68	197.26ab	2.14ab	150.9a	9.29ab
$N_3P_3K_1$	963.41ab	19.38	204.68ab	1.66b	134.6b	9.33ab
$N_3P_1K_2$	973.64ab	19.56	263.99a	1.56b	129.7bc	10.40a
$N_3P_2K_3$	867.32b	20.06	180.60b	2.35a	140.9b	10.02a
空白（无肥区）	492.79c	18.76	99.09c	1.85b	136.5b	8.40b
PK（无氮区）	562.71bc	17.65	102.80bc	1.82b	133.8b	8.34b
NK（无磷区）	955.92ab	19.65	178.89b	1.59b	149.8ab	10.22a
NP（无钾区）	917.53ab	19.95	102.80bc	1.89b	152.3a	10.63a

施磷钾的效应，不施磷的冬种马铃薯产量、干物质、维生素C高于不施氮和不施钾的，而它的产量、干物质、淀粉含量均低于施同等氮钾条件下施磷的。不施钾的产量和维生素C含量低于不施磷和施同等氮磷条件下施钾时的产量和维生素C含量。

关于马铃薯块茎的还原糖含量，加工上非常重视，因为当块茎的还原糖含量超过0.5%时会导致薯肉变黑而影响加工。本试验采用的大西洋马铃薯是还原糖含量较低的品种。试验结果显示，合适比例的氮磷钾肥可使马铃薯块茎的还原糖含量得到控制。在本试验的施肥范围内，增施磷可降低马铃薯还原糖含量，而在一定的施氮和施钾范围内可控制马铃薯还原糖含量在较低水平，存在着较低马铃薯还原糖含量的施氮钾适合点；又如马铃薯产量较高的$N_1P_1K_1$、$N_2P_2K_1$、$N_2P_3K_2$几个处理其块茎还原糖均较低，而其中的$N_1P_1K_1$处理，其干物质、淀粉、维生素C和蛋白质含量均较高，可见合理的氮磷钾施用量不仅可提高产量，还可保证品质。

关于钾肥品种对马铃薯产量和品质的影响，从表5-4的试验结果看，各不同品种钾肥之间的产量效应：氯化钾＞硫酸钾＞无钾区≈氯化钾+硫酸钾，但施几种钾肥之间的差异统计学上未能达到显著水平；品质效应：作为营养品质指标的维生素C含量是硫酸钾＞氯化钾+硫酸钾＞氯化钾＞无钾区；影响工业加工品质的还原糖含量虽然是硫酸钾≈氯化钾＜氯化钾+硫酸钾＜无钾区，但施几种钾肥之间的差异不显著。硝酸盐、淀粉、蛋白质含量，三种钾肥之间差异不显著。可见，不必强调种马铃薯要施什么品种的钾肥。

表5-4　惠阳马铃薯不同钾肥品种试验（施等氮磷钾量）

钾肥品种	产量/（kg·亩$^{-1}$）	干物质/%	维生素C/（mg·kg^{-1}）	硝酸盐/（mg·kg^{-1}）	还原糖/（g·kg^{-1}鲜样）	淀粉/（g·kg^{-1}干样）	蛋白质/%
无K区（PK）	917.53ab	19.65a	102.8bc	375.67a	1.887a	149.83a	10.22a
氯化钾	976.39a	19.11a	170.01b	369.01a	1.500a	153.60a	9.71a
硫酸钾	970.51a	18.23ab	225.16a	391.52a	1.510a	149.80a	9.38a
氯化钾+硫酸钾	861.55ab	19.71a	208.39a	365.34a	1.180a	162.30a	9.92a

根据惠阳试验（表5-3）的结果，马铃薯获得较高产量和较合适含量的维生素C、淀粉和还原糖的施氮量（土壤水解氮含量为89.54 mg/kg），应为10～16 kg/亩，施P_2O_5量（有效磷含量为282 mg/kg），应为6 kg/亩左右，施K_2O量（速效钾含量为180 mg/kg），应为15～20 kg/亩。

图5-17是冬种马铃薯和萝卜的施肥与产量的关系。

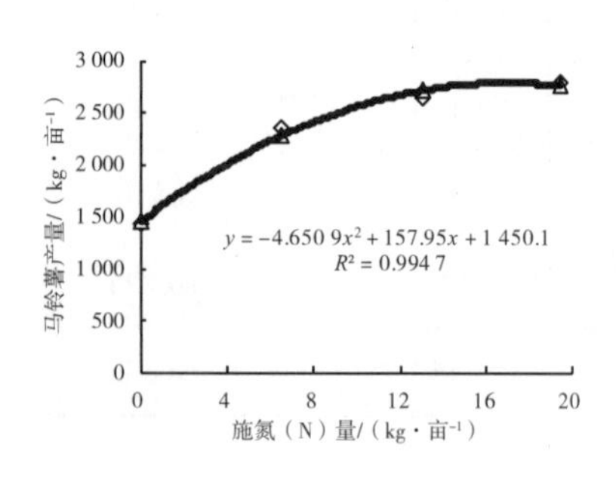

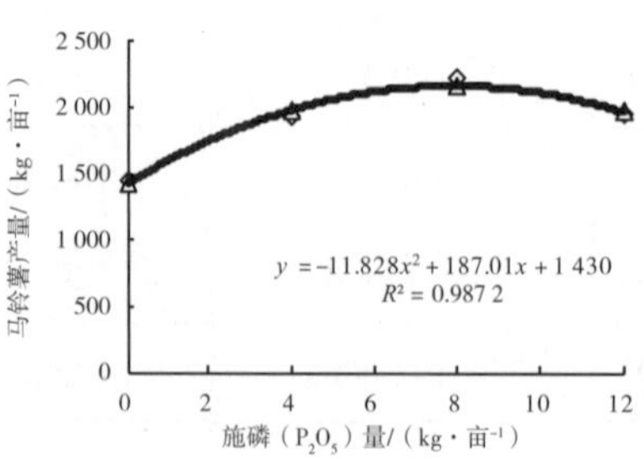

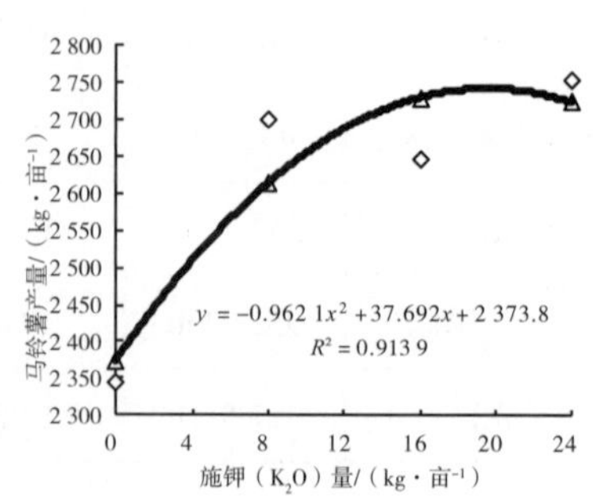

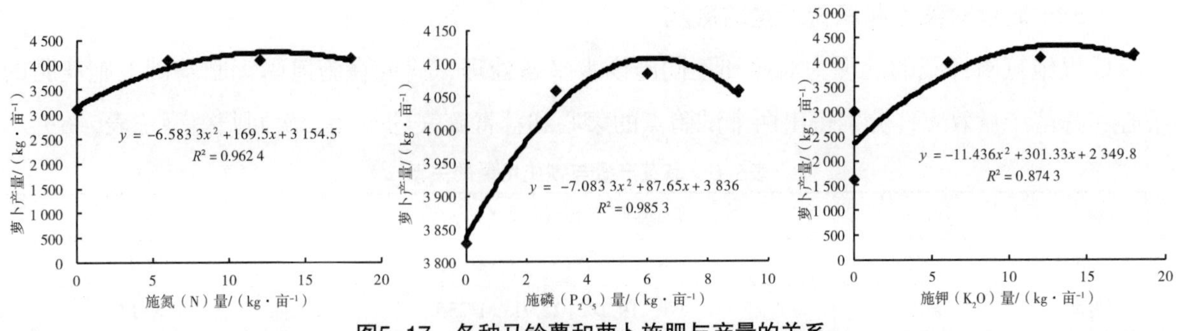

图5-17　冬种马铃薯和萝卜施肥与产量的关系

第二节　蔬菜施中量、微量元素效应

根据广东省耕地肥料总站等有关单位在2002—2005年进行的耕地地力调查与质量评价项目的资料[1]及本书第二章的数据，多数耕地土壤普遍缺乏的中量元素主要为镁，微量元素主要为硼和钼。因此，有目的地围绕这个问题在增城、南海等地进行了一些蔬菜施用镁、硼、钼的试验。试验结果显示：不同品种的蔬菜对中量、微量元素的需求量不同；相同品种蔬菜在不同地点土壤上的施镁、硼、钼肥效应不同；相同蔬菜镁、硼、钼配施比单独使用的施用量可大幅度减少，尤其是硼和钼可减少50%；镁和硼的施用量不仅受试验地土壤交换性镁和有效硼含量水平的影响，还与土壤pH及蔬菜目标产量有关。

一、镁硼钼单因素试验效应

从表5-5的试验结果可看出，菜心、蒜青单独施用镁、硼、钼和苦瓜施硼均普遍有效。

表5-5　单因素施镁、硼、钼对菜心、蒜青和苦瓜的产量和生物量效应

处理	南海/（$kg\cdot hm^{-2}$）						增城/（$kg\cdot hm^{-2}$）	
	菜心		蒜青		苦瓜		菜心	
	产量	生物量	产量	生物量	产量	生物量	产量	生物量
对照	20 511 c	35 837 c	26 013 b	26 264 b	53 111 b	61 331 b	16 641 c	25 452 c
Mg_1	20 894 bc	35 816 c	27 098 b	27 450 ab			19 374 b	28 563 ab
Mg_2	21 512 b	37 833 b	25 263 bc	25 590 b			19 710 ab	28 068 b
Mg_3	21 378 b	35 639 c	24 263 bc	24 530 bc			20 876 a	31 551 a
B_1	22 562 a	38 567 b	28 764 a	29 081 a	67 263 a	76 488 a	20 685 a	29 814 a
B_2	22 211 ab	34 560 c	27 764 ab	28 253 ab	67 847 a	73 620 ab	19 812 ab	29 675 a
B_3	21 810 ab	38 106 b	26 847 b	27 254 ab	62 990 ab	70 736 ab	19 209 b	28 131 b
Mo_1	21 861 b	41 951 a	28 014 ab	28 325 ab			19 841 ab	28 371 ab
Mo_2	21 927 b	37 854 b	29 139 a	29 600 a			19 565 ab	28 805 ab
Mo_3	22 461 ab	38 850 b	24 345 bc	24 650 bc			20 691 a	29 205 ab

注：同一列之间不同字母标注表示差异显著，$P<0.05$，下同。

（一）施镁对菜心和蒜青产量的影响

以仅施氮磷钾肥的处理为对照和不同施镁水平各处理，研究在施氮磷钾肥基础上施镁肥的菜心和蒜苗产量效应，分别得出两个试验点的菜心和蒜青施镁的一元二次回归模型（表5-6）。

表5-6 蔬菜产量与镁施用量的关系

地点	品种	回归方程（n=12）	r值
南海	菜心	y=−87.525x^2+157.39x+1 363.6	0.969**
南海	蒜青	y=−119.3x2+22.91x+1 755	0.851**
增城	菜心	y=−241x^2+508.89+1 123.4	0.972**

由表5-6可知，在南海和增城两个试验点，土壤施镁量与菜心和蒜青产量的回归关系均可构成一元二次抛物线正向方程。表5-5的结果说明，蒜青在土壤交换性镁为55.0 mg/kg的条件下，施用低量的镁（<4.5 kg/hm^2）有显著的增产作用，但超过此用量（如9.0 kg/hm^2），蒜青产量就显著下降；菜心在土壤交换性镁为99.25 mg/kg的南海和128.2 mg/kg的增城，施镁量为9.0～15.0 kg/hm^{2}时可使菜心获得最高产量，但施镁量超过15.0 kg/hm^{2}时产量就会下降。

由表5-5还可知，不同品种的蔬菜对镁肥的需求量不一样。根据建立在适量氮磷钾肥基础上的镁效应一元二次回归方程所求解极值（边际效应）得出的镁肥最佳施用量，表5-5中两个试验点菜心的施镁需求量为13.350～13.650 kg/hm^2，该用量与陈琼贤[2]提出的菜心镁肥施用量非常接近；而蒜青对镁的需求量与菜心相比有较大差异，虽然蒜青试验点的土壤交换性镁比菜心试验点的低较多，但蒜青的施镁需求量为1.5 kg/hm^{2}左右。

（二）硼对菜心、蒜青和苦瓜产量的影响

以仅施氮磷钾肥的为对照和不同施硼水平处理，研究在施氮磷钾肥基础上施硼肥的菜心、蒜青和苦瓜产量效应，分别得出两个试验点的菜心及蒜青和苦瓜施硼的一元二次回归模型（表5-7）。

表5-7 蔬菜产量与硼施用量的关系

地点	品种	回归方程（n=12）	r值
南海	菜心	y =−25 750x^2 + 3 660x + 1 381	0.887**
南海	蒜青	y=−27 710x^2+3 229.6x+1 794.9	0.806**
南海	苦瓜	y =−21 061x^2 + 30 061x + 3 603.0	0.960**
增城	菜心	y =−48 395x^2 + 6 916.4x + 1 137.9	0.864**

由表5-7可知，在南海和增城两个试验点，土壤施硼量与菜心、蒜苗和苦瓜产量的回归关系均可构成一元二次抛物线正向方程。表5-5的结果说明，在施氮磷钾基础上，在土壤有效硼为0.22～0.39 mg/kg的条件下，施硼量为0.450～1.200 kg/hm^2，菜心、蒜青和苦瓜均有显著的增产作用，但超过了此用量均会使菜心、蒜青和苦瓜产量显著下降。

由表5-7还可知，不同品种的蔬菜对硼肥的需求量也不一样。若根据建立在适量氮磷钾肥

基础上的硼效应一元二次回归方程所求解极值（边际效应）得出的硼肥最佳施用量，本试验苦瓜和两个点菜心的施硼需求量约为1.065 kg/hm^2；而蒜青的施硼需求量与菜心相比有差异，虽然蒜青试验点的土壤有效硼比菜心试验点的低较多，但蒜青的施硼需求量约为0.870 kg/hm^2。

（三）施钼对菜心和蒜青产量的影响

以仅施氮磷钾肥的为对照和不同施钼水平的处理，研究在施氮磷钾肥基础上施钼肥的菜心和蒜青产量效应，分别得出两个试验点的菜心和蒜青施钼的一元二次回归模型（表5-8）。

由表5-8可知，在南海和增城两个试验点，土壤施钼量与菜心和蒜青产量的回归关系均可构成一元二次抛物线正向方程。表5-5的结果说明，在施氮磷钾基础上，在土壤有效钼为0.12～0.23 mg/kg的条件下，钼施用量蒜青为0.120～0.240 kg/hm^2、菜心为0.240～0.480 kg/hm^2，有显著的增产作用，但超过该施用量均会使菜心和蒜青减产。

表5-8　蔬菜产量与钼施用量的关系

地点	品种	回归方程（n=12）	r值
南海	菜心	$y = -16\,519x^2 + 9\,026x + 1\,375$	0.959**
南海	蒜青	$y = -888\,068x^2+25\,445x+1\,730.6$	0.998**
增城	菜心	$y = -406\,296x^2+20\,848x+1\,120.7$	0.951**

由表5-8还可知，不同品种的蔬菜对钼肥的需求量也不一样。根据建立在适量氮磷钾肥基础上的钼效应一元二次回归方程所求解极值（边际效应）得出的钼肥最佳施用量，本试验两个点菜心的施钼需求量为0.375～0.420 kg/hm^2；而蒜青的施钼需求量与菜心相比同样有差异，虽然蒜青试验与其中一个菜心试验点同在南海，但蒜青的施钼需求量为0.210 kg/hm^{2}左右。

二、镁硼钼三因素试验

根据镁、硼、钼三个元素分别进行单因素试验的结果，所求得的各元素理论最佳施用量，再分别进行菜心和苦瓜的镁、硼、钼三因素不同量配施试验，一方面验证镁、硼、钼的施用效果，另一方面以求得蔬菜镁、硼、钼三元素不同组合比例的合适施用量。

表5-9　菜心镁、硼、钼三因素正交试验的产量多重比较和直观分析

处理/（kg·hm^{-2}）			产量/（kg·hm^{-2}）	正交试验直观分析			
B	Mg	Mo	商品菜	判别项	B	Mg	Mo
B_1（0.45）	Mg_1（6.00）	Mo_1（0.120）	11 267 ab	K1	35 169	34 302	34 302
B_1（0.45）	Mg_2（12.0）	Mo_2（0.240）	12 267 a	K2	33 635	35 235	34 902
B_1（0.45）	Mg_3（18.0）	Mo_3（0.480）	11 634 ab	K3	35 102	34 368	34 701
B_2（0.90）	Mg_1（6.00）	Mo_2（0.240）	11 168 ab	k1	11 723	11 434	11 434
B_2（0.90）	Mg_2（12.0）	Mo_3（0.480）	11 201 ab	k2	11 212	11 745	11 634
B_2（0.90）	Mg_3（18.0）	Mo_1（0.120）	11 267 ab	k3	11 701	11 456	11 567

续表

处理/（$kg \cdot hm^{-2}$）			产量/（$kg \cdot hm^{-2}$）	正交试验直观分析			
B_3（1.80）	Mg_1（6.00）	Mo_3（0.480）	11 868 a	*R*（极差）	511	311	200
B_3（1.80）	Mg_2（12.0）	Mo_1（0.120）	11 768 a	效果	B>Mg>Mo		
B_3（1.80）	Mg_3（18.0）	Mo_2（0.240）	11 468 ab	最佳组合	$B_1Mg_2Mo_2$		
0	0	0	9 192 b	组合用量	B0.45Mg12.0Mo0.24		

根据表5-9的直观分析，从极差值（*R*）的大小可判断镁、硼、钼对南海菜心产量的影响作用顺序是B>Mg>Mo，同时根据钾值的大小可得出三种元素对产量的优化组合处理为$B_1Mg_2Mo_2$，相应的具体用量为B 0.45 kg/hm^2、Mg 12.0 kg/hm^2、Mo 0.240 kg/hm^2，其比例为0.37∶1∶0.02。

表5-10　苦瓜镁、硼、钼三因素正交试验的产量多重比较和直观分析

处理/（$g \cdot hm^{-2}$）			产量/（$kg \cdot hm^{-2}$）		正交试验直观分析						
					判别项	南海			增城		
B	Mg	Mo	南海	增城		B	Mg	Mo	B	Mg	Mo
B_1（0.45）	Mg_1（6.00）	Mo_1（0.120）	28 064b	52 038b	K1	120 861	76 638	72 386	159 246	166 478	167 664
B_1（0.45）	Mg_2（12.0）	Mo_2（0.240）	52 076a	53 904b	K2	83 409	108 422	100 151	171 555	167 525	177 680
B_1（0.45）	Mg_3（18.0）	Mo_3（0.480）	40 721ab	53 304b	K3	68 285	87 494	100 017	186 045	182 844	171 503
B_2（0.90）	Mg_1（6.00）	Mo_2（0.240）	24 663bc	54 011b	k1	40 287	25 547	24 129	53 082	55 493	55 889
B_2（0.90）	Mg_2（12.0）	Mo_3（0.480）	35 385b	57 770ab	k2	27 803	36 141	33 383	57 185	55 842	59 226
B_2（0.90）	Mg_3（18.0）	Mo_1（0.120）	23 361bc	59 775ab	k3	22 761	29 165	33 339	62 015	60 948	57 168
B_3（1.80）	Mg_1（6.00）	Mo_3（0.480）	23 912bc	60 429ab	*R*（极差）	17 526	10 595	9 254	8 933	5 456	3 339
B_3（1.80）	Mg_2（12.0）	Mo_1（0.120）	20 961 c	55 851b	效果	B>Mg>Mo			B>Mg>Mo		
B_3（1.80）	Mg_3（18.0）	Mo_2（0.240）	23 412 c	69 765a	最佳组合	$B_1Mg_2Mo_2$			$B_3Mg_3Mo_2$		
0	0	0	26 613 b	53 906b	组合用量	B0.45 Mg12 Mo0.24			B1.8 Mg18 Mo0.24		

注：（1）南海苦瓜共采收了18次，其N、P_2O_5、K_2O用量为187.5 kg/hm^2、120.0 kg/hm^2、180.0 kg/hm^2；（2）增城苦瓜共采收了20次，其N、P_2O_5、K_2O用量为262.5 kg/hm^2、115.2 kg/hm^2、252.0 kg/hm^2。

根据表5-10的直观分析，从极差值（*R*）的大小可判断镁、硼、钼对南海和增城苦瓜产量的影响作用顺序与菜心一样，均为B>Mg>Mo。根据*K*值的大小可得出三种元素的产量优化组合处理，南海苦瓜为$B_1Mg_2Mo_2$，相应的具体用量为B 0.45 kg/hm^2、Mg 12.0 kg/hm^2、Mo 0.24kg/hm^2；增城苦瓜为$B_3Mg_3Mo_2$，相应的具体用量为B 1.8 kg/hm^2、Mg 18.0 kg/hm^2、Mo 0.24 kg/hm^2。

比较南海和增城两地的土壤养分情况，菜心单因素试验地和苦瓜三因素试验地除有效钼为南海的（0.23 mg/kg和0.16 mg/kg）稍高于增城的（0.12 mg/kg和0.037 mg/kg）外，土壤的pH、交换性镁和有效硼均是南海的（pH 5.33和4.59，交换性镁为99.25 mg/kg和49.0 mg/kg，有效硼为0.354 mg/kg和0.186 mg/kg）低于增城（pH 7.80和7.23，交换性镁128.2 mg/kg和112.6 mg/kg，有效硼为0.390 mg/kg和0.432 mg/kg）；而施肥量则除了钼相同（Mo 0.24 kg/hm^2）之外，镁和硼均为增城的（Mg 18 kg/hm^{2}和B 1.8 kg/hm^2）高于南海（Mg 12.0 kg/hm^{2}和B 0.45 kg/hm^2）。这反映出镁和硼养分的有效性在低pH的土壤高于高pH的土壤，说明镁和硼的施用量不仅受土壤中镁、硼养分含量的影响，还受土壤pH高低的影响。

另外，根据表5-10中产量数据，增城苦瓜试验比南海苦瓜试验的种植采收时间长，因而产量较高，所以对镁和硼的需求量也较大。

三、不同质地土壤施中量、微量元素的肥效变化

（一）小白菜在不同质地土壤上施中量、微量元素的效应

据表5-11，不同的质地及养分条件的土壤，其施中量、微量元素的效果不同。

（1）在砂土上小白菜施氮磷钾条件下，加施各种中量、微量元素均可增加产量，其中NPK+有机肥≈NPK+Mo＞NPK+Mg≈NPK+Si＞NPK+多元素+有机肥＞NPK+多元素＞NPK+BZnMo混合＞NPK+Zn＞NPK+B＞NPK+Ca＞NPK；所有中量、微量元素处理的硝酸盐含量均比对照（NPK）低，其中Mo＜多元素＜Si＜Ca＜Mg＜Zn＜BZnMo混合＜B＜对照（NPK）；所有中量、微量元素处理的可溶性糖含量均高于对照（NPK）。

（2）在壤土上小白菜施氮磷钾条件下，加施中量、微量元素，只有施用B、Zn、Mo混合物和Si两处理的产量高于对照，其顺序为：B、Zn、Mo混合物＞Si。施用各种中量、微量元素后，其体内硝酸盐浓度均有不同程度的变化，硝酸盐含量高低顺序为：Ca＜Mg=Zn＜Si＜Mo＜B、Zn、Mo混合物＜多元素＜B＜对照。所有中量、微量元素处理的维生素C含量均高于仅施氮磷钾的对照。

（3）在黏土上小白菜施氮磷钾条件下，加施中量、微量元素时需正确施用。在该试验条件下，只有施用多元素和Mg两处理的产量高于对照，其顺序为：多元素＞Mg。正确施中量、微量元素可降低小白菜体内的硝酸盐含量，其硝酸盐含量高低的顺序为：B、Zn、Mo混合物＜多元素＜Mo＜B＜Mg＜Si＜对照＜Ca＜Zn。除Mg外，所有中量、微量元素处理的维生素C含量均高于仅施氮磷钾的对照。

可见，不同养分条件的土壤所需的中量、微量元素种类不同。小白菜在施氮磷钾肥的基础上，有选择性地适量施用中量、微量元素，不仅可提高蔬菜的产量，而且可降低其体内硝酸盐含量。

表5-11 小白菜在三种不同质地土壤上施不同中量、微量元素的肥效变化

处理	砂土					壤土					黏土				
	商品菜/（kg·亩$^{-1}$）	硝酸盐/（mg·kg^{-1}）	亚硝酸盐/（mg·kg^{-1}）	维生素C/（mg·kg^{-1}）	可溶性糖/（g·kg^{-1}）	商品菜/（kg·亩$^{-1}$）	硝酸盐/（mg·kg^{-1}）	亚硝酸盐/（mg·kg^{-1}）	维生素C/（mg·kg^{-1}）	可溶性糖/（g·kg^{-1}）	商品菜/（kg·亩$^{-1}$）	硝酸盐/（mg·kg^{-1}）	亚硝酸盐/（mg·kg^{-1}）	维生素C/（mg·kg^{-1}）	可溶性糖/（g·kg^{-1}）
NPK+有机肥	2 055.4	2 152	痕迹	309.5	87.2	1 795.1	4 267	0.19	247.8	114.6	2 014.2	2 673	0.22	325.0	61.17
NPK+全微肥+有机肥	1 849.5	3 482	痕迹	447.3	121.8	1 638.7	4 267	痕迹	454.2	159.2	2 419.9	2 622	0.33	296.4	73.9
NPK+全微肥	1 783.6	2 098	痕迹	513.6	227.8	1 362.0	3 209	痕迹	447.0	97.8	2 490.1	1 553	0.27	374.5	61.9
NPK+BZnMo（土施）	1 783.6	3 133	痕迹	513.6	198.2	1 846.2	2 828	痕迹	412.7	121.8	1 939.6	1 522	0.14	334.2	88.9
NPK+BZnMo（喷施）	1 735.8	3 817	痕迹	255.1	118.1	1 516.8	2 753	痕迹	412.0	128.5	1 722.2	5 271	痕迹	182.2	41.1
NPK+Si	1 903.8	2 387	痕迹	500.3	195.5	1 696.3	2 634	痕迹	465.9	150.3	1 846.4	2 912	痕迹	543.1	23.4
NPK+B	1 693.0	3 656	痕迹	354.5	230.0	1 521.7	3 398	痕迹	428.5	179.8	1 886.4	2 745	痕迹	453.4	207
NPK+Zn	1 770.4	3 114	痕迹	397.6	202.6	1 474.0	2 496	痕迹	460.5	158.9	1 898.1	4 708	痕迹	539.8	43.4
NPK+Mg	1 923.6	2 849	痕迹	316.1	152.2	1 450.9	2 200	痕迹	471.3	151.5	2 266.9	2 889	0.89	263.8	25.7
NPK+Mo	2 009.2	1 885	痕迹	381.1	173.9	1 408.1	2 726	痕迹	431.7	128.5	1 894.9	2 279	0.10	430.7	64.6
NPK+Ca	1 684.8	2 607	痕迹	477.1	159.3	1 406.5	2 104	痕迹	420.6	101.4	2 079.1	4 391	0.16	358.9	40.3
对照（NPK）	1 569.5	4 223	痕迹	294.9	9.6	1 609.1	3 273	0.30	243.8	151.5	2 162.8	3 874	痕迹	296.9	107.3

（二）苦瓜在不同质地土壤上施中量、微量元素的肥效变化

虽然砂土的土壤养分含量低于壤土，但在相同施肥量和施相同微量元素的条件下，砂土的苦瓜产量比壤土的高，这可能与砂土的通透性能较好、所形成的土壤气热等条件较适宜苦瓜生长有关。但砂土的苦瓜品质指标，如维生素C和可溶性糖含量，则普遍低于壤土，而硝酸盐含量则普遍高于壤土，这可能是土壤的养分条件壤土好于砂土的缘故（表5-12）。可见，片面追求苦瓜产量的话，对品质会有一定影响。

表5-12　苦瓜在两种不同质地土壤上施不同中量、微量元素的效果

处理	砂土					壤土				
	商品菜/（kg·亩$^{-1}$）	硝酸盐/（mg·kg^{-1}）	亚硝酸盐/（mg·kg^{-1}）	维生素C/（mg·kg^{-1}）	可溶性糖/（g·kg^{-1}）	商品菜/（kg·亩$^{-1}$）	硝酸盐/（mg·kg^{-1}）	亚硝酸盐/（mg·kg^{-1}）	维生素C/（mg·kg^{-1}）	可溶性糖/（g·kg^{-1}）
有机肥+NPK	1 632.62a	597.18ab	<0.39	590.9bc	66.7	966.3ab	423.29	0.54	638.0	108.53
全微肥+NPK	1 287.72bc	570.96ab	<0.39	363.7c	68.47	759.71b	372.83	0.47	567.4	95.93
Si+NPK	1 270.97bc	499.38ab	<0.32	542.5bc	89.83	869.18ab	416.21	0.43	520.3	84.7
B+NPK	1 028.17c	469.91ab	<0.39	637.6ab	58.33	767.61b	561.37	0.27	652.1	114.83
Cu+NPK	1 374.11ab	448.42ab	<0.39	474.9bc	64.53	855.68ab	459.29	0.29	587.0	110.53
Mg+NPK	1 300.92bc	583.32ab	<0.39	513.0bc	56.83	886.47ab	448.63	0.026	701.3	89.93
Mo+NPK	1 275.02bc	363.22b	<0.39	515.3bc	86.7	812.22ab	518.87	0.32	561.2	113.43
对照（NPK）	1 246.49bc	608.04a	<0.39	561.7bc	56.1	889.76ab	564.27	0.47	785.6	94.67

与对照相比，在砂土上单施铜使苦瓜产量显著增加，比对照增产13.4%，而单施钼、硅未表现出明显的增产效果；在壤土上单施硅有明显的增产效果，且与其他处理间的差异达到极显著水平（$P<0.01$），而单施铜、钼未表现出明显的增产效果（表5-12）。可见，单施铜肥，在砂土上的增产效果优于壤土，这可能与砂土原土中较低的微量元素铜含量有关；但单施硅肥，在壤土上的增产效果则优于砂土，在两种质地的土壤上单施钼肥均未表现出明显的增产作用。

从表5-12可以看出，在砂土上单施铜、钼均降低了苦瓜硝酸盐含量，分别较对照下降19.2%和43.4%，且与对照的差异达到极显著水平（$P<0.01$），而单施硅有降低苦瓜硝酸盐含量的趋势，但与对照的差异未达到显著水平，且单施钼处理与其他处理的差异均达到极显著水平；在壤土上单施铜、钼、硅显著或极显著降低了苦瓜硝酸盐含量，较对照下降了9.10%～25.1%，且施硅与施铜、钼的差异亦达到显著或极显著水平。从表5-12的数据还可以看出，在砂土上施铜、钼在保证苦瓜不减产的条件下极显著降低了硝酸盐含量，在壤土上单施硅肥极显著降低了硝酸盐含量。

在两种质地的土壤上单施铜、钼和硅对苦瓜维生素C含量没有明显的影响（$P>0.05$）；与对照相比，在砂土上单施铜、钼和硅提高了苦瓜的可溶性糖含量，且与对照的差异达到极显著水平，增加幅度为85.4%～149%，在壤土上单施铜、钼使苦瓜可溶性糖含量比对照极显著提高了27.7%～65.3%，而单施硅可溶性糖含量较对照显著降低，且各施肥处理间的差异达到极显著水平（表5-12）。

研究结果表明，在不同质地的土壤上施铜、钼和硅肥对苦瓜产量影响不同。在砂土上施铜增产效果明显，在壤土上施硅亦有明显的增产作用。施硅使苦瓜产量提高的原因可能是硅与土壤中铁锰氧化物相互作用，增加了被氧化物吸附的微量元素的有效性，从而改善了苦瓜的生长，进而提高了产量；也可能是施硅降低了土壤对磷的固定，从而提高了生物有效磷的含量，使得苦瓜增产。另外，在本研究结果未发现施钼可以提高苦瓜产量，这与有些研究的结论不一致[3, 4]，原因可能是在壤土上铁锰氧化物的含量高于砂土，且氧化锰的吸附能力大于氧化铁，大量的铁锰氧化物会对施入土壤中的微量元素产生专性吸附，降低其生物有效性。

钼是植物体内硝酸还原酶的组分，对氮代谢产生的影响极大，影响植物体内硝态氮的转化。施钼可以降低蔬菜硝酸盐含量[5]，在本研究中两种质地的土壤上施用钼得到了同样的结果。在两种质地的土壤上单施铜，同样可以显著降低苦瓜硝酸盐含量。有研究结果表明[6]，随着有效硅含量的增加，硝酸还原酶活性逐渐增大，同化能力逐渐增强，因而降低了硝酸盐的累积。在本试验中，壤土施用硅肥亦降低了硝酸盐的累积，然而在砂土上施硅并未表现出同样的效果，原因可能是壤土上较高的土壤肥力促进了苦瓜对硅的吸收，从而增强了同化能力，降低了硝酸盐的累积。

钼对维生素C的合成有良好的作用，能提高维生素C的含量，钼也参与碳水化合物的代谢过程，促进代谢，提高还原糖含量[7]。但在增城两种质地的土壤上，施用铜、钼和硅对苦瓜维生素C含量的提高均未表现出明显的效果。在砂土上施用铜、钼和硅均极显著提高了苦瓜可溶性糖含量，改善苦瓜的品质；在壤土上施用铜、钼同样可以显著提高苦瓜的可溶性糖含量，然而施用硅肥显著降低了可溶性糖含量。硅在土壤中变化多样，不同土壤类型、不同种类的肥料及土壤肥力状况不同等因素都可能对其产生影响。另外，硅与氮、磷和钾等其他营养元素的复杂关系有待今后进一步深入研究。

不同气候和土壤生态条件下，苦瓜施用铜、钼和硅表现出的产量和品质效应差异较大，因此蔬菜施用微肥要因地制宜。

（三）豇豆在不同质地土壤上施中量、微量元素的肥效

不同质地及养分条件的土壤，豇豆对中量、微量元素的施用效果不同，但在合理施氮磷钾肥的基础上，有选择性地适量施用中量、微量元素，不仅可提高蔬菜的产量，而且可降低其体内硝酸盐含量（表5-13）。

（1）在砂土上豇豆施氮磷钾的条件下施中量、微量元素的效果。施各种中量、微量元素均可增加产量，其中NPK+Mo＞NPK+Si≈NPK+Mg＞NPK+B＞NPK+多元素＞NPK+有机肥＞NPK+Cu＞NPK（对照）。

表5-13　豇豆在两种质地土壤上施不同中量、微量元素的效果

处理	砂土					壤土				
	商品豆/（kg·亩$^{-1}$）	硝酸盐/（mg·kg^{-1}）	亚硝酸盐/（mg·kg^{-1}）	维生素C/（mg·kg^{-1}）	可溶性糖/（g·kg^{-1}）	商品豆/（kg·亩$^{-1}$）	硝酸盐/（mg·kg^{-1}）	亚硝酸盐/（mg·kg^{-1}）	维生素C/（mg·kg^{-1}）	可溶性糖/（g·kg^{-1}）
有机肥+NPK	1 331.21ab	211.38bc	0.13	244.5	138.97	1 523.70a	311.16	0.25	192.6abc	78.53d
全微肥+NPK	1 407.22ab	243.68abc	0.12	216.2	204.73	1 356.37ab	291.80	0.22	171.2abc	117.70bcd
Si+NPK	1 577.17ab	262.52ab	0.15	215.6	162.30	1 338.27ab	305.37	0.18	147.0bc	189.33ab
B+NPK	1 448.54ab	260.45ab	0.08	193.8	196.20	1 399.18ab	303.81	0.29	199.9ab	186.53ab
Cu+NPK	1 147.97ab	196.48c	0.12	175.9	190.73	1 454.50ab	278.39	0.15	161.6abc	215.73a
Mg+NPK	1 561.82ab	238.21abc	0.12	209.7	226.70	1 289.68b	264.08	0.31	165.5abc	107.53bcd
Mo+NPK	1 937.52a	220.42abc	0.05	190.4	101.77	1 422.46ab	296.84	0.19	143.5c	174.43abc
对照（NPK）	980.35b	280.28a	0.04	189.7	221.70	1 435.39ab	248.14	0.14	160.9abc	143.27abcd

所有中量、微量元素处理的硝酸盐含量均比对照（氮磷钾）低，其中NPK+Cu＜NPK+有机肥＜NPK+Mo＜NPK+Mg＜NPK+多元素＜NPK+B≈NPK+Si＜对照（NPK）。

所有中量、微量元素处理（除Cu外）的维生素C含量均高于对照（NPK）。

（2）在壤土上豇豆施氮磷钾的条件下施中量、微量元素的效果。本试验在壤土上施中量、微量元素的效果不及砂土，只有施铜同时对产量及产品可溶性糖和维生素C含量均比对照有改善，施硼可同时改善可溶性糖和维生素C含量，而施硅、钼只可提高可溶性糖的含量，但对硝酸盐的含量影响不显著。

四、蔬菜有选择性地施用中量、微量元素的效果

不同养分条件的土壤，其施中量、微量元素的效果不同。在中量、微量元素含量较低的土壤上，小白菜和豇豆等蔬菜有选择性地施用特别缺乏的中量、微量元素时，产量和品质均可取得较好效果。但若盲目施用，不但会减产，还会损害蔬菜品质。以表5-14的试验结果为例，在增城合利菜场，其土壤质地属壤黏土，镁、钼均缺乏，硼在临界值之间，但锌丰富，在该土壤上施镁、硼和钼的处理，提高产量和改善品质的效果非常明显，而在该土壤上施硼、钼加锌的处理，不但大幅降低产量和产品维生素C含量，还明显提高了硝酸盐含量。在增城汉华菜场土壤质地为细砂土的地块，其土壤镁、硼、钼均缺乏，小白菜和豇豆施镁和施钼均能有效提高产

量和产品维生素C含量，还能有效降低小白菜的硝酸盐含量。

表5–14　增城蔬菜施中量、微量元素试验的效果

蔬菜品种	地点（质地）	土壤有效养分/（mg·kg^{-1}）				处理	产量/（kg·亩$^{-1}$）	维生素C/（mg·kg^{-1}）	硝酸盐/（mg·kg^{-1}）
		Mg	B	Mo	Zn				
小白菜	增城合利（壤黏土）	32.13	0.58	0.075	3.88	NPK对照	2 162	296.9	3 874
						NPK+ Mg、B、Mo	2 490	374.5	1 553
						NPK+B、Zn、Mo	1 722	182.2	5 271
小白菜	增城汉华（细砂土）	44.84	0.29	0.067	3.79	NPK对照	1 569	294.9	4 223
						NPK+ Mg	1 923	316.1	2 849
						NPK+ Mo	2 009	381.1	1 885
豇豆	增成汉华（细砂土）	44.84	0.29	0.067	3.79	NPK对照	980	189.7	
						NPK+ Mg	1 561	209.7	
						NPK+ Mo	1 937	190.4	

参　考　文　献

［1］广东省土壤肥料总站．珠江三角洲耕地质量评价与利用［M］．北京：中国农业出版社，2006：115-116.

［2］陈琼贤，李淑仪．华南菜心施肥指南［M］//张福锁，陈新平，陈清，等．中国主要作物施肥指南．北京：中国农业大学出版社，2009：149-152.

［3］施木田，陈如凯．锌硼营养对苦瓜产量品质与叶片多胺、激素及衰老的影响［J］．应用生态学报，2004，15（1）：77-80.

［4］施木田，陈如凯．锌硼营养对苦瓜叶片碳氮代谢的影响［J］．植物营养与肥料学报，2004，10（2）：198-201.

［5］余光辉，张杨株，万大娟．喷施稀土和微肥对小白菜硝酸盐和亚硝酸盐含量及其他品质的影响［J］．农业环境科学学报，2005，24（增刊）：9-12.

［6］李清芳，马成仓，李韩平，等．土壤有效硅对大豆生长发育和生理功能的影响［J］．应用生态学报，2004，15（1）：73-76.

［7］陆景陵．植物营养学［M］．北京：中国农业大学出版社，2003：100-102.

［8］蔡绵聪，李淑仪，陈真元，等．菜心氮磷钾施肥效应研究［J］．土壤通报，2010，41（1）：126-131.

［9］邵鹏，李淑仪，刘士哲，等．硼钼镁对蒜青产量和元素吸收的影响［J］．北方园艺，2010，17：4-8.

［10］邵鹏，刘士哲，李淑仪，等．硼钼镁对菜心产量和养分吸收的影响［J］．长江蔬菜（学术版），2010（24）：58-62.

［11］蔡绵聪，李淑仪，陈真元，等．花椰菜氮磷钾施肥效应研究［J］．北方园艺，2009（1）：1-5.

［12］蔡绵聪，李淑仪，陈真元，等．青花菜氮磷钾施肥效应研究［J］．长江蔬菜（学术版），2008（11b）：59-62.

［13］吕业成，李淑仪，蔡绵聪，等．小白菜氮磷钾施肥效应研究［J］．广东农业科学，2009（6）：61-64.

［14］蔡绵聪，李淑仪，陈真元，等．蒜青的氮磷钾施肥效应研究［J］．广东农业科学，2009（9）：86-88.

［15］王荣萍，李淑仪，蓝佩玲，等．在2种蔬菜土壤上铜钼硅对苦瓜产量及品质的影响研究［J］．华中农业大学学报，2007，26（1）：59-62.

［16］王荣萍，李淑仪，廖新荣，等. 镁硼营养对苦瓜品质及产量影响的研究［J］. 土壤通报，2007，38（6）：1243-1245.
［17］王荣萍，李淑仪，廖新荣，等. 铜钼硅营养对苦瓜产量和品质同影响的研究［J］. 土壤，2007，39（6）：928-931.
［18］李淑仪，廖新荣，王荣萍，等. 节瓜的氮磷钾肥施用量研究［J］. 蔬菜，2014（7）：19-29.
［19］李淑仪，廖新荣，王荣萍，等. 有棱丝瓜的氮磷钾适用量研究［J］. 长江蔬菜，2014，10月（下半月）：60-66.
［20］李淑仪，廖新荣，王荣萍，等. 不同有机肥及其用量对节瓜和丝瓜产量的影响［J］. 蔬菜，2015（2）：21-25.
［21］王荣萍，廖新荣，李淑仪，等. 蔬菜基于与无机肥配施的有机肥适用量研究［J］. 中国农学通报，2015，31（4）：55-61.
［22］李淑仪，王荣萍，廖新荣. 关于露地蔬菜的土壤有机肥施用问题解答［J］. 长江蔬菜，2015，6月（上半月）：44-45.

第六章　蔬菜施有机肥的效应及其施用量

多数研究结果表明，有机肥与化肥配合施用对作物生长有较好的效果。有机肥与化肥配合施用已成为我国施肥制度的主要特色之一，其在提高作物产量、培肥地力、提高土壤微生物和生物化学活性、促进养分物质循环和再利用中的地位和作用已得到普遍证实和肯定[1, 2]。由于受资源和人力成本等的限制，目前使用的有机肥已极少是真正意义的传统农家肥，多数为规模化养殖场的禽畜粪和以其为原料生产的商品有机肥。目前，已有不少关于过量施用这类有机肥有增加土壤–作物系统的重金属污染风险的研究结果[3-6]，因此，有机肥的合理利用会成为宝贵的农业生产资源，而不合理利用则会成为潜在的污染源。目前，有机肥与化肥配合施用的相关研究主要集中在水稻、小麦、油菜等作物上[7-9]，而对蔬菜的研究甚少。有关蔬菜作物有机肥与化肥的配施比例等有关施肥种类不合理的问题依然存在。为此，本章专门讨论有关蔬菜施有机肥的效应，研究了在不同质地土壤上蔬菜施用不同量有机肥，有机无机配比的有机肥用量，以及测土推荐施氮磷钾肥的前提下和等氮磷钾养分条件下不同量有机肥对蔬菜的效应，研究蔬菜有机无机配比的有机肥用量，旨在为蔬菜合理施肥提供理论依据。

第一节　蔬菜单独施有机肥的效应

针对目前有人在种植蔬菜时只施有机肥的问题而开展这个试验。

一、有机肥施用量对蔬菜产量和品质的影响

（一）有机肥施用量对小白菜产量和品质的效应

关于有机肥的施用量进行了两个阶段的试验，第一阶段是在增城三种不同质地的土壤上进行，就当地生产上所施有机肥使用鸽粪的情况及其养分含量，设计了50 kg/亩、100 kg/亩、200 kg/亩、500 kg/亩4个水平的施用量。

据表6–1的结果，在供试的三种不同质地土壤上，小白菜产量高低顺序均为：无机NPK+有机肥＞无机NPK＞高量有机肥＞中量有机肥＞低量有机肥；基本上是施鸽粪500 kg/亩、200 kg/亩和100 kg/亩的产量显著大于施50 kg/亩的，而500 kg/亩、300 kg/亩、100 kg/亩之间的小白

菜产量差异不显著（黏土略有例外）；同时，不同有机肥用量的小白菜维生素C和可溶性糖含量在几个施用量之间没有显著差异。

表6-1的结果显示，砂土上小白菜硝酸盐含量是施无机NPK的（砂土、壤土、黏土分别为4 223 mg/kg、3 273 mg/kg、3 874 mg/kg）>施高量有机肥的（砂土、壤土、黏土分别为3 843 mg/kg、1 300 mg/kg、548 mg/kg）>施中量有机肥的（砂土、壤土、黏土分别为3 651 mg/kg和3 073 mg/kg、1 311 mg/kg和1 578 mg/kg、265 mg/kg和200 mg/kg）>施低量有机肥的（砂土、壤土、黏土分别为2 571 mg/kg、1 052 mg/kg、454 mg/kg）。但施中量有机肥+无机NPK肥的硝酸盐含量反而显著比单施中量有机肥的低（壤土例外，原因有待进一步研究）。单独施有机肥，即使施用量高，产量也不可能很高，但在砂土上的小白菜硝酸盐含量较高，可达3 000 mg/kg以上，因此在砂土上尤其不能单独施用高量有机肥，必须与化肥配合施用。有机肥与无机NPK肥配合施用不仅可提高产量，还可降低硝酸盐含量。在砂土上，有机肥施用越多，小白菜的硝酸盐含量越高，这是一个值得注意的问题。

在壤土上，施无机NPK与有机肥配施的产量并不是最高的，小白菜硝酸盐含量既高于单施NPK化肥的也高于单施有机肥的，这可能是磷、钾养分大大超过了其生长所需，从而导致养分不平衡造成的。壤土有机肥施用量可以比砂土多，与有机肥配施可获得更高产量，但有机肥和化肥配施时要控制化肥的施用比例，才能控制硝酸盐含量不超标。

表6-1 增城三种不同质地土壤有机肥用量试验的小白菜产量和营养品质分析结果

土壤	处理	商品菜/（$kg \cdot 亩^{-1}$）	硝酸盐/（$mg \cdot kg^{-1}$）	亚硝酸盐/（$mg \cdot kg^{-1}$）	维生素C/（$mg \cdot kg^{-1}$）	可溶性糖/（$g \cdot kg^{-1}$）
砂土	NPK+有机肥	2 055.4	2 152	痕迹	310	87.2
	NPK（尿素）	1 094.1	2 106	0.18	259	87.2
	NPK（铵态氮）	1 570	4 223	痕迹	295	9.6
	500 kg鸽粪	893	3 843	0.14	442	60.3
	200 kg鸽粪	844	3 651	0.25	448	76.1
	100 kg鸽粪	848	3 073	0.21	442	76.1
	50 kg鸽粪	751	2 571	0.20	456	80.1
	无肥区	665	2 617	0.18	391	99.6
壤土	NPK+有机肥	1 795	4 267	0.19	248	115
	NPK（尿素）	1 822	3 142	0.30	244	81.9
	NPK（铵态氮）	1 609	3 273	0.30	244	152
	500 kg鸽粪	1 322	1 300	0.10	303	130
	200 kg鸽粪	1 229	1 311	0.09	325	141
	100 kg鸽粪	1 272	1 578	0.13	360	103

续表

土壤	处理	商品菜/（kg·亩$^{-1}$）	硝酸盐/（mg·kg^{-1}）	亚硝酸盐/（mg·kg^{-1}）	维生素C/（mg·kg^{-1}）	可溶性糖/（g·kg^{-1}）
	50 kg鸽粪	1 053	1 052	0.19	354	65.6
	无肥区	1 095	1 681	0.20	393	103
黏土	NPK+有机肥	2 014	2 673	0.22	325	61.2
	NPK（尿素）	1 698	1 755	0.18	243	110
	NPK（铵态氮）	2 163	3 874	痕迹	296.9	107
	500 kg鸽粪	1 999	548	0.16	385.7	287
	200 kg鸽粪	961	265	0.29	487.1	207
	100 kg鸽粪	679	200	0.04	508.9	196
	50 kg鸽粪	658	454	0.25	463.5	226
	无肥区	610	711	0.08	451.8	164

在黏土上有机肥可以比砂土和壤土多施，与化肥配施时同样可获更高产量，但也要控制无机NPK肥的施用比例，才能控制硝酸盐含量不超标，同时应注意不同土壤的氮磷钾施肥比例不同。

这里发现在不同质地土壤上施不同氮源（酰胺态氮的尿素和铵态氮）的氮肥对小白菜产量和品质均有影响，见第九章中的专题研究讨论。

在第一阶段试验结果的基础上，第二阶段进一步加大了有机肥的施用量，分别在高明和惠阳两地进行试验，获得的结果见表6-2。

表6-2　高明和惠阳不同有机肥施用量对小白菜产量和品质的影响

禽畜粪肥/（kg·亩$^{-1}$）	高明				惠阳		
	产量/（kg·亩$^{-1}$）	维生素C/（mg·kg^{-1}）	硝酸盐/（mg·kg^{-1}）	成活率/%	产量/（kg·亩$^{-1}$）	维生素C/（mg·kg^{-1}）	硝酸盐/（mg·kg^{-1}）
0	3 081a	265a	1 469d	99.9	2 961 a	265b	2 091bc
500	2 426b	270a	2 999c	99.2	1 489c	346a	1 127bc
1 000	2 577a	257a	4 529b	98.8	2 055b	330a	1 929c
1 500	2 577a	215b	4 901b	98.8	2 264b	377a	1 917c
2 000	2 875a	274a	6 369a	97.3	2 699a	261b	2 904a

表6-2结果显示，在高明单独施用有机肥的试验中，不同有机肥处理（500～2 000 kg/亩）之间小白菜的产量和维生素C含量差异不显著，且随着有机肥施用量的增加，成活率有下降趋势，产量未发生显著的变化；当有机肥施用量从1 500 kg/亩增加至2 000 kg/亩时，小白菜的产

量不再增加，而硝酸盐的含量呈现增加的趋势。在惠阳的试验中，虽然小白菜产量有随有机肥施用量增加而增加的趋势，硝酸盐含量也随之增加，但维生素C含量则随有机肥施用量增加而下降。两地试验均表现出有机肥用量增加而小白菜硝酸盐随之增加的典型特征。

不同有机肥施用量的试验结果表明，有机肥施用量增加到一定程度后，小白菜的产量不再增加，且品质有呈现下降的趋势。因此，即使是施用有机肥，也存在合理的施用量问题。

（二）有机肥施用量对苦瓜、豇豆产量和品质的效应

据表6–3的试验分析结果，两种土壤上施不同量有机肥的苦瓜和豇豆产量顺序基本有如下趋势：无机NPK+有机肥＞无机NPK≈高量有机肥（1 000 kg/亩）＞中量有机肥（500 kg/亩）≈无机NPK＞低量有机肥（200 kg/亩，有个别情况例外）。不同量有机肥的硝酸盐含量基本是施低量、中量有机肥＜高量有机肥＜无机NPK+有机肥＜无机NPK（有个别情况例外）。维生素C含量基本上为无机NPK+有机肥的最高，其次为无机NPK和中量、高量有机肥的。可溶性糖含量基本上是中量、低量有机肥的较高。

表6–3的结果还显示，对苦瓜来说，无论是产量还是品质，砂土是施低量有机肥的优于施高量、中量有机肥的，而壤土则相反，即砂土的有机肥适宜施用量低于壤土的。而对于豇豆来说，则是在1 000 kg/亩范围内，施高量、中量有机肥的效果较好。

表6–3　两种土壤的苦瓜产量和品质分析结果

品种	处理	砂土			壤土		
		商品菜/（kg·亩$^{-1}$）	维生素C/（mg·kg^{-1}）	可溶性糖/（g·kg^{-1}）	商品菜/（kg·亩$^{-1}$）	维生素C/（mg·kg^{-1}）	可溶性糖/（g·kg^{-1}）
苦瓜	NPK+有机肥（200）	1 633a	591ab	66.7bc	966ab	638ab	109ab
	无机NPK	1 246ab	562ab	86.1ab	890ab	786a	94.7ab
	有机肥1000	1 515a	617a	67.2bc	879ab	464bc	92.1ab
	有机肥500	1 300ab	436c	96a	796ab	589ab	107ab
	有机肥200	1 216b	472c	105a	733ab	471bc	138a
	无肥区	1 222b	523b	79.3b	686b	479bc	76.0c
豇豆	NPK+有机肥	1 331ab	245ab	139c	1 524a	193a	78.5d
	无机NPK	980b	190b	222ab	1 435ab	161ab	143a
	有机肥高量	1 605a	200ab	165b	1 516a	147b	131ab
	有机肥中量	1 470ab	318a	214ab	1 466ab	135b	131ab
	有机肥低量	921b	195b	256ab	1 340b	125bc	126b
	无肥区	619c	178b	269ab	1 237c	114c	108bc

注：表中有机肥为鸽粪。

（三）有机肥施用量对茄子产量和品质的效应

从表6-4可知，茄子单独施用有机肥时，从1 000 kg/亩、1 600 kg/亩、3 000 kg/亩、5 000 kg/亩、7 500 kg/亩的有机肥施用量范围中，有机肥施到1 600 kg/亩的处理便可获得较高的产量，再增加有机肥施用量茄子产量不再增加，还有随有机肥施用量增加而下降的趋势，在该施用量附近茄子维生素含量最高而硝酸盐含量最低。维生素C含量在施有机肥4 500 kg/亩至6 000 kg/亩之间有一个低谷。硝酸盐则有随有机肥用量增加而提高的趋势。根据增城的试验，小白菜单独施有机肥时施500 kg/亩，土壤有机质便可维持种植前水平。因此可以认为，茄子种植单独施有机肥时约1 500 kg/亩已足够，但提倡有机肥与化肥合理配施，与化肥配施时，有机肥400 kg/亩配合无机氮12 kg/亩即可，其产量与等氮量的纯化肥和纯有机肥基本持平。

表6-4　高明茄子施不同量有机肥试验结果

试验处理	产量/（$kg \cdot 亩^{-1}$）	干物质/%	维生素C/（$mg \cdot kg^{-1}$）	硝酸盐/（$mg \cdot kg^{-1}$）	蛋白质/%干样	总糖/（$g \cdot kg^{-1}$干样）
无机NPK对照	1 241	8.97	9.59	183	11.5	391b
有机肥400 kg/亩+无机NPK对照	1 241	9.00	38.4	372	12.1	457ab
1 000 kg/亩	862	8.22	29.0	50.2	9.93	256d
1 600 kg/亩	1 276	7.68	11.7	226	9.49	472a
3 000 kg/亩	1 153	7.65	29.4	97.6	9.56	274d
5 000 kg/亩	1 253	7.33	22.6	177	10.45	343bc
7 500 kg/亩	1 263	7.35	31.1	342	11.8	281cd

（四）有机肥施用量对马铃薯产量和品质的效应

据表6-5，马铃薯单独施用有机肥时，在1 000 kg/亩、1 600 kg/亩、3 000 kg/亩、5 000 kg/亩、7 500 kg/亩的有机肥施用量范围中，产量最高的是施1 600 kg/亩的处理，再增加有机肥施用量时马铃薯产量有随有机肥施用量增加而下降的趋势。维生素C含量随有机肥用量增加而增加的趋势不明显。根据增城的试验，小白菜单独施有机肥500 kg/亩时，土壤有机质便可维持种植前水平。因此可以认为，马铃薯种植单独施有机肥时，每亩施1 500～1 600 kg已足够。

表6–5　惠阳冬种马铃薯施不同量有机肥试验结果

有机肥用量/（kg·亩$^{-1}$）	产量/（kg·亩$^{-1}$）	干物质/%	维生素C/（mg·kg^{-1}）	硝酸盐/（mg·kg^{-1}）	还原糖/（g·kg^{-1}鲜样）	蛋白质/%
无机NPK对照	976ab	19.1ab	170a	369b	1.50ab	9.71a
无机NPK+有机肥400 kg/亩	1 180a	20.6a	122a	267c	2.01a	9.65a
1 000 kg/亩	736bc	19.9a	199a	340b	1.45ab	9.85a
1 600 kg/亩	938b	19.2ab	129a	244c	2.16a	9.33a
3 000 kg/亩	922b	20.1a	136a	374b	0.820c	9.31a
5 000 kg/亩	825bc	18.9ab	218a	576a	0.897c	11.0a
7 500 kg/亩	655c	19.9a	167a	469a	0.843c	10.5a

二、有机肥施用量对蔬菜硝酸盐含量的影响

砂土上（表6–6），小白菜NO_3^--N浓度是施无机NPK的（砂土、壤土、黏土分别为4 223 mg/kg、3 273 mg/kg、3 874 mg/kg）>施高量有机肥的（砂土、壤土、黏土分别为3 843 mg/kg、1 300 mg/kg、548 mg/kg）>施中高和中低量有机肥的（砂土、壤土、黏土分别为3 651 mg/kg和3 073 mg/kg、1 311 mg/kg和1 578 mg/kg、265 mg/kg和200 mg/kg）>施低量有机肥的（砂土、壤土、黏土分别为2 571 mg/kg、1 052 mg/kg、454 mg/kg）。但施中量有机肥+无机NPK肥的NO_3^--N浓度反而显著比单施中量有机肥的低（壤土例外，原因有待进一步研究）。单独施有机肥即使施用量高，产量也不可能很高，但在砂土上的小白菜NO_3^--N浓度却会较高，可达3 000 mg/kg以上，在砂土上尤其不能单独高量地施有机肥，必须与无机肥配合施用。有机肥与无机NPK肥配合施用不仅可提高产量，还可降低硝酸盐含量。在砂土上，有机肥施得越多，小白菜的硝酸盐含量越高，这是一个值得注意的问题。

在壤土上，施无机NPK与有机肥配施的产量并不是最好（施微量元素的更好），NO_3^--N浓度既高于单施NPK无机肥的也高于单施有机肥的，这可能是有机氮和无机氮总量大大超过了其生长所需而导致养分不平衡而造成的，详细原因有待进一步研究。在壤土上有机肥可以比砂土多施，与无机肥配施可获得更高产量，但有机肥和无机肥配施时要控制无机肥的合适施用比例，才有可能控制NO_3^--N的浓度不超标。

表6-6 三种蔬菜在不同土壤上施不同量有机肥对硝酸盐的影响

mg/kg

处理		小白菜						苦瓜				豇豆			
		砂土		壤土		黏土		砂土		壤土		砂土		壤土	
		NO_3^--N	NO_2^--N	NO_3^--N	NO_2^--N	NO_3^--N	NO_2^--N	NO_3^--N	NO_2^--N	NO_3^--N	NO_2^--N	NO_3^--N	NO_2^--N	NO_3^--N	NO_2^--N
NPK+有机肥		2 152c	痕迹	4 267a	0.19	2 673ab	0.22	597a	<0.39	423bc	0.54	211bc	0.13	311a	0.25
无机NPK		4 223a	痕迹	3 273ab	0.30	3 874a	痕迹	608a	<0.39	564a	0.47	280ab	0.04	248b	0.14
有机肥高量		3 843ab	0.14	1 300c	0.10	548cd	0.16	525ab	<0.39	590a	0.27	220bc	0.06	232b	0.13
有机肥中量	中高量	3 651ab	0.25	1 311c	0.09	265de	0.29	460b	<0.39	481b	0.37	300a	0.03	248b	0.29
	中低量	3 073bc	0.21	1 578bc	0.13	200de	0.04								
有机肥低量		2 571c	0.20	2 052b	0.19	454d	0.25	489b	<0.39	545ab	0.32	188cd	0.07	170bc	0.15
无肥区		2 617c	0.18	1 681bc	0.20	711c	0.08	309bc	<0.39	425bc	0.47	204c	0.14	294ab	0.07

注：（1）小白菜的有机肥高量、中高量、中低量、低量分别为500 kg/亩、200 kg/亩、100 kg/亩、50 kg/亩；（2）苦瓜和豇豆的有机肥高量、中量、低量分别为5 000 kg/亩、500 kg/亩、200 kg/亩。

在黏土上有机肥可以比砂土和壤土多施，与无机肥配施时同样可获更高产量，但也要控制无机氮磷钾肥的合适施用比例，才能控制NO_3^--N的浓度不超标，同时应注意不同土壤的氮磷钾施肥比例不同。

三、有机肥施用量对蔬菜重金属含量的影响

针对目前的禽畜粪肥主要来源于各大禽畜养殖场，由于受饲料添加剂的影响，很多菜场所施用的禽畜粪类有机肥已不是传统的有机肥，可能很多已受重金属污染，因而进行了表6–7的分析。

表6–7　土壤、水、有机肥的环境质量分析结果

地点	项目	pH	Cd/（mg·kg^{-1}）	Pb/（mg·kg^{-1}）	Cu/（mg·kg^{-1}）	Cr/（mg·kg^{-1}）	Hg/（mg·kg^{-1}）	As/（mg·kg^{-1}）
汉华菜场	土壤	6.25	0.001 0	18.3	2.82	7.59	0.052	0.89
	灌溉水	6.48	0.000 8	0.013 1	0.018	0.002	0.000 3	0.010
	有机肥（鸽粪）	9.18	0.395	2.15	22.7	71.6	0.240	1.31
合利菜场	土壤	5.06	0.178	48.4	9.09	34.0	0.219	17.7
	灌溉水	6.03	0.001 2	0.003 7	0.015	0.002	0.000 2	0.004
	有机肥（鸽粪）	9.00	0.395	0.86	46.0	62.3	0.148	9.21
高明农科中心	土壤	6.92	0.170	58.3	1.82	29.6	0.115	6.88
	灌溉水	6.74	0.000 1	0.000 5	0.008	0.002	0.000 6	0.006
	有机肥（鸡粪）	7.00	0.54	7.79	48.9	52.2	0.076	9.25
惠阳农科所	土壤	6.74	0.141	34.9	2.57	32.0	0.225	16.3
	灌溉水	6.52	0.000 2	0.001 6	0.01	0.000 6	0.000 42	0.014
	有机肥（鸡粪）	5.97	0.47	6.13	120	105	0.083	3.72
国家无公害蔬菜产地环境质量指标（NY 5010—2001）	土壤		<0.3	<250	<50	<150	<0.30	<40
	灌溉水	5.5～8.5	<0.005	<0.1		<0.1	<0.001	<0.05
城镇垃圾农用控制标准（GB 8172—1987）			<3.0	<100		<300	<5	<30

增城粉壤土试验的小白菜重金属分析结果（表6–8）显示，虽然小白菜的重金属含量均在国家限量标准以下，不同有机肥施用量之间的小白菜重金属含量差异不显著或未能达到0.05的显著水准，但均是施高量有机肥的均值最大，其次是施中量有机肥的，尤其是镉，即重金属含量有随有机肥用量增加而增加的趋势。这可能是由于该试验中除了土壤质地较轻之外，还因为有机肥中的镉含量较高（0.058～0.544 mg/kg），是土壤镉含量（0.001～0.178 mg/kg）的3～100倍所致。

表 6-8　不同有机肥施用量对小白菜重金属含量的影响

地点/试验	有机肥用量/（kg·亩$^{-1}$）	小白菜鲜样重金属含量/（mg·kg^{-1}）				
		As	Pb	Cr	Cd	Hg
增城/（粉壤土）矮脚奶白菜	0	0.027 4a	0.116a	0.165a	0.001 78bc	0.002 14a
	50	0.031 5a	0.123a	0.202a	0.001 83bc	0.001 92a
	100	0.019 67a	0.165a	0.227a	0.001 03bc	0.002 15a
	200	0.023 95a	0.125a	0.211a	0.002 57ab	0.002 11a
	500	0.033 94a	0.172a	0.237a	0.004 09a	0.002 62a
高明/（黏壤土）黑叶白菜	0	0.016 5a	0.033 7ab	0.044ab	0.019 4abc	0.000 9a
	500	0.009 7b	0.028 3b	0.048 8a	0.025 4ab	0.001 2a
	1 000	0.021 0a	0.047 0ab	0.023 6ab	0.011 5c	0.001 1a
	1 500	0.002 7c	0.056 9a	0.037 6ab	0.028 5a	0.000 7a
	2 000	0.005 1bc	0.069 1a	0.032 3ab	0.014 4bc	0.000 9a
惠阳/（黏壤土）矮脚奶白菜	0	0.022 9a	0.003 7c	0.070 3ab	0.018 2c	
	500	0.017 2a	0.052 8a	0.105a	0.093 5a	
	1 000	0.021a	0.015 9bc	0.087 1ab	0.023 3b	
	1 500	0.025 3a	0.053 6a	0.061 7b	0.063 8ab	
	2 000	0.022 2a	0.033 6b	0.076 1ab	0.011 4c	
限量卫生标准		≤0.5①	≤0.2①	≤0.5②	≤0.05①	≤0.01①

注：列数据是三个重复的均值，经差异显著性检验，其显著度均未能达到0.05的水准；
①为中华人民共和国农业行业标准，无公害食品白菜类蔬菜（NY 5003—2001）；
②为中华人民共和国国家标准，食品中铬限量卫生标准（GB 14961—94）。

第一阶段设计的有机肥用量的最高水平可能是处于目前生产上有机肥用量的中等水平，若达到更高水平的话，是否会使蔬菜的重金属含量进一步增高呢？因此，在第一阶段试验结果的基础上，第二阶段又进一步加大有机肥施用量继续进行试验，结果如表6-8所示。

增城试验的鸽粪中砷高于土壤，加上该试验土壤质地较轻，鸽粪pH为9，使菜中砷含量易随有机肥用量增加而增加，而在高明试验中虽然有机肥含砷量高于土壤，但小白菜中的砷含量却未出现增高的趋势，这可能是由于高明试验的土壤质地较黏重，同时高明所用鸡粪的发酵时间较短，其中的重金属还未分解成游离态，而一时未能被蔬菜所吸收；惠阳试验的小白菜砷含量无反应则可能是由于所施有机肥的砷含量较土壤低，同时土壤质地较黏重，因而施有机肥对小白菜重金属含量影响不显著。

从表6-8中还可以看出，在高明和惠阳两地试验进行的不同有机肥施用量之间，小白菜的重金属含量均存在显著差异，且随着有机肥施用量的增加，小白菜的重金属含量呈现升高趋势的只有铅含量；而砷含量，高明试验的不同有机肥施用量之间小白菜的砷含量虽也存在显著差异，但其趋势与铅相反。不同有机肥处理之间，小白菜的镉、铬、汞含量不存在显著差异，本次试验，除铅含量之外，大多数重金属元素在小白菜中的含量还没表现出随禽畜粪施用量增加而提高的趋势。

高明和惠阳的试验结果与增城的试验结果未能完全吻合，个别甚至相反，这可能一方面与土壤质地的轻重有关，因高明的土壤质地较重，是黏壤土，而增城的土壤质地较轻，是粉壤土；另一方面，还可能与禽畜粪的腐熟度有关，因增城用的鸽粪在使用之前经过长时间堆沤，可能利于提高重金属的生物有效性，而高明和惠阳所用的鸡粪的堆沤时间较短，呈有机络合态的重金属一时还未能转化成植物易吸收的游离态，所以高明和惠阳试验的有机肥用量虽然比增城的高，但暂时不会由此而引起小白菜中所有重金属元素的含量均随有机肥用量的增加而增加。这些结果再次反映了在砂土上种植叶菜类蔬菜有机肥施用量不能过量，否则不仅使蔬菜硝酸盐含量猛增，还会引起重金属含量升高。

有关茄子和冬种马铃薯施鸡粪对重金属含量的影响，表6-9的茄子重金属分析结果显示，虽然统计检验均未能达到显著水平，但随着鸡粪施用量的成倍增加，茄子产品的重金属含量也随之升高，重金属镉最为明显，铬和铅次之。茄子的结果与小白菜不同的原因，除了鸡粪用量较大之外，还有可能与茄子的种植时间较长有关。冬种马铃薯的重金属含量没有出现与茄子相同的规律，可能由于冬种马铃薯的种植时间较茄子短。

表6-9　不同有机肥施用量对茄子和马铃薯重金属含量的影响

地点/时间	有机肥用量/（kg·亩$^{-1}$）	产品重金属含量/（mg·kg^{-1}）				
		As	Pb	Cr	Cd	Hg
高明 / 2004（黏壤土）茄子	0	0.000 70b	0.012 5c	0.024 2ab	0.004 20c	0.000 333a
	450	0.001 90ab	0.013 8bc	0.024ab	0.004 77bc	0.000 50a
	1 000	0.000 23b	0.012 0c	0.012 4b	0.005 93bc	0.000 767a
	1 500	0.003 60a	0.014 9ab	0.032 6a	0.006 23bc	0.000 667a
	3 000	0.001 22ab	0.014 7ab	0.027 3ab	0.008 37abc	0.001 40a
	5 000	0.002 4ab	0.018 3a	0.029 8ab	0.009 53ab	0.000 567a
	7 500	0.002 27ab	0.016 2ab	0.032 8a	0.012 7a	0.000 567a
	$Pr>F$	0.16	0.15	0.24	0.14	0. 26

续表

地点/时间	有机肥用量/（kg·亩$^{-1}$）	产品重金属含量/（mg·kg^{-1}）				
		As	Pb	Cr	Cd	Hg
惠阳 / 2004（黏壤土）冬种马铃薯	0	未检出	0.019 8abc	0.023 64a	0.004 54a	0.006 32a
	400	未检出	0.023 0ab	0.030 63a	0.004 58a	0.006 84a
	1 000	未检出	0.019 0bc	0.025 37a	0.003 81a	0.003 78a
	1 600	0.009 9	0.024 9a	0.030 08a	0.003 99a	0.006 20a
	3 000	0.005 7	0.018 3bc	0.025 77a	0.004 30a	0.006 21a
	5 000	未检出	0.017 2c	0.025 67a	0.004 03a	0.004 23a
	7 500	0.001 2	0.018 0bc	0.019 87a	0.004 04a	0.003 29a
	$Pr>F$		0.038 9	0.68	0.59	0.54
限量卫生标准		≤0.5a	≤0.2 a	≤0.5b	≤0.05a	≤0.01a

注：有机肥用量0为施NPK对照；有机肥用量400为无机NPK+有机肥400 kg/亩。

四、禽畜粪肥过量施用对土壤重金属含量的影响

蔬菜收获后土壤重金属的分析结果（表6-10）与有机肥重金属分析结果（表6-7）相比较可看出，禽畜类粪肥的铬、镉含量普遍高于土壤的铬和镉；有机肥中的铅含量普遍低于土壤；砷含量则不同地方的禽畜类粪肥有不同的情况。

从铬含量来看，表6-8增城和表6-10惠阳两地的小白菜铬随有机肥用量增加而升高的趋势；种植小白菜后，高明和惠阳试验中有机肥用量超过500 kg/亩的土壤铬含量均高于不施肥对照和施化肥处理的，茄子和冬种马铃薯试验中有机肥用量超过5 000 kg/亩的处理土壤铬含量也有同样趋势，这可能是因试验所施的鸽粪和鸡粪铬含量为52～104 mg/kg，是土壤铬含量（7.59～34.03 mg/kg）的3～7倍。

表6-10　不同有机肥施用量对收菜后土壤重金属含量的影响

地点/试验	有机肥用量/（kg·亩$^{-1}$）	土壤重金属含量/（mg·kg^{-1}）			
		Cr	Pb	As	Hg
高明 / 黑叶白菜	0	29.1	55.0	6.28	0.118
	无机NPK	38.61	55.9	6.28	0.148
	500	41.5	54.7	6.55	0.143
	1 000	35.1	58.5	6.51	0.233
	1 500	38.8	55.9	7.02	0.118
	2 000	32.4	59.9	6.80	0.177

续表

地点/试验	有机肥用量/（kg·亩$^{-1}$）	土壤重金属含量/（mg·kg^{-1}）			
		Cr	Pb	As	Hg
惠阳/矮脚奶白菜	0	25.3	30.0	16.4	0.165
	无机NPK	20.7	29.1	16.1	0.211
	500	33.8	33.7	16.9	0.246
	1 000	35.5	32.0	16.8	0.225
	1 500	35.8	33.1	17.0	0.225
	2 000	39.5	35.0	17.2	0.206
高明/茄子	0	22.5	58.6	4.52	0.093
	无机NPK	30.9	64.5	5.86	0.164
	1 000	23.2	55.0	4.52	0.097
	2 000	21.4	57.6	4.93	0.091
	3 000	18.1	53.0	4.88	0.078
	5 000	24.4	55.5	5.52	0.118
	7 500	25.0	54.0	6.52	0.111
惠阳/冬种马铃薯	0	30.0	30.8	14.4	0.157
	无机NPK	25.6	33.7	16.8	0.191
	1 000	28.1	28.1	14.9	0.366
	1 600	24.5	34.3	15.5	0.199
	3 000	24.2	29.9	16.1	0.744
	5 000	24.0	33.3	17.3	0.211
	7 000	34.7	33.4	19.0	0.197
土壤自然背景值		≤90	≤35	≤15	≤0.15

从砷含量来看。在高明小白菜和茄子试验中有机肥含砷量高于土壤，施大量有机肥的在小白菜和茄子收获后土壤中砷量有增高的趋势，而惠阳试验无此现象或无规律性，则可能是由于所施有机肥含砷量较土壤低，即所施有机肥的砷含量高时对土壤和小白菜（增城试验）均会有影响，而有机肥砷含量低时对蔬菜和土壤均无影响。

从汞含量来看。高明和惠阳试验有机肥汞含量均未高于土壤，所以小白菜和收获后土壤的汞含量均未受影响。

从铅含量来看。试验中有机肥铅的含量普遍低于土壤，但惠阳试验小白菜收获后土壤铅含量有随有机肥增加而升高（表6–10）的趋势；惠阳马铃薯试验土壤也有同样趋势，而几个试验蔬菜中的铅含量都有随有机肥用量增加而增高的趋势（马铃薯除外），这说明禽畜类粪肥中铅的生物有效性可能较高。

上述分析说明，无公害蔬菜种植所施用的有机肥，一是其所含重金属不能超标，二是有机肥的用量也不能过高，反之会影响蔬菜的产量和质量，还有可能造成蔬菜产品和土壤重金属含量升高。

有机肥中重金属含量较土壤高时，小白菜施用过量有机肥，在其种植收获后土壤的重金属含量有上升的迹象。而铅，即使有机肥中的含量较土壤低，若小白菜和茄子施用过量有机肥，在其种植收获后土壤的铅含量仍有上升的现象，这是否由于禽畜类粪肥中铅的生物有效性较高，值得进一步研究。

第二节　蔬菜基于与化肥配施的有机肥施用效应

一、配方肥下的不同量有机肥配施对蔬菜产量的效应

（一）叶菜

表6-11的菜心试验结果显示，不同处理的商品菜产量、硝酸盐含量和维生素C含量之间达到极显著差异（$P<0.01$），其中试验第1部分（无机氮磷钾用量固定为8.9 kg/亩、2.4 kg/亩、5.0 kg/亩），产量最高的是有机肥用量为100 kg/亩的处理，与不施有机肥之间的差异显著；其次是有机肥用量为50 kg/亩，但它与其他有机肥水平之间，包括施有机肥为0、150 kg/亩、200 kg/亩、400 kg/亩的商品菜产量之间的差异不显著；该部分各处理硝酸盐含量最低和维生素C含量最高的是有机肥用量为50 kg/亩的处理，该处理的商品菜产量和生物量与有机肥用量为100 kg/亩的处理之间差异不显著。

表6-11　南海区配方肥下施不同用量有机肥对叶菜产量和品质的影响

处理	有机肥用量/（$kg·亩^{-1}$）	商品菜/（$kg·亩^{-1}$）	生物重/（$kg·亩^{-1}$）	硝酸盐/（$mg·kg^{-1}$）	维生素C/（$mg·kg^{-1}$）
M+N-P-K（8.9-2.4-5.0）	0	1 136b	2 165b	3 435c	372d
	50	1 152ab	2 371a	2 176ef	484bc
	100	1 204a	2 312a	3 229d	382d
	150	1 103ab	2 239ab	5 198ab	360d
	200	1 132ab	2 293ab	4 573b	345d
	400	1 121abc	2 253ab	2 792d	382d
M+N-P-K（7.5-2.0-4.2）	100	928c	1 944bc	3 025d	442c
	200	945c	2 082b	2 879d	402d
	400	905c	2 009b	2 303e	419c
$N_0P_0K_0$	0	876e	1 669c	1 630ef	456bc

续表

处理	有机肥用量/（kg·亩$^{-1}$）	商品菜/（kg·亩$^{-1}$）	生物重/（kg·亩$^{-1}$）	硝酸盐/（mg·kg^{-1}）	维生素C/（mg·kg^{-1}）
$N_0P_2K_2$	0	749	1 607c	2 284e	568b
$M+N_0P_2K_2$	150	890cd	1 711c	368h	674a
$M+N_1P_2K_2$	150	958cd	1 991b	2 779d	426c
$M+N_2P_2K_2$	150	1 103ab	2 239ab	5 198ab	360d
$M+N_3P_2K_2$	150	1 072abc	2 021b	5 436a	393d
$M+N_2P_2K_0$	150	1 211a	2 295ab	3 755c	368d
$M+N_2P_0K_2$	150	1 232a	2 158b	4 279b	393d
$M+N_2P_0K_0$	150	1 264a	2 226ab	3 695c	371d
$M+N_0P_0K_0$	150	864e	1 555g	651f	604ab
统计结果	$P>F$	0.005 0	0.005 2	0.002 1	0.002 0

试验的第2部分（无机氮磷钾比第1部分减少15%，固定为7.5 kg/亩、2.0 kg/亩、4.2 kg/亩），3个不同有机肥用量之间的差异不显著，其产量均处于其他两部分试验的中等水平。

试验的第3部分（固定有机肥用量为150 kg/亩），不施磷肥、钾肥处理（$M+N_2P_0K_0$）产量最高，其次为不施磷肥处理（$M+N_2P_0K$），之后为不施钾肥处理（$M+N_2P_2K_0$），这三个处理与试验1的有机用量100 kg/亩之间的差异不显著，是整个试验中产量最高的几个处理。施氮肥几个水平中，氮2水平的产量较高，其次为氮3水平；施无机磷、钾的（$N_0P_2K_2$）比不施无机氮、磷、钾的（$N_0P_0K_0$）产量更低，达到显著水平；仅施有机肥（$M+N_0P_0K_0$）与不施任何肥（N_0P_0K）的处理之间产量差异不显著。可见，菜心施足了150 kg/亩有机肥可以不施磷肥和钾肥。另外，对有机肥的养分性状进行检测，结果表明，以鸡粪和以禽畜粪为原料的商品有机肥中，其有效磷占全磷含量的61%～89%，速效钾占全钾含量的77%～96%，而无机氮只占全氮的10%～32%。因此，菜心施这类有机肥超过100 kg/亩时产量均有所下降，可能是由于磷钾过量。今后这类有机肥用于菜心等叶菜时必须考虑其是否因磷钾过量而影响氮磷钾合理比例的问题。

菜心硝酸盐含量较低的处理主要有不施肥、不施氮、固定有机肥的无机氮1水平和不施无机肥、固定无机肥的50 kg/亩有机肥，但这些处理的产量较低。而NPK减少15%（氮、磷、钾分别为7.5 kg/亩、2.0 kg/亩、4.2 kg/亩）配施不同用量有机肥的处理硝酸盐含量比较低，维生素C含量较高，但产量也较低。综合比较而言，产量较高而品质较优（维生素C含量较高而硝酸盐含量较低）的是无机氮、磷、钾用量固定为8.9 kg/亩、2.4 kg/亩、5.0 kg/亩配施有机肥50 kg/亩的处理。

因此，以菜心为代表的叶菜配施禽畜类有机肥的适用量为50～100 kg/亩，或考虑在无机肥推荐配方中适当减少无机磷、钾的施用量。

（二）苦瓜

表6–12的苦瓜试验结果显示，不同处理的商品瓜产量、维生素含量和硝酸盐含量之间达到极显著差异（*Pr*<0.01）。其中试验第一部分（无机氮、磷、钾用量固定为17.5 kg/亩、9.6 kg/亩、16.8 kg/亩），产量最高的是有机肥用量为300 kg/亩的处理，其次是有机肥用量为500 kg/亩；施300 kg/亩有机肥的不仅产量最高，维生素C含量也最高，硝酸盐含量相对较低，由于有机肥中的有效磷、速效钾较高（表6–17），苦瓜施有机肥超过300 kg/亩均可能因磷、钾过量而减产。

表6–12　南海区配方肥下施不同量有机肥对苦瓜产量和品质的效应

处理	有机肥/（kg·亩$^{-1}$）	商品菜/（kg·亩$^{-1}$）	生物重/（kg·亩$^{-1}$）	硝酸盐/（mg·kg^{-1}）	维生素 C/（mg·kg^{-1}）
M +N-P-K 17.5-9.6-16.8	0	4 960b	6 237	341d	615ab
	200	3 599c		437bc	604ab
	300	5 576a	6 854	331de	603ab
	500	4 179bc		368d	573b
	750	3 679c		411bc	476c
	1 000	3 812c		358d	514bc
	1 500	3 660c		249ef	558b
$N_0P_0K_0$	0	3 661c	4 766	230ef	442c
$N_0P_2K_2$	0	2 777e		232ef	446c
$M+N_0P_2K_2$	300	3 003de		215f	612ab
$M+N_1P_2K_2$	300	3 692c		222ef	563b
$M+N_2P_2K_2$	300	5 576a		331de	603ab
$M+N_3P_2K_2$	300	4 082bc		320de	601ab
$M+N_2P_2K_0$	300	3 781c		412bc	646a
$M+N_2P_0K_2$	300	3 549cd		232ef	509bc
$M+N_2P_0K_0$	300	3 866b		644a	523bc
$M+N_0P_0K_0$	300	3 223d	3 968	286e	556b
统计结果	Pr > F	0.005 3		0.005 1	0.004 2

苦瓜试验的第2部分，相同有机肥用量和无机磷钾的不同施氮水平中，氮2水平的产量最高，其次为氮3水平，之后为氮1水平。固定有机肥用量，缺无机氮、磷、钾几个处理中，产量最高的是缺磷钾的处理，其次是缺钾和缺磷的处理，之后为仅施有机肥的处理，产量最低为不施氮的处理，即不施磷和钾肥的产量>不施钾的>不施磷的>不施氮的，这也可能是由于有机肥中的有效磷、速效钾含量较高所致。可见，苦瓜的有机肥与无机肥合理配施可大幅度增加产

量，若固定施用300 kg/亩商品有机肥，无机肥与有机肥合理配施才可提高苦瓜产量，若配施不当，不仅造成减产还会降低品质。

上述结果说明，根据测土推荐施肥配方无机氮、磷、钾为17.5 kg/亩、9.6 kg/亩、16.8 kg/亩时，配施300 kg/亩已足够，这个水平的有机肥用量获得的产量最高，维生素C含量也最高，超过此量均为过量。若要再继续增施有机肥的话，应减少无机磷、钾的施用量。因此，苦瓜生产上有机肥与无机肥配施时应考虑有机肥中的磷和钾的含量，适当减少无机磷钾肥的用量，这在后面进行进一步的试验。

二、等磷钾养分投入下的不同有机肥施用量对蔬菜产量的效应

（一）叶菜

表6-13的叶菜试验考虑了有机肥中的有效磷、速效钾含量，随着有机肥用量增加，适当减去化肥中的磷、钾投入，使各处理的磷、钾用量基本相等。

表6-13的结果显示，在基本等磷、钾条件下，南沙小白菜在较高产量水平时，有机肥施用量为100～300 kg/亩其产量差异不显著；较高产量水平的南沙菜心，其有机肥用量为50～300 kg/亩其产量差异不显著；高明通菜和乳源小白菜的有机肥用量均为50 kg/亩时产量最高，100 kg/亩以后均减产；高明油麦菜的有机肥用量为50 kg/亩、150 kg/亩时产量最高，但两者之间差异不显著；揭东芥蓝的有机肥用量为50 kg/亩、150 kg/亩、300 kg/亩时产量最高，但三者之间差异不显著；阳山菜心的有机肥用量为50 kg/亩、100 kg/亩时产量最高，但两者之间差异不显著。

表6-13 等磷钾养分投入下叶菜施不同量有机肥的效果

处理	有机肥用量/（kg·亩$^{-1}$）	化肥用量/（kg·亩$^{-1}$）			各试验点不同叶菜的产量/（kg·亩$^{-1}$）						
		N	P_2O_5	K_2O	南沙小白菜	南沙菜心	高明通菜	高明油麦菜	揭东芥蓝	阳山菜心	乳源小白菜
$N_0P_0K_0$	0	0	0	0	2 921c	1 338c	478c	623c	859c	183d	240d
$M_0+N_2P_2K_2$	0	10.8	2.4	4.8	3 717ab	1 825b	1 284b	1 445ab	1 378b	1 192ab	1 285ab
$M_1+N_2P_{2-}K_{2-}$	50	10.8	1.65	4.05	3 623ab	1 973a	1 616a	1 483a	1 403a	1 227a	1 485a
$M_2+N_2P_{2-}K_{2-}$	100	10.8	0.9	3.3	3 960a	1 955a	1 532ab	1 308b	1 295b	1 301a	1 069b
$M_3+N_2P_{2-}K_{2-}$	150	10.8	0.15	2.55	3 943a	2 009a	1 569ab	1 478a	1 413a	1 109ab	1 111b
$M_4+N_2P_{2-}K_{2-}$	300	10.8	0	0	4 044a	1 963a	1 554ab	1 288b	1 452a	1 125ab	955c

以上多个试验结果均验证了叶菜生产上使用商品有机肥（与化肥配施）的用量每茬50 kg/亩已基本足够，产量水平特别高的叶菜可施到100 kg/亩，若超过该用量，叶菜产量增加

不显著或减产。

（二）苦瓜

表6-14的苦瓜试验也是考虑了有机肥中的有效磷、速效钾含量，随着有机肥用量增加，适当减去化肥中的磷、钾投入（有机肥使用农家肥的除外），使各处理的磷、钾用量基本相等。结果显示，在基本等磷、钾条件下，开平苦瓜的有机肥施用量为300 kg/亩时其产量最高，与不施有机肥和施200 kg/亩处理之间的差异显著，而与施500 kg/亩、750 kg/亩处理之间的差异不显著；南沙苦瓜的产量水平很高，有机肥用量为500 kg/亩的产量最高，其与有机肥用量为300 kg/亩的差异不显著，而与其他各处理间差异显著；惠城苦瓜的有机肥用量为200 kg/亩时产量最高，且与其他各处理间的差异显著；揭东苦瓜最高产量有机肥用量与开平相似，也是300 kg/亩的产量最高；江门苦瓜最高产量有机肥用量与南沙相似，500 kg/亩、750 kg/亩时产量最高；而鹤山的2个苦瓜试验由于有机肥为农家堆肥，其苦瓜产量均随有机肥用量增加而提高，以750 kg/亩的产量最高。上述多个试验结果显示，苦瓜生产上若使用商品有机肥（与无机肥配施）的用量每茬300～500 kg/亩已足够；若超过该用量，则应减少无机磷、钾肥的用量；若使用农家有机肥，施用量可适当增加至每茬约750 kg/亩。

表6-14　等磷钾养分投入下苦瓜施不同量有机肥的效果

试验处理	有机肥用量/（kg·亩$^{-1}$）	化肥用量/（kg·亩$^{-1}$）			各试验点苦瓜的产量/（kg·亩$^{-1}$）						
		N	P_2O_5	K_2O	开平	南沙	惠城	揭东	江门	鹤山1	鹤山2
空白	0	0	0	0	781d	3 566d	1 097d	887c	314d	344e	894e
有机肥量0+化肥	0	15	8	8.5	1 489c	5 955bc	1 925ab	1 553b	1 168c	977d	1 155cd
有机肥量1+化肥	200	15	5	5.5	1 505bc	5 681c	1 950a	1 493bc	1 267c	1 235c	1 248c
有机肥量2+化肥	300	15	3.5	4	1 691a	6 266ab	1 704b	1 653a	1 358b	1 375b	1 405b
有机肥量3+化肥	500	15	0.5	1	1 617ab	6 490a	1 681c	1 577b	1 473a	1 372b	1 487ab
有机肥量4+化肥	750	15	0	0	1 679ab	5 841bc	1 774b	1 617ab	1 490a	1 785a	1 590a

注：鹤山试验的有机肥为农家肥，除空白之外其他各处理的化肥用量相等。

（三）节瓜、丝瓜

表6-15和表6-16的田间试验结果表明，4个试验点的节瓜和5个试验点的丝瓜在基本等磷钾投入条件下，施用不同量有机肥，产量均有不同的响应，基本表现出化肥与有机肥配施的产量高于单施化肥，但无论是什么种类的有机肥，都并不是有机肥施得越多产量就越高。产量与有机肥施用量的回归关系均呈现正向抛物线（图6-1、图6-2）的规律，说明节瓜和丝瓜适量施用有机肥可获得最高产量，但有机肥用量达到一定量范围时，产量均会下降。

表6-15　基本等磷钾养分投入下不同用量有机肥对节瓜产量的影响

处理	有机肥用量/（kg·亩$^{-1}$）	化肥用量/（kg·亩$^{-1}$）			各试验点节瓜的产量/kg			
		N	P_2O_5	K_2O	广州白云	佛山三水	广州增城	广州萝岗
空白	0	0	0	0	1 768c	1 733c	1 648c	1 846d
1	0	32.3	21.5	26.3	2 750b	4 834b	3 284b	2 367c
2	200	32.3	19	23.8	2 935a	4 978a	3 422a	2 504c
3	300	32.3	18	23	2 948a	4 756b	3 468a	3 166a
4	500	32.3	15.3	20.4	2 913a	4 667b	3 500a	3 099a
5	700	32.3	12.6	17.8	3 203a	4 756b	3 513a	2 635bc
6	1 000	32.3	8.1	13.6	2 795b	4 578bc	3 512a	2 809b

注：同列不同小写字母表示处理间差异显著（$P<0.05$），下同；有机肥作基肥一次性施用。化肥作追肥，节瓜全部试验均分6次追施。

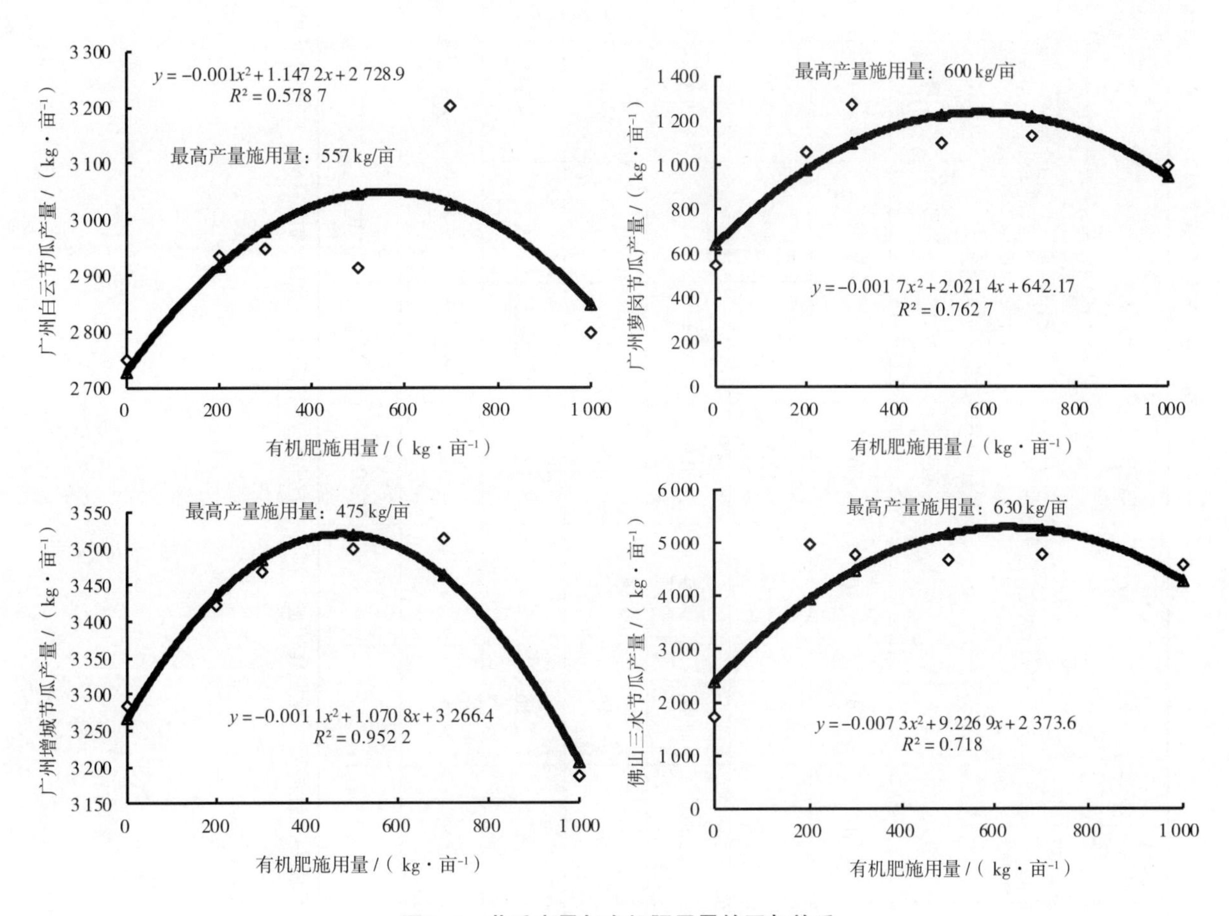

图6-1　节瓜产量与有机肥用量的回归关系

表6-16　不同用量有机肥对丝瓜产量的影响

处理	有机肥用量/（kg·亩$^{-1}$）	化肥用量/（kg·亩$^{-1}$）						各试验点丝瓜的产量/（kg·亩$^{-1}$）				
		湛江徐闻、广州萝岗			佛山三水、广州白云、江门礼乐							
		N	P_2O_5	K_2O	N	P_2O_5	K_2O	湛江徐闻	佛山三水	广州萝岗	广州白云	江门礼乐
空白	0	0	0	0	0	0	0	427c	2 092b	521d	1 255bc	1 428d
有机肥量1	0	16	12	13.5	22.4	14.4	18.9	619b	2 630ab	663c	1 774ab	3 994b
有机肥量2	200	16	9	10.9	22.4	10.8	15.3	959a	2 508ab	877b	1 846ab	4 104ab
有机肥量3	300	16	7.5	9.6	22.4	9	13.4	880ab	2 621ab	1 161a	2 013a	4 510a
有机肥量4	500	16	4.5	7.0	22.4	5.4	9.8	977a	2 766a	874b	1 735ab	4 337a
有机肥量5	700	16	1.5	4.4	22.4	1.8	6.2	928a	2 608ab	1 125a	1 847ab	3 940b
有机肥量6	1 000	16	0	0.5	22.4	0	0.7	1 068a	2 688ab	1 181a	1 705ab	3 807b

注：有机肥作基肥一次性施用；化肥作追肥，湛江徐闻和广州萝岗追6次肥，佛山三水、广州白云和江门礼乐追7次肥。

从产量与有机肥施用量的回归分析结果可知（图6–1和图6–2），在同一基地施用相同种类的有机肥，节瓜和丝瓜这两种瓜对有机肥用量的反应相似。例如，广州白云试验点施用的有机肥为菇渣堆肥，达到最高产量时有机肥施用量节瓜为557 kg/亩，丝瓜为524 kg/亩，两者极为接近；佛山三水试验点施用的有机肥为鸡粪有机肥，最高产量时有机肥施用量节瓜为630 kg/亩，丝瓜为680 kg/亩，两者也极为接近；广州萝岗试验点施用的有机肥为蔬菜残茎叶堆肥，最高产量时有机肥施用量节瓜为600 kg/亩，丝瓜为720 kg/亩，两者也较为接近。

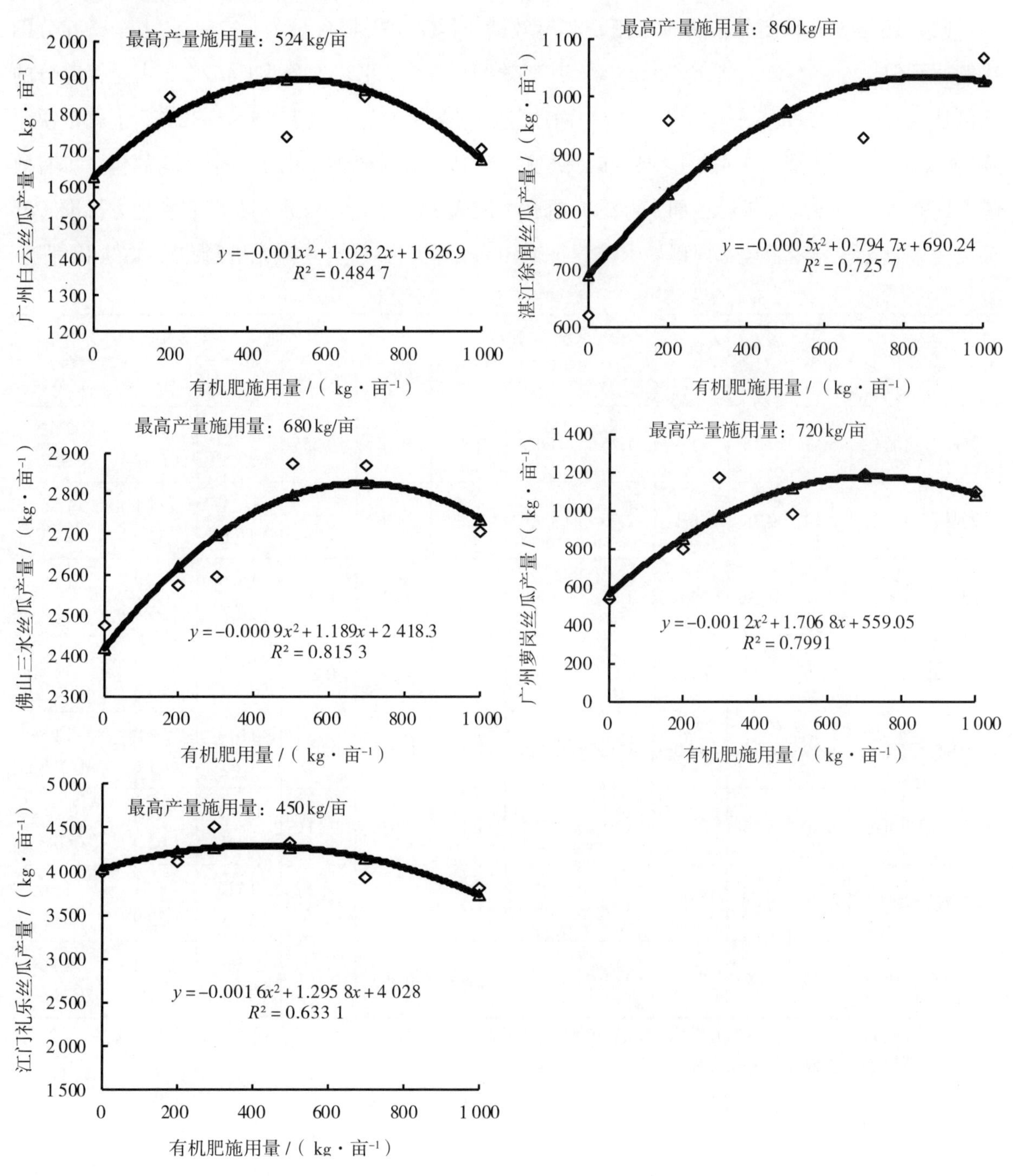

图6–2　丝瓜产量与有机肥用量的回归关系

第三节　增施有机肥时推荐减少磷钾肥用量的依据

由于在试验过程中发现，蔬菜生产上常用的有机肥施用量，用于测土配方施肥时，往往达不到最高产量，因而检测了所有试验的有机肥养分全量养分，选取市场销售量大且具有代表性的9个点的有机肥增加检测其速效养分（表6-17）。检测结果显示，所检测的不管是堆肥、牛栏肥，还是鸡粪和商品精制有机肥，其有效磷（P_2O_5）平均含量为1.378%，占全磷养分的比例达到61.2%～95.4%，平均为68.7%；其速效钾（K_2O）平均养分为1.462%，占全钾养分的比例达60.8%～96.9%，平均为72.62%；而速效氮占全氮的比例只有1.8%～32%。也就是说，施100 kg有机肥相当于同时施了约1.4 kg无机磷和约1.5 kg无机钾，由于这个平均数包含了有效磷、速效钾相对较低的堆肥，而实际的有机肥可能大于这个数。因此，在广东省地方标准《叶菜类蔬菜测土配方施肥技术规程》中推荐每施100 kg有机肥减施1.4 kg无机磷和1.5 kg无机钾。

6-17　试验用有机肥的养分性状

样品名称	pH	水分/%	有机质/%	全量养分/%			速效性养分/%				
				全氮	全磷	全钾	铵态氮	硝态氮	速效氮	有效磷	速效钾
商品有机肥1	5.63	9.36	41.4	1.26	3.02	2.79	0.16	0.25	0.41（32.5）	1.85（61.2）	2.63（94.2）
商品有机肥2	8.98	9.75	56.3	2.06	3.46	2.23	0.06	0.17	0.23（11.1）	3.11（89.9）	1.88（84.3）
商品有机肥3	8.07	16.30	57.0	1.60	1.89	2.17	0.035	0.312	0.347（21.7）	1.80（95.4）	1.68（77.4）
鸡粪	7.80	9.34	61.5	2.00	2.02	1.32	0.18	0.20	0.38（19.0）	1.33（65.8）	1.28（96.9）
牛栏粪肥	8.29	6.70	17.0	0.702	0.486	1.60	0.006	0.007	0.013（1.85）	0.348（71.6）	1.25（77.9）
蔬菜残茎叶堆肥	6.70	8.25	22.2	1.05	0.501	1.19	0.032	0.111	0.143（13.7）	0.315（62.9）	0.723（60.8）
鸡粪粒有机肥	7.86	8.60	31.4	1.13	1.68	1.63	0.104	0.013	0.116（10.3）	1.51（89.9）	1.36（83.3）
菇渣堆肥	7.43	17.80	38.5	3.09	2.64	2.99	0.405	0.105	0.509（16.4）	2.14（81.2）	2.36（78.8）

注：（1）商品有机肥1、商品有机肥2、商品有机肥3分别是目前市场销量较大的3种有代表性的商品有机肥；（2）括号内数字表示速效养分占全量养分的百分数。

经验证的结果显示：

（1）菜心等叶菜在有机肥与化肥配施时，产量较高和品质较优的有机肥合适施用量为每茬50 kg/亩，产量水平特别高的叶菜可适当增加至每茬100 kg/亩。

（2）苦瓜在有机肥与化肥配施时，产量水平一般的苦瓜施用商品有机肥合适用量约为300 kg/亩，产量水平特别高的可增至500 kg/亩；使用农家有机肥的合适用量约为750 kg/亩。

（3）节瓜和丝瓜在同一农场施用同一种类有机肥获得最高产量时的有机肥用量接近；最高产量的有机肥施用量，商品有机肥（450～475 kg/亩）＜菇渣堆肥（520～560 kg/亩）＜鸡粪有机肥（630～680 kg/亩）＜蔬菜残茎叶堆肥（600～720 kg/亩）＜牛栏粪肥（约860 kg/亩）。

参 考 文 献

［1］刘杏兰，高宗，刘存寿，等. 有机-无机肥配施的增产效应及对土壤肥力影响的定位研究［J］.土壤学报，1996，33（2）：138-147.

［2］周卫军，王凯荣，张光远，等. 有机无机肥配合对红壤田系统生产力及其土壤肥力的影响［J］. 中国农业科学，2002，35（9）：1109-1113.

［3］李淑仪，陈发，邓许文，等. 有机无机肥配施比例对蔬菜产量和品质及土壤重金属含量的影响［J］. 生态环境，2007，16（4）：1125-1134.

［4］李淑仪，郑惠典，廖新荣，等. 无公害蔬菜的有机肥合理施用量探讨［J］. 西南农业学报，2004，17（S）：315-320.

［5］李淑仪，郑惠典，廖新荣，等. 有机肥施用量与蔬菜硝酸盐和重金属关系初探［J］. 生态环境，2006，15（2）：307-311.

［6］孔文杰，倪吾钟. 有机无机肥配合施用对土壤-油菜系统重金属平衡的影响［J］. 水土保持学报，2006，20（3）：32-35.

［7］刘守龙，童成立，吴金水，等. 等氮条件下有机无机肥配比对水稻产量的影响探讨［J］. 土壤学报，2007，44（1）：106-112.

［8］张兰松，马永安，李保军，等. 有机无机肥配合施用对小麦的增产作用［J］. 植物营养与肥料学报，2003，9（4）：503-505.

［9］田昌，彭建伟，宋星海，等. 不同有机无机肥配施比例对湘杂油763生长和产量的影响［J］. 西南农业学报，2011，20（5）：94-98.

［10］李淑仪，廖新荣，王荣萍，等. 不同有机肥及其用量对节瓜和丝瓜产量的影响［J］. 蔬菜，2015（2）：21-25.

［11］王荣萍，廖新荣，李淑仪，等. 蔬菜基于与无机肥配施的有机肥适用量研究［J］. 中国农学通报，2015，31（4）：55-61.

［12］李淑仪，王荣萍，廖新荣. 关于露地蔬菜的土壤有机肥施用问题解答［J］. 长江蔬菜，2015，6月（上半月）：44-45.

第七章　菜地土壤营养诊断与施肥指标的建立

20世纪80年代，全国土壤养分丰缺指标协作组建立了我国主要土壤类型、主要大田农作物的土壤养分丰缺指标和推荐施肥技术体系[1-8]，进行了蔬菜等经济作物的配方施肥研究[9-10]。但随着人民生活水平的提高，社会对蔬菜等作物的需求量越来越大，原有的大田土壤丰缺指标和推荐施肥指标等技术支撑体系已不能适应目前的生产需求[11-16]，必须通过大量的基础研究工作对原有的大田作物测土配方施肥指标体系进行更新和完善。因此，近10年来广东省农业农村厅组织有关单位在广东省不同地区进行了不同土壤肥力水平的大量田间试验[17-26]，比较和统计分析了有关数据，求取相应的数学模型，建立了广东主要蔬菜的土壤营养诊断指标和针对不同肥力土壤的推荐施肥量指标，为广东省蔬菜合理施肥提供了科学依据。

第一节　获取菜地土壤营养诊断指标的建模方法

要建立土壤营养诊断施肥指标，首先必须开展大量规范的田间施肥试验，试验处理必须包括各种元素及不同施肥水平，以便获得有关数据。

一、建立土壤水解氮、有效磷、速效钾诊断指标的建模方法

测出试验地基础土样的土壤水解氮、有效磷和速效钾含量，根据田间试验中的$N_0P_2K_2$、$N_2P_2K_2$，$N_2P_0K_2$、$N_2P_2K_2$，$N_2P_2K_0$、$N_2P_2K_2$ 3对基本处理的蔬菜产量数据，计算出缺氮、缺磷、缺钾处理小区的相对产量（例如，不施氮区蔬菜产量占施氮区蔬菜产量的百分数），分别用土壤水解氮含量与田间试验蔬菜缺氮区相对产量、土壤有效磷含量与田间试验蔬菜缺磷区相对产量、土壤速效钾含量与田间试验蔬菜缺钾区相对产量，配置对数方程、一元二次方程两种数学模型（图7-1至图7-4），通过数学模型求取相对产量分别为50%、75%、95%时土壤水解氮、有效磷、速效钾的含量。通过比较两种数学模型方程的相关性及对应土壤养分含量的真实性，来确定采用何种数学模型。

土壤水解氮：根据图7-1的结果，尽管相对产量分别为50%、75%时，两方程计算得出的水解氮的结果很接近，但一元二次方程无法求出当相对产量95%时相应的土壤中水解氮的含量，故采用对数方程求取土壤中水解氮丰缺指标。

土壤有效磷：分别比较图7-2、图7-3，土壤有效磷与蔬菜相对产量和相对吸收量、土壤有效磷与蔬菜相对产量的两种数学模型，采用一元二次方程分别求取相对产量和相对吸磷量为50%、75%、95%时对应的土壤有效磷含量，可以看出50%相对产量（图7-2、图7-3）对应的土壤有效磷含量出现在负值范围，而用对数方程建立的土壤有效磷与叶菜相对产量、土壤有效磷与苦瓜相对产量的两组数学模型均在正值范围，而且相对产量和相对吸磷量两组数学模型所计算的相对产量95%所对应的土壤有效磷含量值非常接近，说明用相对产量和相对吸磷量建立土壤有效磷丰缺指标只适宜选用对数方程的数学模型。

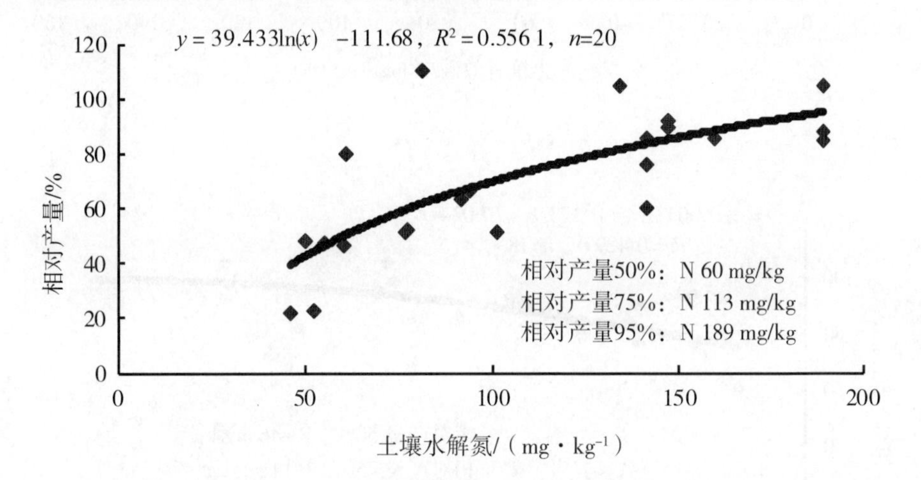

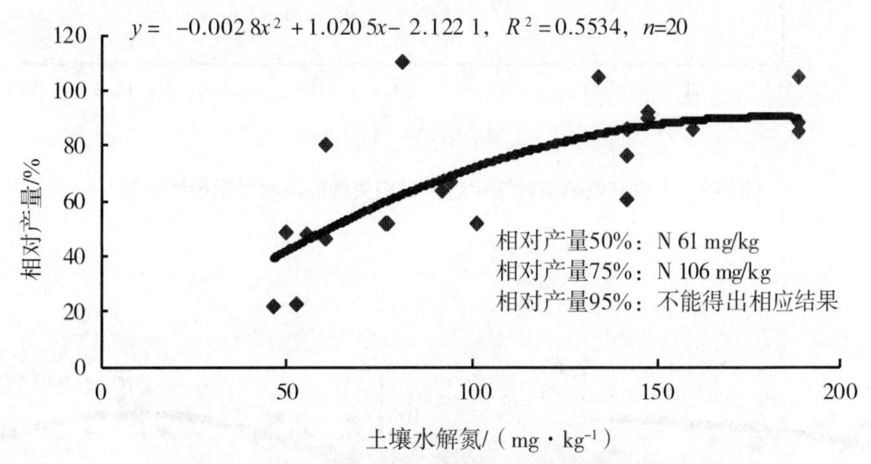

图7-1　建立土壤水解氮丰缺指标的两种数学模型比较

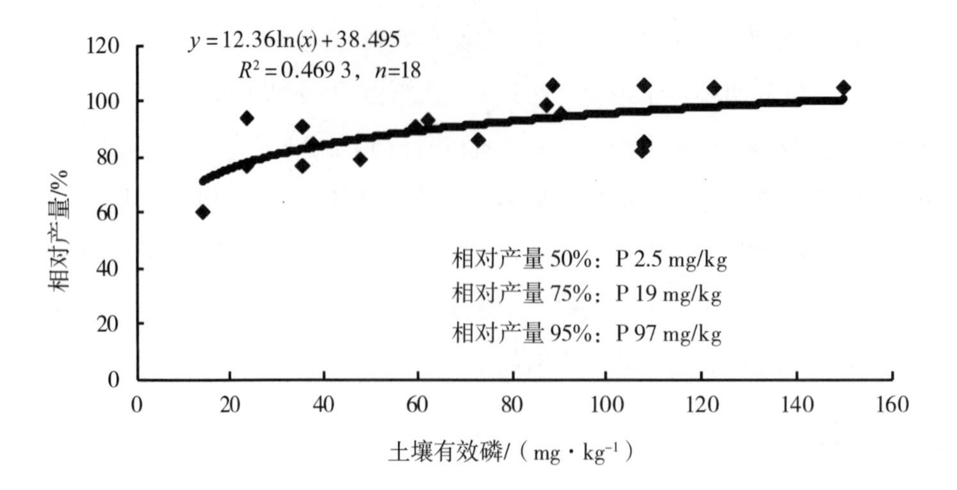

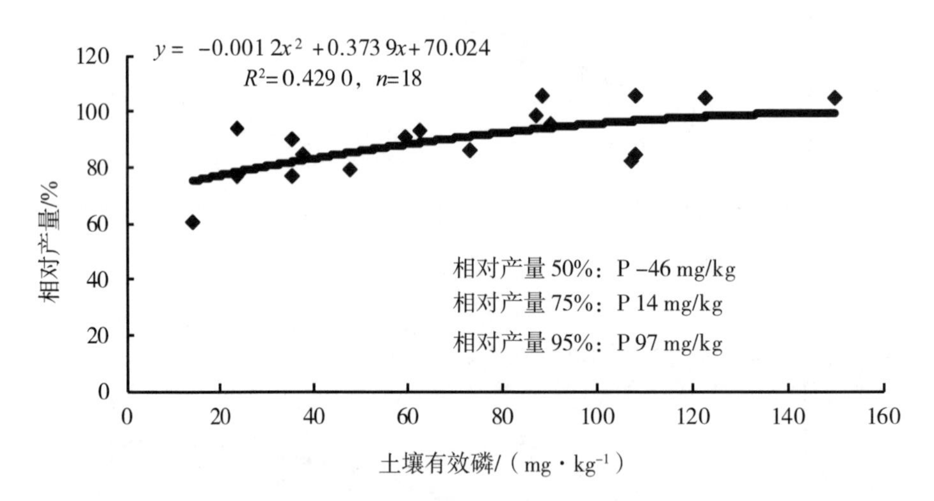

图7-2　土壤有效磷与叶菜相对产量相关性的两种数学模型比较

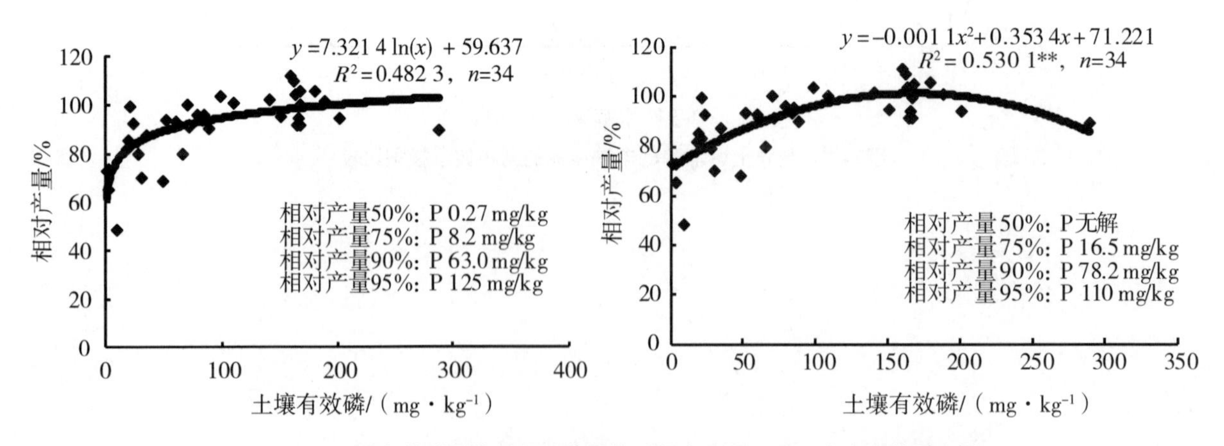

图7-3　土壤有效磷与苦瓜相对产量的对数方程和一元二次方程模型比较

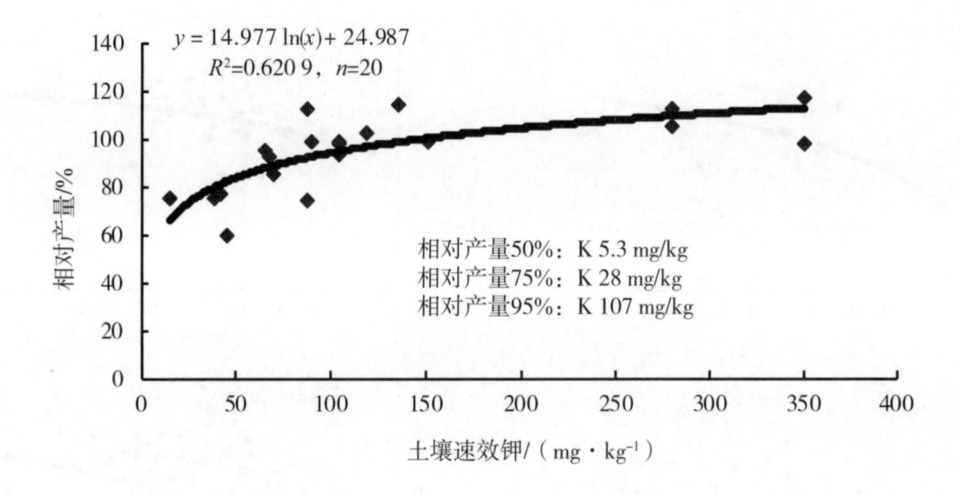

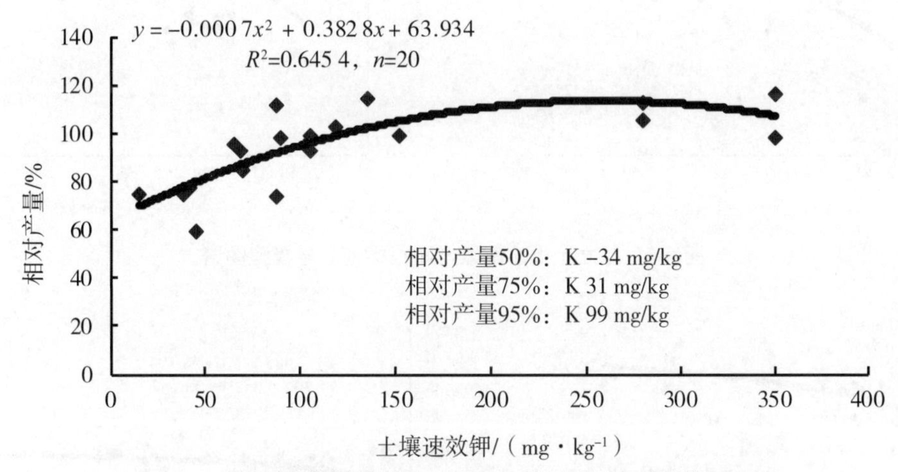

图7–4　土壤速效钾与叶菜相对产量相关性的两种数学模型比较

土壤速效钾：比较图7–4中土壤速效钾与蔬菜相对产量两种数学模型，分别用对数方程和一元二次方程求取相对产量为50%、75%、95%时对应的土壤速效钾含量，结果表明用一元二次方程求取的50%相对产量（图7–4）对应的土壤速效钾含量出现在负值范围，而用对数方程建立的土壤速效钾与蔬菜相对产量的数学模型均在正值范围，而且两组数学模型所计算的相对产量95%所对应的土壤速效钾含量值非常接近。表明用相对产量建立土壤速效钾丰缺指标同样只适宜选用对数方程的数学模型。

通过以上方法，经过几年广东省160多个蔬菜田间肥效试验，建立了4种蔬菜的评估土壤氮养分丰缺的数学模型（图7–5）、评估土壤磷养分丰缺的数学模型（图7–6）、评估土壤钾养分丰缺的数学模型（图7–7）。

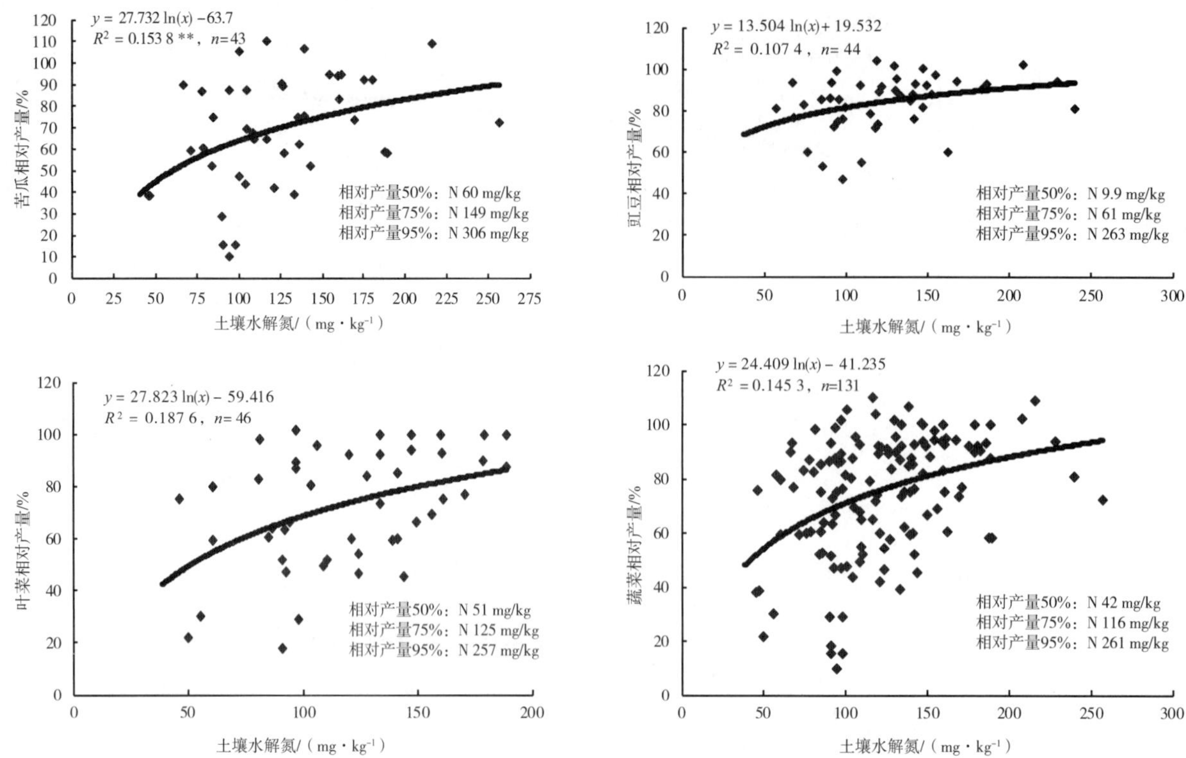

图7–5　建立土壤水解氮丰缺指标的数学模型图谱

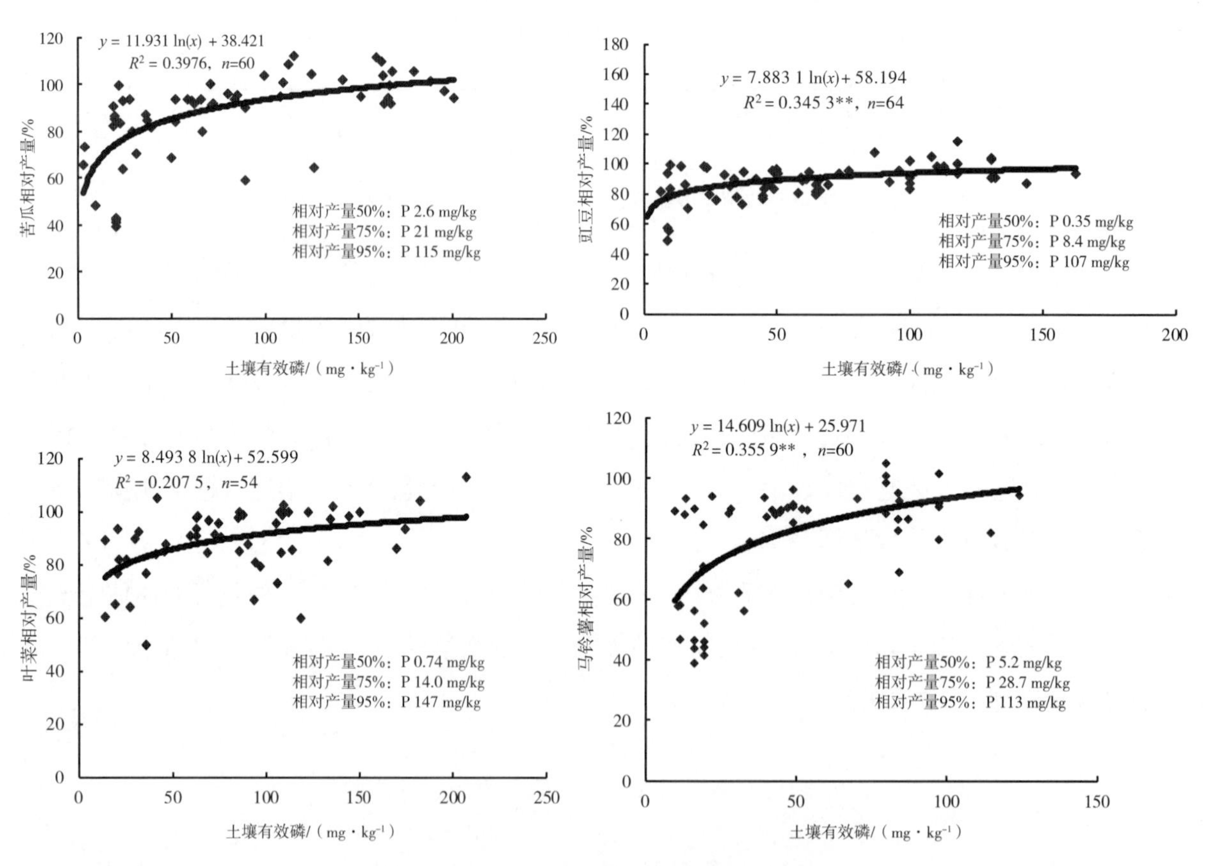

图7–6　建立土壤有效磷丰缺指标的模型图谱

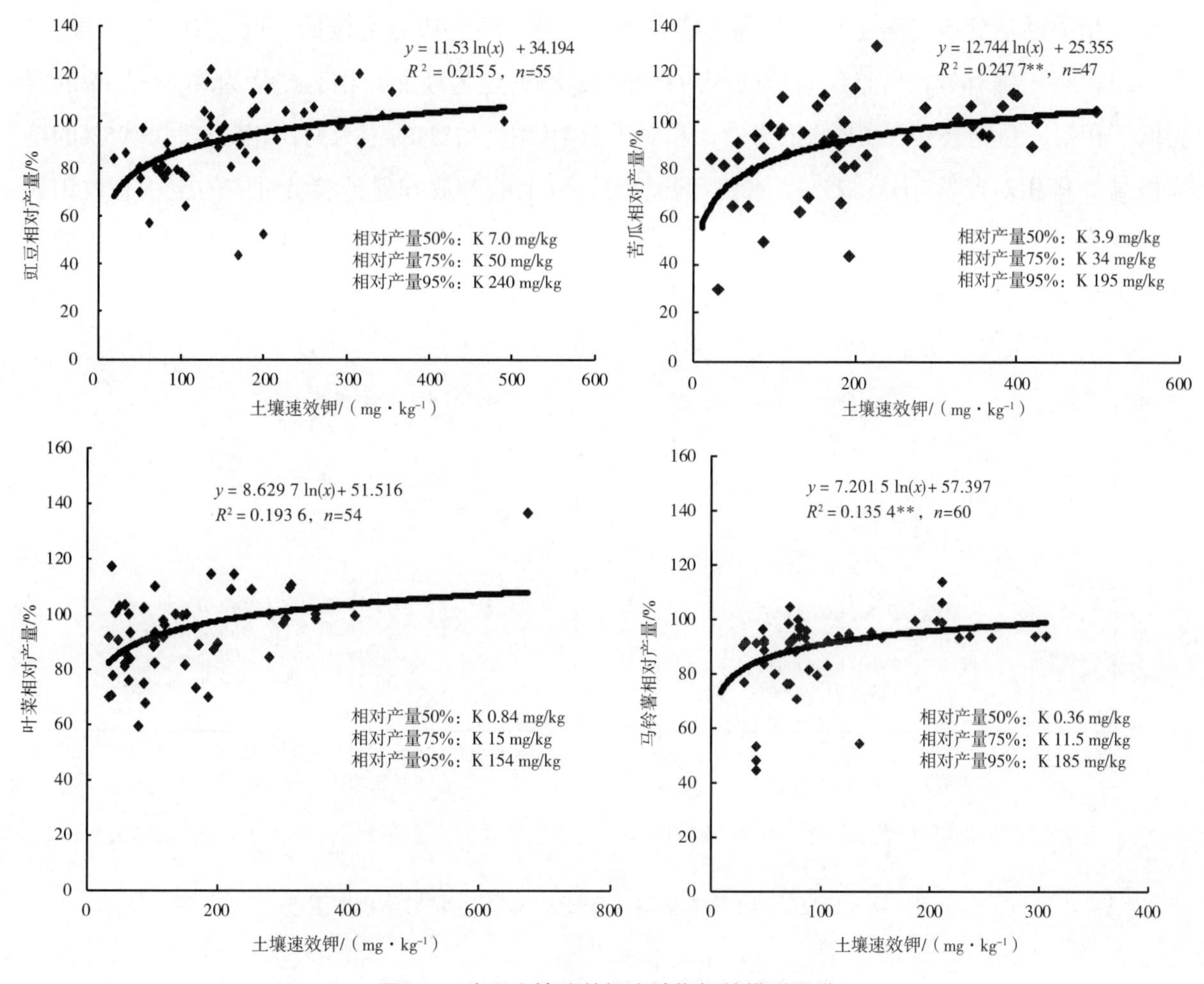

图7–7　建立土壤速效钾丰缺指标的模型图谱

二、菜地土壤有效硼、有效钼丰缺指标的建模方法

根据蔬菜硼肥试验地的土壤有效硼含量与田间试验缺硼处理相对产量作散点图（图7–8a），并作对数回归方程：$y = 18.44\ \ln(x) + 105.1$（$R^2 = 0.372^{**}$），土壤有效硼含量与蔬菜相对产量的相关性达到极显著水平。根据程季珍[10]等提出确定土壤养分丰缺的临界值法，划分土壤养分等级以蔬菜相对产量为标准，若将土壤有效硼养分丰缺等级分为极低、低、中、高、极高5个等级，将土壤有效硼含量所对应的相对产量＜50%的定为极低，相对产量为50%～75%的定为低，相对产量为75%～90%的定为中，相对产量为75%～95%的定为高，相对产量＞95%的定为极高。将相对产量50%、75%、90%和95%代入以上对数方程，求出对应的土壤有效硼含量分别为0.05 mg/kg、0.20 mg/kg、0.45 mg/kg和0.65 mg/kg，即当土壤有效硼含量低于0.05 mg/kg时为极低，在0.05～0.20 mg/kg时为低，在0.20～0.45 mg/kg时为中，在0.45～0.65 mg/kg时为高，＞0.65 mg/kg时为极高。

同样，根据蔬菜钼肥试验地土壤有效钼含量与缺钼处理的相对产量作散点图（图7–8b），并作对数回归方程：$y = 12.458\ \ln(x) + 108.08$（$R^2 = 0.321^{**}$），土壤有效钼含量与蔬菜相对

产量的相关性达到极显著水平。若将土壤有效钼养分丰缺等级分为极低、低、中、高、极高5个等级，将土壤有效钼含量所对应的相对产量<50%的定为极低，相对产量为50%～75%的定为低，相对产量为75%～90%的定为中，相对产量为90%～95%的定为高，相对产量>95%的定为极高。将相对产量50%、75%、90%和95%代入以上的对数方程，求出对应的土壤有效钼含量分别为0.01 mg/kg、0.07 mg/kg、0.25 mg/kg和0.36 mg/kg，这组数值即为土壤有效钼的丰缺指标值（图7–8）。

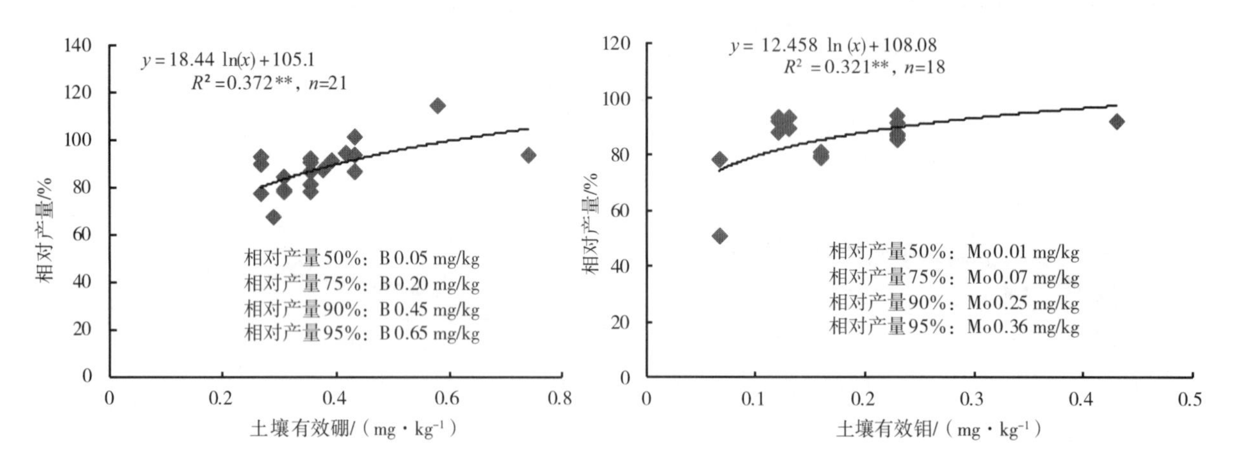

a. 土壤有效硼含量与缺硼处理蔬菜相对产量的关系　b. 土壤有效钼含量与缺钼处理蔬菜相对产量的关系

图7–8　建立菜地土壤有效硼、有效钼丰缺指标的数学模型图谱

第二节　建立蔬菜推荐施肥技术指标的数学模型

一、蔬菜氮素推荐施肥指标的数学模型

分别将几种蔬菜每个试验的产量与施肥量进行回归分析，建立氮肥料效应函数，根据产量和肥料价格通过边际分析计算每个试验点的最佳施氮肥量，分别获取线性加平台、一元二次和多元二次多项式等肥效模型，各点尽量采用统计显著的线性加平台模型所得的肥效参数。若线性加平台模型不显著时，则以采用一元二次函数为主，二元二次和三元二次函数为辅的原则（因三元二次的拟合成功率较低，且推荐施肥量过高或容易出现负值）。若三种函数均成功时，则采用平均值[20–23, 30]的方法求得所代表区域的最佳经济施肥量。只选用通过统计检验显著（拟合成功）的试验点方程，剔除拟合不成功的试验点，分别计算出各点叶菜、瓜类、豆类蔬菜施肥量参数，并分别与相应土壤氮养分含量进行模拟和作图，分别获得叶菜、瓜类、豆类蔬菜的氮施肥量数学模型图谱（图7–9）。

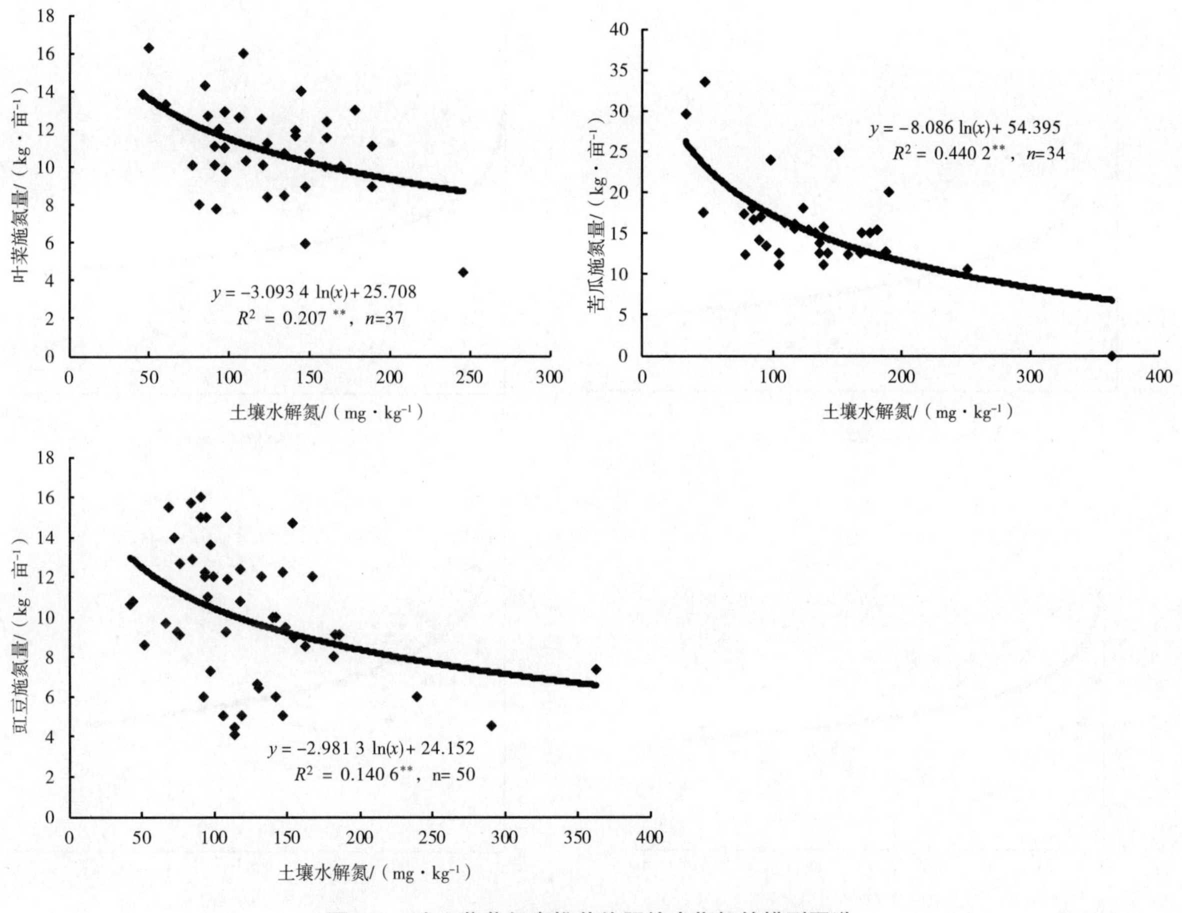

图7-9　建立蔬菜氮素推荐施肥技术指标的模型图谱

二、蔬菜磷素推荐施肥指标的数学模型

将所有试验点的数据分别采用三元二次、一元二次和线性加平台模型进行模拟，三元二次和一元二次方程通过边际效应分析确定每个试验点的最佳磷肥施用量，同时用线性加平台直接计算最佳施肥量。剔除拟合不成功的试验点，将拟合成功的试验点的最佳施肥量与土壤有效磷养分含量建立对数方程。分别建立几种蔬菜的磷素施肥量模型，具体见图7-10。

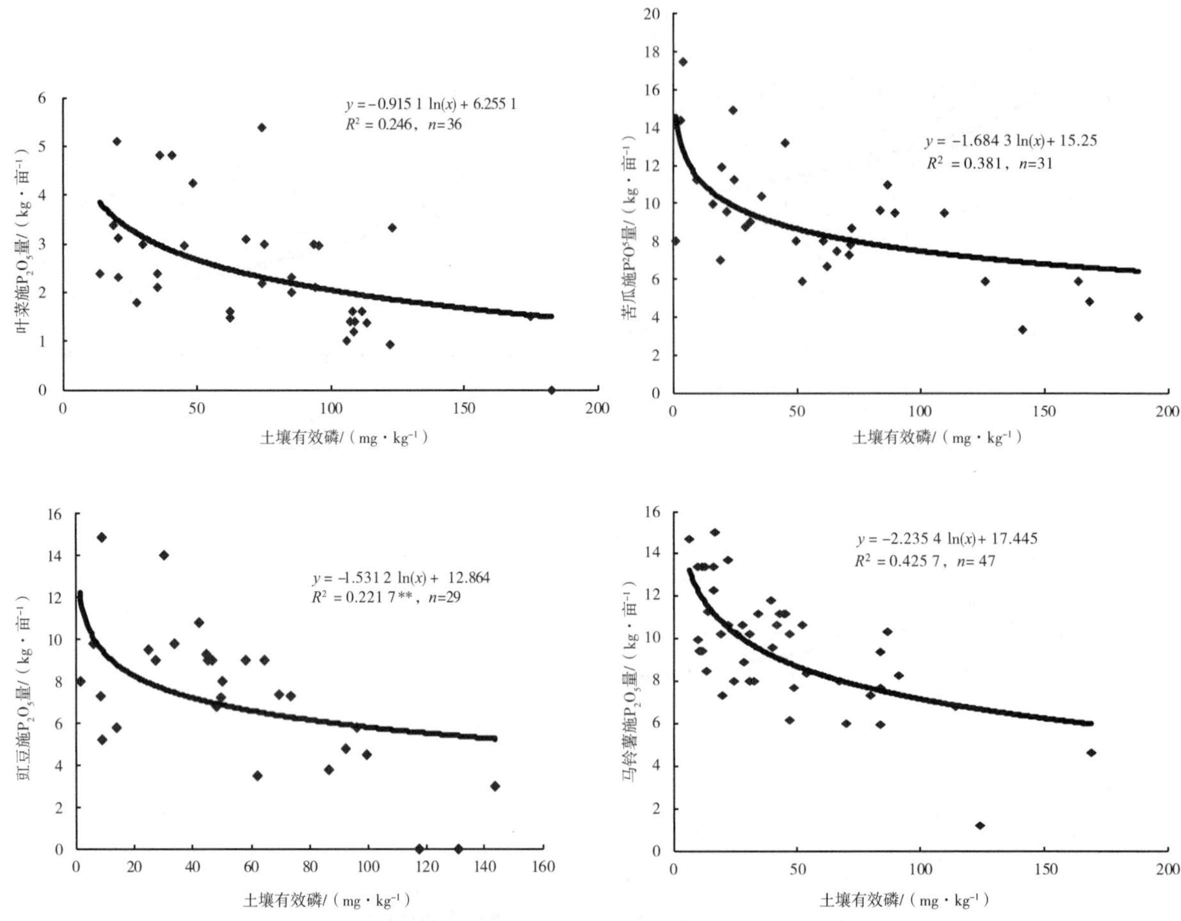

图7–10　建立蔬菜磷素推荐施肥技术指标的模型图谱

三、蔬菜钾素推荐施肥指标的数学模型

分别将每个试验的产量与施肥量进行回归分析，建立钾肥效应函数，根据产量和肥料价格通过边际分析计算每个试验点的最佳施肥量，以采用一元二次函数和线性加平台方程为主，二元二次和三元二次函数为辅的原则（因三元二次的拟合成功率较低，且推荐施肥量过高或容易出现负值），对拟合成功的方程，根据方程拟合的决定系数选用统计检验显著的方程，求得各个试验点的最佳经济施钾量。分别将各个点的钾施用量结果与相应土壤有效钾养分含量进行相关分析，并作图和分别求取几类蔬菜的钾肥施肥量模型图谱（图7–11）。

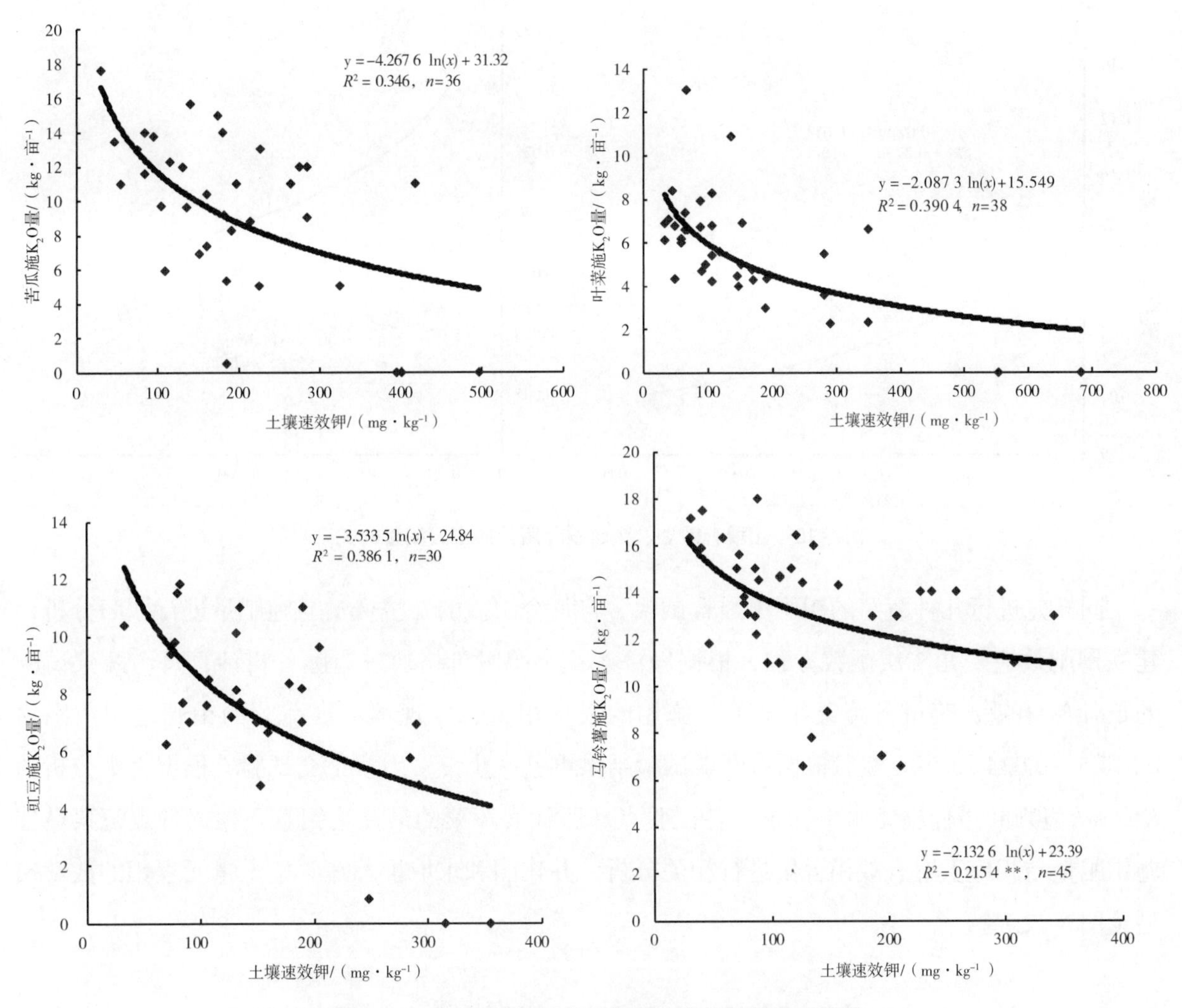

图7-11　建立蔬菜钾素推荐施肥技术指标的模型图谱

四、蔬菜施微量元素硼、钼的数学模型

先进行几种蔬菜的硼肥单因素试验，将每个试验的经济产量与施肥量进行回归分析，建立硼肥效应一元二次函数方程，根据经济产量和肥料价格通过边际分析计算每个蔬菜试验的最佳施硼肥量，获得各蔬菜硼肥单独施用的最佳用量，发现本地区蔬菜的硼肥适用范围均为0.02～0.07 kg/亩。然后根据单因素试验结果再进一步设多因素试验，多因素正交试验是根据直观分析的K值和R值判断最佳施硼水平，求得各试验点和所代表蔬菜的最佳施硼量。根据各点蔬菜最佳施硼肥量与相应土壤有效硼含量进行相关分析，并作图和求取建立蔬菜推荐施硼的数学模型（图7-12）。

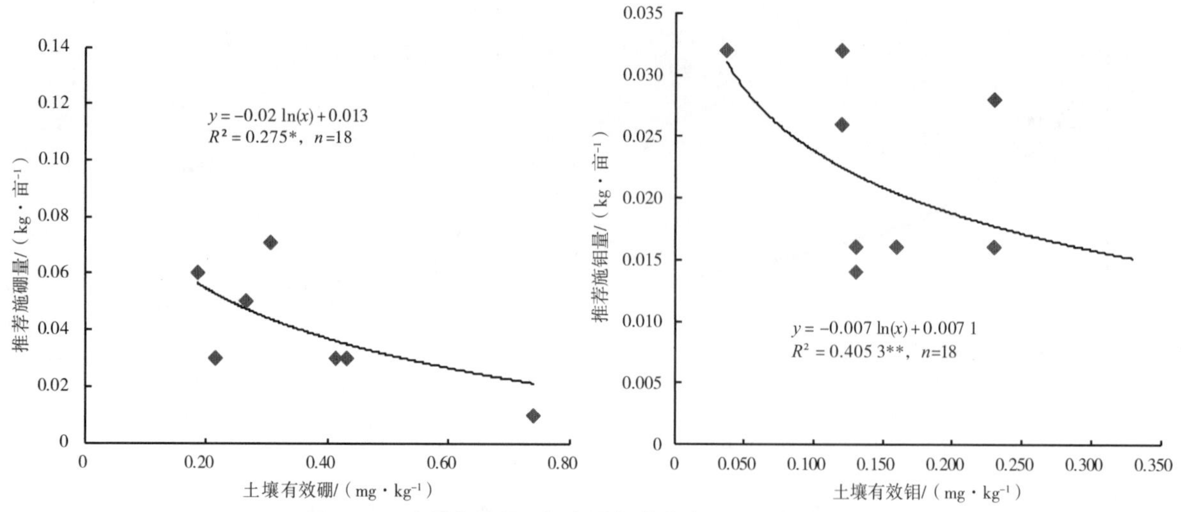

图7–12　土壤有效硼、钼含量与蔬菜施硼、钼量的关系

同样先进行几种蔬菜的钼肥单因素试验，将每个试验的经济产量与施肥量进行回归分析，建立钼肥效应一元二次函数方程，根据经济产量和肥料价格通过边际分析计算每个蔬菜试验的最佳施钼量，获得各蔬菜钼肥单独施用的最佳用量，发现本地区蔬菜的钼肥适用范围为0.014 5～0.034 kg/亩。然后根据单因素试验结果再进一步设多因素正交试验，根据直观分析的K值和R值判断最佳施钼水平，求得各试验点和所代表蔬菜的最佳施钼量。根据各点蔬菜最佳施钼肥量与相应土壤有效钼含量进行相关分析，并作图和求取推荐蔬菜施微量元素钼的数学模型（图7–12）。

第三节　其他形态氮（硝态氮）丰缺指标和不同浸提方法测磷的丰缺指标转换

一、基于硝态氮的土壤氮素丰缺指标的建模

因播种前土壤硝态氮与蔬菜作物产量、养分吸收量和肥料利用率表现出极好的相关性，因此播种前土壤硝态氮已经逐渐被国际上认为是更适合于蔬菜作物土壤氮素的供氮指标，现在国外发达国家的蔬菜施肥指导已普遍采用硝态氮作为土壤养分供氮指标。为了与国际接轨，同时，随着土壤速测仪器的普及，将来极有可能很容易在播前测得土壤硝态氮含量，因此，我们在试验前采样时有意同时测出试验地基础土样的硝态氮含量，以期获得土壤硝态氮与水解氮的转换系数，提高测土施肥指标的可操作性。根据田间试验中的N_0处理和N_2处理的蔬菜产量数据，计算出缺氮处理小区的相对产量，用土壤硝态氮含量数据与田间试验叶菜相对产量数据配置对数方程[11, 26-31]数学模型（图7–13），图中显现其相关性达到极显著水平。

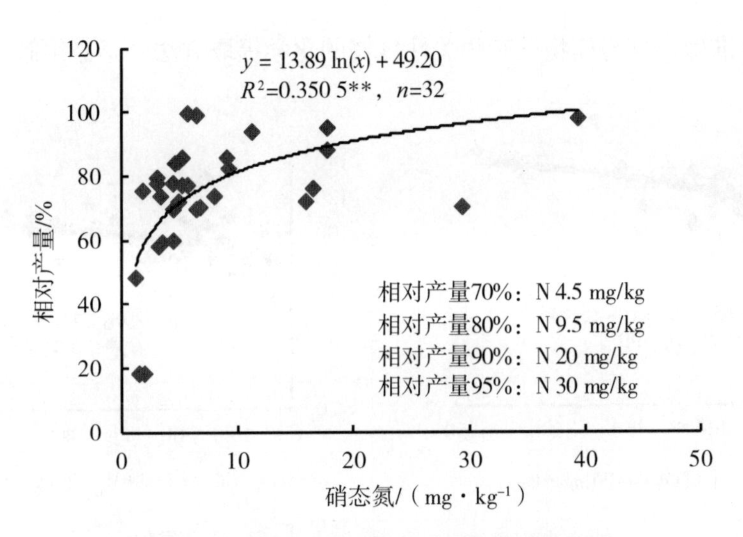

图7-13　建立土壤硝态氮丰缺指标的数学模型

由于出现相对产量＜50%的蔬菜试验点极少，因此将相对产量＜70%、70%～80%、80%～90%、90%～95%和＞95%时所对应的土壤养分丰缺等级分为极缺、缺、中等、高和极高5个等级（表7-1）。当对数方程相对产量为＜70%、70%～80%、80%～90%、90%～95%和＞95%时，土壤硝态氮的丰缺指标为：＜4.5 mg/kg、4.5～9.5 mg/kg、9.5～20.0 mg/kg、20.0～30.0 mg/kg和＞30.0 mg/kg。

本次所得到的硝态氮肥力等级同华北大葱地[32]、西南西芹地[33]和湖南辣椒地[34]的肥力等级相比，在肥力水平为低和极低时，本研究测出的硝态氮含量相对较低；而在其他肥力水平的情况下相对较一致，究其原因是在低肥力水平的情况下华南红壤特有的性质和强降水量更易引起硝态氮的淋失。这是华南地区特有的情况。

表7-1　菜园土不同形态氮素的丰缺指标比较

等级	相对产量/%	氮素指标	
		水解氮/（$mg\cdot kg^{-1}$）	硝态氮/（$mg\cdot kg^{-1}$）
极低	＜70	＜95	＜4.5
低	70～80	95～145	4.5～9.5
中	80～90	145～210	9.5～20.0
高	90～95	210～265	20.0～30.0
极高	＞95	＞265	＞30.0

二、不同浸提方法测磷的丰缺指标建模和指标值转换

（一）建立不同浸提法测定的菜园土有效磷丰缺指标

我国目前使用的土壤养分测定方法为全国第二次土壤普查时规定的方法[35]，该方法的缺点是化学浸提剂提取的元素单一、分析过程烦琐、不能实现系列化操作，故而分析速度慢，分析结果难于及时应用，常使测土配方施肥的下一步工作难以及时进行。因此，在现代测土配方施肥

中，采用一种快速准确而且与作物反应相关性良好的化学提取方法，是必须解决的关键问题。

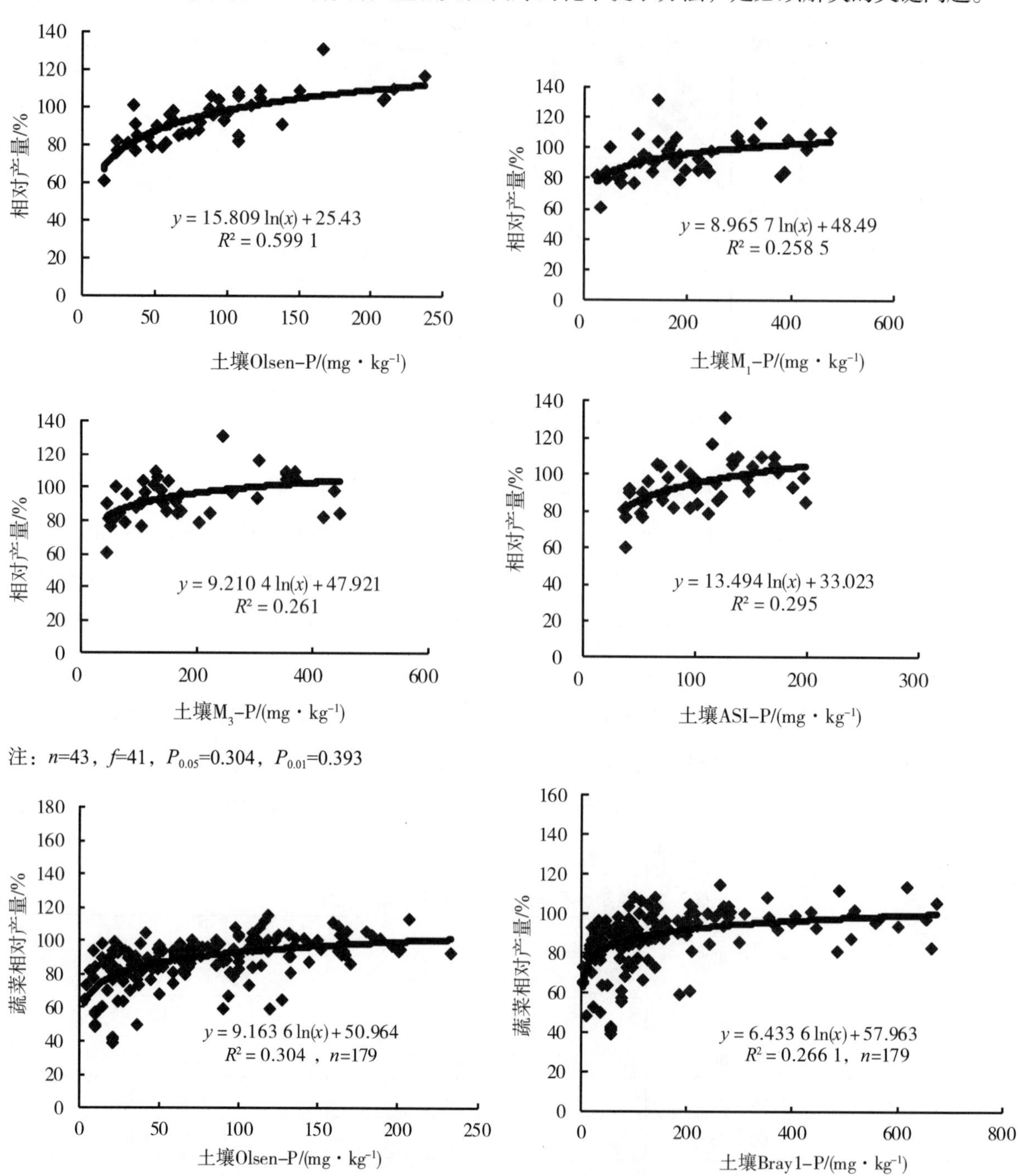

注：n=179，f=177，$P_{0.05}$=0.304，$P_{0.01}$=0.393

图7–14　不同方法浸提有效磷与蔬菜相对产量的数学模型

为了提高以上所获指标的可操作性，利用室内分析测定的试验地土样的Olsen–P、M_1–P、M_3–P、Bray–P和ASI–P的含量，根据蔬菜田间试验在施足氮钾条件下缺磷处理和施磷处理的蔬菜产量，计算出缺磷处理小区的相对产量。利用这些数据，分别对土壤有效磷结果与田间试验蔬菜相对产量配置对数方程（图7–14），以建立不同浸提方法测定土壤有效磷丰缺指标的数学模型，其中Olsen–P和相对产量的相关性最高（r =0.774 0**），M_1–P和相对产量的相关性最低，但也达到了极显著水平（r=0.508 4**）。

所用试验点的蔬菜平均相对产量为93%，最大值为131%，最小值为60%。也就是说，缺磷处理的蔬菜相对产量没有低于50%的，而当蔬菜相对产量为50%时的外推值为4 mg/kg，不具实际意义。鉴于此，将蔬菜的相对产量为<70%、70%～80%、80%～90%、90%～95%和>95%时所对应的土壤有效磷丰缺等级划分为极低、低、中、高和极高5个等级。通过图7–14建立的对数方程，求取相应肥力等级的土壤Olsen–P、M_1–P、M_3–P、Bray–P和ASI–P的丰缺指标值（表7–2、表7–3）。

表7–2　不同浸提法测得的有效磷丰缺指标

分级	相对产量/%	Olsen-P/（$mg \cdot kg^{-1}$）	Bray-P/（$mg \cdot kg^{-1}$）	M_1-P/（$mg \cdot kg^{-1}$）	M_3-P/（$mg \cdot kg^{-1}$）	ASI-P/（$mg \cdot L^{-1}$）
极低	<70	<8.0	<6.5	<11.0	<11.0	<15.5
低	70～80	8.0～25	6.5～30	11.0～33.5	11～32.5	15.5～32.5
中	80～90	25～70	30～145	33.5-102	32.5～96.0	32.5～68.0
高	90～95	70～120	145～315	102～180	96.0～165	68.0～98.5
极高	>95	>120	>315	>180	>165	>98.5
		n=179	n=179	n=43	n=43	n=43

表7–3　与其他作物的Olsen–P指标相比较

分级	相对产量/%	小麦/（$mg \cdot kg^{-1}$）	马铃薯/（$mg \cdot kg^{-1}$）	水稻/（$mg \cdot kg^{-1}$）	菜心/（$mg \cdot kg^{-1}$）	蔬菜/（$mg \cdot kg^{-1}$）
低	<75	<10	<20	<5	<30	<14
中	75～90	10～30	20～35	5～12	30～50	14～70
高	90～95	30～50	35～50	12～15	50～120	70～120
极高	>95	>50	>50	>15	>120	>120

中国农业科学院国家测土施肥中心实验室、加拿大钾磷研究所中国项目部通过在全国31个省（市、自治区）进行大量深入系统研究建立起来的水稻土壤有效氮、磷、钾丰缺指标体系中，ASI–P指标有效磷的“极低”为<7.0 mg/L、“低”为7.0～12.0 mg/L、“中”为12.0～24.0 mg/L、“较高”为24.0～40.0 mg/L、“高”为40.0～60.0 mg/L、“极高”为>60.0 mg/L。华南菜地ASI–P指标的研究结果高于该值，同时也高于邹娟[36]对中国油菜产区长江流域的ASI–P指标的研究结果，说明华南菜地土壤的有效磷指标应该同其他地区的有效磷指标区分对待。魏义长[37]对江苏省黄海之滨的滩涂地水稻土ASI–P指标的研究结果，与本文的蔬菜地ASI–P指标很接近，究其原因可能是滨海滩涂土壤的母质造成的（表7–4）。

表7–4　与其他作物的ASI–P指标相比较

分级	相对产量/%	冬油菜/（$mg \cdot L^{-1}$）	水稻/（$mg \cdot L^{-1}$）	蔬菜（华南）/（$mg \cdot L^{-1}$）
低	<75	<12	<13	<22
中	75～90	12～29	13～28.5（95%）	22～68
高	90～95	29～38	28.5（95%）～60（减产）	68～98
极高	>95	>38	>60（减产）	>98

（二）不同有效磷浸提方法之间的相关性

选取有代表性的土样分别用Olsen法、M_1法、M_3法和ASI法测定其有效磷含量，测定值整体趋势表现为：M_1-P＞M_3-P＞Olsen-P＞ASI-P，Olsen-P的范围是0.509～327 mg/kg，平均为99.1 mg/kg，M_3-P的范围是10.3～572 mg/kg，平均为214 mg/kg，M_1的范围是8.60～576 mg/kg，平均为232 mg/kg，ASI-P的范围是2.06～286 mg/kg，平均为97.6 mg/kg。上述4种测定方法的测定值均呈线性关系（图7-15）。

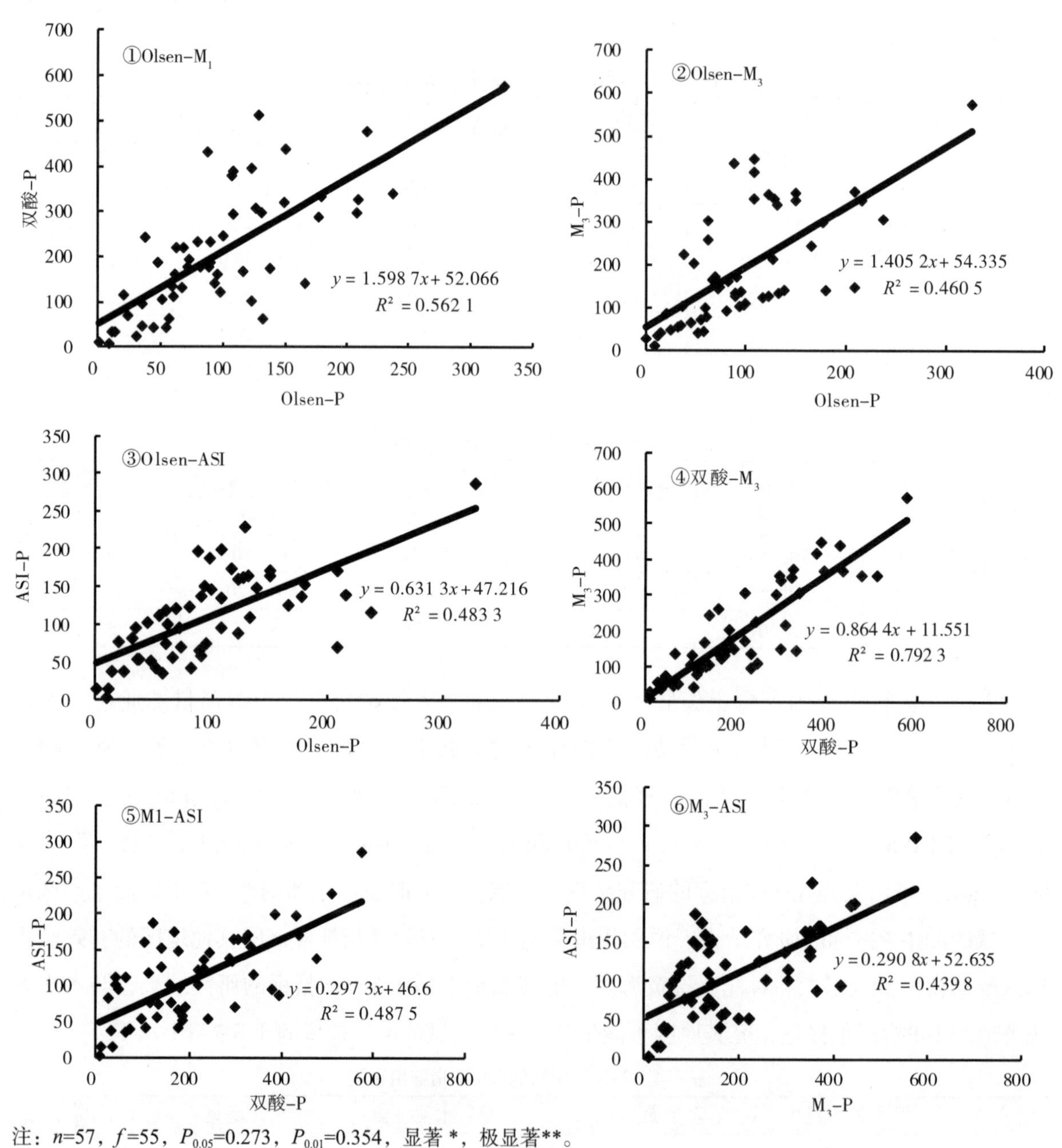

注：n=57，f=55，$P_{0.05}$=0.273，$P_{0.01}$=0.354，显著*，极显著**。

图7-15　4种不同方法浸提所得的有效磷的相关方程

对土样分别用《测土配方施肥技术规范》（2011年修订版）中有关土壤有效磷的两种测定

方法：碳酸氢钠浸提法（Olsen法）和氟化铵-盐酸浸提法（Bray法）测定有效磷含量，发现两种有效磷含量并不是呈直线相关的关系，而是呈一元二次抛物线的关系，也就是说，在浓度极低和很高时，呈非线性关系（图7-16）。

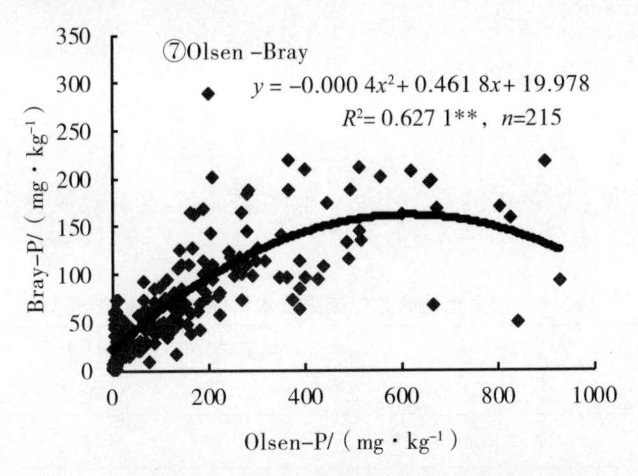

图7-16　两种不同方法浸提所得的有效磷的相关方程

用不同浸提液浸提相同土样中的有效磷，关键的差别是提取率，故分别对5种提取方法所得的结果两两配置线性方程，所得结果如图7-15和图7-16。任意两者之间的相关性均达到极显著水平，这与众多研究结果相近。其中M_1-P和M_3-P的相关性最好，r=0.890 1**，这也因为M_3方法是M_1方法改进后的。M_3-P和ASI-P的相关系数最低，r=0.663 2**。通过计算得到5种方法测定的有效磷含量之间的换算系数（表7-5）。

表7-5　不同浸提方法之间的转换方程

编号	转换方程	相关系数r	统计数n	显著水平Level
1	$Y_{M_1\text{-P}}=1.98X_{\text{Olsen-P}}$	0.718 7	57	**
2	$Y_{M_3\text{-P}}=1.80X_{\text{Olsen-P}}$	0.638 7	57	**
3	$Y_{\text{ASI-P}}=0.97X_{\text{Olsen-P}}$	0.526 5	57	**
4	$Y_{M_3\text{-P}}=0.90X_{\text{M1-P}}$	0.888 8	57	**
5	$Y_{\text{ASI-P}}=0.46X_{\text{M1-P}}$	0.537 0	57	**
6	$Y_{\text{ASI-P}}=0.48X_{\text{M3-P}}$	0.408 3	57	**
7	$Y_{\text{Bray-P}}$=-0.000 4$X^2_{\text{Olsen-P}}$+0.412 $X_{\text{Olsen-P}}$+19.98	0.791 9	215	**

注：n=57，f=55，$P_{0.05}$=0.273，$P_{0.01}$=0.354，显著 *，极显著**。

表7-5的换算相关系数均达到极显著水平，利用这些方程换算，可将不同方法测定的有效磷相互转换，大大增强了蔬菜磷施肥指标体系的可操作性，可为蔬菜测土施肥指标体系在应用时提供很大的方便。

第四节 主要蔬菜测土诊断和施肥技术指标体系的建立

一、氮素测土诊断和施肥技术指标值

根据图7–5所建立的三种蔬菜的评估土壤有效氮（水解氮）养分丰缺的数学参数，以及几种蔬菜（图7–9）推荐施氮肥技术的数学参数，确立建立土壤有效氮养分丰缺指标的数学模型（表7–6）。

表7–6 建立土壤有效氮施肥技术指标体系的数学模型

蔬菜类型	模型用途	数学模型（对数方程）	相关系数 r	统计数 n	显著检验值
叶菜	建立氮养分丰缺指标（水解氮）	y=27.82 ln（x）−59.42	0.433 1**	46	$P_{0.05}$=0.288，$P_{0.01}$=0.372
苦瓜		y=27.73 ln（x）−63.70	0.392 2**	43	$P_{0.05}$=0.304，$P_{0.01}$=0.393
豇豆		y=13.50 ln（x）+19.53	0.327 7*	44	$P_{0.05}$=0.304，$P_{0.01}$=0.393
合并蔬菜		y=24.41 ln（x）−41.24	0.381 2**	131	$P_{0.05}$=0.174，$P_{0.01}$=0.228
叶菜	建立推荐施氮量指标	y=−3.093 ln（x）+25.71	0.454 9**	37	$P_{0.05}$=0.325，$P_{0.01}$=0.418
苦瓜		y=−8.086 ln（x）+54.40	0.663 5**	34	$P_{0.05}$=0.349，$P_{0.01}$=0.449
豇豆		y=−2.981 ln（x）+24.15	0.375 0**	50	$P_{0.05}$=0.288，$P_{0.01}$=0.372

表7–7 蔬菜氮素测土施肥技术指标值

土壤养分等级	相对产量/%	水解氮/（$mg \cdot kg^{-1}$）			合并蔬菜		推荐施氮量/（$kg \cdot 亩^{-1}$）		
		叶菜	苦瓜	豇豆	水解氮/（$mg \cdot kg^{-1}$）	硝态氮/（$mg \cdot kg^{-1}$）	叶菜	苦瓜	豇豆
极低	50～70	50～100	60～120	10～40	40～95	1.0～4.5	11.5～13.5	15.5～21.0	13.0～17.0
低	70～80	100～150	120～175	40～90	95～140	4.5～9.5	10.5～11.5	12.5～15.5	11.0～13.0
中	80～90	150～210	175～255	90～180	140～215	9.5～20	9.0～10.5	9.5～12.5	8.5～11.0
高	90～95	210～250	255～305	180～260	215～260	20～30	8.5～9.0	8.5～9.5	7.5～8.5
极高	>95	>250	>305	>260	>260	> 30	<8.5	<8.5	<7.5

检查138个叶菜田间试验结果，所有试验点中只有1个缺氮区相对产量<50%，所以目前若将相对产量<50%定为极低是没有实际意义的。将土壤氮素养分丰缺等级分为极低、低、中、高、极高5个等级，可将土壤有效氮含量所对应的相对产量50%～70%的定为极低，相对产量在70%～80%的定为低，相对产量在80%～90%的定为中，相对产量在90%～95%的定为高，>95%的定为极高。因为只是个范围，所以土壤有效氮极低、低、中、高、极高5个等级的值取整数。根据表7–6确立的数学模型，计算出各级土壤肥力的氮素养分丰缺指标值和相应种类

蔬菜氮素施肥技术指标值，形成氮素测土诊断施肥技术指标体系（表7–7）。

二、磷素测土诊断和施肥技术指标值

根据图7–6所建立的三种蔬菜的评估土壤有效磷养分丰缺的数学参数和几种蔬菜（图7–10）中推荐施磷肥技术的数学参数，确立建立土壤有效磷养分丰缺指标的数学模型和推荐施磷量的数学模型（表7–8）。

表7–8　建立土壤有效磷指标体系的数学模型

蔬菜品种	模型用途	数学模型（对数方程）	相关系数 r	统计数 n	显著检验值
叶菜	建立磷养分丰缺指标（Olsen-P）	Y=8.494 ln（x）+52.60	0.455 5**	54	$P_{0.05}$=0.273，$P_{0.01}$=0.354
苦瓜		Y=11.93 ln（x）+38.42	0.630 5**	60	$P_{0.05}$=0.250，$P_{0.01}$=0.325
豇豆		Y=7.883 ln（x）+58.19	0.587 6**	64	$P_{0.05}$=0.250，$P_{0.01}$=0.325
马铃薯		Y=14.61 ln（x）+25.97	0.596 6**	60	$P_{0.05}$=0.250，$P_{0.01}$=0.325
叶菜	建立推荐施磷（P_2O_5）量指标	Y=−0.9151 ln（x）+6.26	0.496 0**	36	$P_{0.05}$=0.325，$P_{0.01}$=0.418
苦瓜		Y=−1.684 ln（x）+15.25	0.617 3**	31	$P_{0.05}$=0.355，$P_{0.01}$=0.456
豇豆		Y=−1.531 ln（x）+12.86	0.470 9**	29	$P_{0.05}$=0.367，$P_{0.01}$=0.470
马铃薯		Y=−2.235 ln（x）+17.445	0.652 5**	47	$P_{0.05}$=0.288，$P_{0.01}$=0.372

检查138个叶菜田间试验结果，没有缺磷区相对产量＜50%的试验点，所以目前若将相对产量＜50%定为极低是没有实际意义的。将土壤磷素养分丰缺等级分为极低、低、中、高、极高5个等级，可将土壤有效磷含量所对应的相对产量50%～70%的定为极低，相对产量在70%～80%的定为低，相对产量在80%～90%的定为中，相对产量在90%～95%的定为高，＞95%的定为极高。因为只是个范围，所以土壤有效磷极低、低、中、高、极高5个等级的值取整数。根据表7–8确立的数学模型，计算出各级土壤肥力的磷素丰缺指标和相应种类蔬菜磷素施肥技术指标值（表7–9），形成了蔬菜磷素测土施肥技术指标体系（表7–10）。

表7–9　蔬菜磷素测土施肥技术指标值

土壤养分等级	相对产量/%	Olsen-P有效磷/（$mg \cdot kg^{-1}$）				推荐施磷量（P_2O_5 kg·亩$^{-1}$）			
		叶菜	苦瓜	豇豆	马铃薯	叶菜	苦瓜	豇豆	马铃薯
极低	50～70	1～10	2.5～14	0.5～5	5～20	4.5～6.5	11.0～13.5	10.5～14.0	10～13
低	70～80	10～25	14～30	5～15	20～40	3.5～4.5	9.5～11.0	8.5～10.5	9.0～10
中	80～90	25～80	30～75	15～55	40～80	2.5～3.5	8.0～9.5	6.5～8.5	7.5～9.0
高	90～95	80～150	75～120	55～105	80～115	1.5～2.5	7.5～8.0	5.5～6.5	7.0～7.5
极高	＞95	＞150	＞120	＞105	＞115	＜1.5	＜7.5	＜5.5	＜7.0

表7-10　5种不同有效磷测定方法的土壤有效磷测定值比较

土壤养分等级	相对产量/%	Olsen-P/（$mg \cdot kg^{-1}$）	Bray-P/（$mg \cdot kg^{-1}$）	M_1-P/（$mg \cdot kg^{-1}$）	M_3-P/（$mg \cdot kg^{-1}$）	ASI-P/（$mg \cdot kg^{-1}$）
极低	50～70	1～7.5	0.3～6.5	1.2～11	1.3～11	3.5～15
低	70～80	7.5～22.5	6.5～30.5	11～34	11～33	15～33
中	80～90	22.5～70	30.5～145	34～100	33～95	33～70
高	90～95	70～120	145～316	100～180	95～165	70～100
极高	＞95	＞120	＞316	＞180	＞165	＞100

三、钾素测土诊断和施肥技术指标值

根据图7-7所建立三种蔬菜的评估土壤速效钾养分丰缺的数学参数和几种蔬菜（图7-11）推荐施钾肥技术的数学参数，确立建立土壤速效钾养分丰缺指标和推荐施钾量指标的数学模型（表7-11）。

表7-11　建立土壤速效钾指标体系的数学模型

蔬菜品种	模型用途	数学模型（对数方程）	相关系数 r	统计数 n	显著检验值
叶菜	建立钾养分丰缺指标	Y=8.630 ln（x）+51.52	0.440 0**	54	$P_{0.05}$=0.273，$P_{0.01}$=0.354
苦瓜		Y=12.74 ln（x）+25.36	0.497 7**	47	$P_{0.05}$=0.288，$P_{0.01}$=0.372
豇豆		Y=11.53 ln（x）+34.19	0.464 2**	55	$P_{0.05}$=0.273，$P_{0.01}$=0.354
马铃薯		Y=7.202 ln（x）+57.40	0.368 0**	60	$P_{0.05}$=0.250，$P_{0.01}$=0.325
叶菜	建立推荐施钾量指标	Y=−2.087 ln（x）+15.55	0.624 8**	38	$P_{0.05}$=0.325，$P_{0.01}$=0.418
苦瓜		Y=−4.268 ln（x）+31.32	0.588 2**	36	$P_{0.05}$=0.349，$P_{0.01}$=0.449
豇豆		Y=−3.534 ln（x）+24.84	0.621 4**	30	$P_{0.05}$=0.361，$P_{0.01}$=0.463
马铃薯		Y=−2.133 ln（x）+23.39	0.464 1**	45	$P_{0.05}$=0.288，$P_{0.01}$=0.372

检查所有试验点（138个），蔬菜缺钾区没有相对产量＜50%的；蔬菜相对产量＜70%的有18个，占13.0%；相对产量70%～80%的有27个，占19.5%；相对产量80%～90%的有19个，占13.8%；相对产量90%～95%的有16个，占11.6%；相对产量95%～100%的有22个占15.9%；相对产量＞100%的36个，占26.4%。因此，若将相对产量＜50%定为极低同样是没有实际意义的。

表7-12　蔬菜钾肥推荐施肥技术指标值

土壤养分等级	相对产量/%	速效钾/（mg·kg^{-1}）				合并蔬菜速效钾/（mg·kg^{-1}）	推荐施K_2O量/（kg·亩$^{-1}$）			
		叶菜	苦瓜	豇豆	马铃薯		叶菜	苦瓜	豇豆	马铃薯
极低	50～70	1～8.5	7～35	4～20	0.5～5	2.5～17.5	11.0～13.0	16.0～21.0	13.5～19.5	19.5～25.5
低	70～80	8.5～27	35-70	20-50	5～25	17.5～46	8.5～11.0	13.0～16.0	11.0～13.5	16.5～19.5
中	80～90	27～85	70-160	50-125	25～95	46～120	6.0～8.5	9.5～13.0	8.0～11.0	13.5～16.5
高	90～95	85～150	160-235	125-195	95～185	120～196	5.0～6.0	8.0～9.5	6.5～8.0	12～13.5
极高	>95	>150	>235	>195	>185	>196	<5.0	<8.0	<6.5	<12

将土壤钾素养分丰缺等级分为极低、低、中、高、极高5个等级，可将土壤速效钾含量所对应的相对产量<70%的定为极低，相对产量70%～80%的定为低，相对产量80%～90%的定为中，相对产量90%～95%的定为高，>95%的定为极高。因为只是个范围，所以土壤速效钾极低、低、中、高、极高5个等级的值取整数。根据表7-11确立的数学模型，计算出相对产量分别为70%、80%、90%、95%时土壤速效钾含量，再计算各级土壤肥力的钾素丰缺指标和相应种类蔬菜钾素施肥技术指标值（表7-12），形成了蔬菜钾素测土施肥技术指标体系。

四、微量元素硼、钼测土诊断和施肥技术指标值

根据土壤有效硼与蔬菜产量关系（图7-8）和土壤有效硼与蔬菜施硼量关系（图7-12），确立建立土壤有效硼丰缺指标和推荐施硼量指标的数学模型；根据土壤有效钼与蔬菜产量关系（图7-8）和土壤有效钼与蔬菜施钼量的关系（图7-12），确立建立土壤有效钼丰缺指标和推荐施钼量指标的数学模型（表7-13）。

表7-13　建立土壤微量元素硼和钼指标体系的数学模型

元素	模型用途	数学模型（对数方程）	相关系数 r	统计数 n	显著检验值
B	建立硼、钼养分丰缺指标	$Y = 18.44\ln(x) + 105.1$	0.609 9**	21	$P_{0.05}$=0.433，$P_{0.01}$=0.549
Mo		$Y = 12.46\ln(x) + 108.1$	0.566 6**	18	$P_{0.05}$=0.2444，$P_{0.01}$=0.561
B	建立推荐施硼、钼肥指标	$Y = -0.02\ln(x) + 0.013$	0.524 4*	18	$P_{0.05}$=0.2444，$P_{0.01}$=0.561
Mo		$Y = -0.007\ln(x) + 0.0071$	0.636 6**	18	$P_{0.05}$=0.2444，$P_{0.01}$=0.561

根据表7-13确立的数学模型，计算出各级土壤肥力的有效硼、钼丰缺指标和相应种类蔬菜硼、钼施肥技术指标值（表7-14），形成了蔬菜硼、钼测土施肥技术指标体系。

从表7-14可以看出，当土壤有效硼含量处于极低水平，<0.05 mg/kg时，蔬菜推荐施硼量为75 g/亩；土壤有效硼含量处于低等水平，在0.05～0.20 mg/kg时，推荐施硼量为50～75 g/亩；土壤有效硼含量处于中等水平，在0.20～45 mg/kg时，推荐施硼量为32～50 g/亩；土壤有效硼含量处于高水平，在0.45～0.65 mg/kg时，推荐施硼量为26～32 g/亩；当土壤有效硼含量处于极高水平，超过0.65 mg/kg时，推荐施硼量为0～26 g/亩。

表7-14　不同硼、钼肥力菜园土壤的蔬菜推荐施硼钼肥指标值

土壤养分等级	相对产量/%	土壤有效硼/（mg·kg^{-1}）	土壤有效钼/（mg·kg^{-1}）	推荐总施硼量/（g·亩$^{-1}$）	推荐总施钼量/（g·亩$^{-1}$）
极低	<50	<0.05	<0.01	75	40
低	50～75	0.05～0.20	0.01～0.07	50～75	25～40
中	75～90	0.20～0.45	0.07～0.24	32～50	20～25
高	90～95	0.45～0.65	0.24～0.35	26～32	14.5～20
极高	>95	>0.65	>0.35	0～26	0～14.5

从表7-14可以还看出，当土壤有效钼含量处于极低水平，<0.01 mg/kg时，蔬菜推荐施钼量为40 g/亩；土壤有效钼含量处于低水平，在0.01～0.07 mg/kg时，推荐施硼量为25～40 g/亩；土壤有效钼含量处于中等水平，在0.07～0.24 mg/kg时，推荐施钼量为20～25 g/亩；土壤有效钼含量处于高水平，在0.24～0.35 mg/kg时，推荐施钼量为14.5～20 g/亩；当土壤有效钼含量处于极高水平，超过0.35 mg/kg时，推荐施钼量为0～14.5 g/亩。

参 考 文 献

[1] 黄德明. 我国农田土壤养分肥力状况及丰缺指标[J]. 华北农学报，1988，3（2）：46-53.

[2] 林守宗，阎华，赵树慧. 山东棕壤土养分丰缺乏指标初报[J]. 山东农业科学，1985（5）：15-19.

[3] 林守宗，赵树慧，阎华. 潮土土壤养分丰缺乏指标与施肥的研究[J]. 山东农业科学，1987（7）：25-27.

[4] 孙义祥，郭跃升，于舜章，等. 应用"3414"试验建立冬小麦测土配方施肥指标体系[J]. 植物营养与肥料学报，2009，15（1）：197-203.

[5] 周广业，丁宁平，黄世伟. 用肥料田间试验与测土指标作为指导合理施肥的探讨[J]. 土壤通报，1985，16（1）：38-41.

[6] 周鸣铮. 中国的测土施肥[J]. 土壤通报，1987，18（1）：7-13.

[7] 陆允甫，吕晓男. 中国测土施肥工作的进展和展望[J]. 土壤学报，1995，32（3）：241-251.

[8] 金耀青，张中原. 配方施肥方法及其应用[M]. 沈阳：辽宁科学技术出版社，1993：35-60.

[9] 谢利昌，胡肖珍，阮华达，等. 菜心吸收氮磷钾规律及其效应研究[M]//范怀忠，江佳培. 广州蔬菜病虫害

综使合防治. 广州：广东科技出版社，1987：516-538.
[10] 程季珍，亢青选. 蔬菜平衡施肥技术研究 [J]. 植物营养与肥料学报，1997，3（4）：372-375.
[11] 徐润生，郑少玲，吕业成，等. 菜薹（菜心）土壤氮营养诊断指标及合理施氮量 [J]. 中国蔬菜，2006（11）：15-17.
[12] 赫新洲，吕业成，万云巧，等. 菜园土壤速效钾丰缺指标及合理施钾量研究 [J]. 华南农业大学学报，2011，32（4）：14-17.
[13] 陈琼贤，吕业成，万云巧，等. 菜心土壤有效磷丰缺指标及合理施磷量研究 [J]. 华南农业大学学报，2010，31（2）：5-8.
[14] 张白鸽，陈琼贤，曹健，等. 珠三角主菜区土壤交换性钙镁的丰缺指标及分布特征 [J]. 华南农业大学学报，2011，32（2）：25-29.
[15] 广东农村统计年鉴编委会. 广东农村统计年鉴 [M]. 北京：中国统计出版社，2009.
[16] 章明清，徐志平，姚宝全，等. 福建主要粮油作物测土配方施肥指标体系研究Ⅱ. 土壤水解氮、Olsen-P和速效钾丰缺指标 [J]. 福建农业学报，2009，24（1）：68-74.
[17] 张永起，李淑仪，廖新荣，等. 基于几种土壤测试方法的华南菜田磷素丰缺指标研究 [J]. 植物营养与肥料学报，2011，17（1）：231-239.
[18] 张永起，李淑仪，廖新荣，等. 华南主要露地蔬菜土壤的供氮指标 [J]. 中国农学通报，2010，26（19）：149-154.
[19] 李淑仪，张桥，廖新荣，等. 广东叶菜测土施肥技术指标体系磷素指标初步研究 [J]. 广东农业科学，2009（4）：28-32.
[20] 李淑仪，廖新荣，蓝佩玲，等. 珠江三角洲菜园土硼和钼测土施肥技术指标研究 [J]. 中国蔬菜，2010，20：69-75.
[21] 张桥，李淑仪，廖新荣，等. 广东叶菜测土施肥技术指标体系氮素指标研究 [J]. 广东农业科学，2009（4）：24-27.
[22] 廖新荣，李淑仪，张育灿，等. 广东叶菜测土施肥技术体系钾素指标的初步研究 [J]. 广东农业科学，2009（4）：33-36.
[23] 王荣萍，李淑仪，廖新荣，等. 广东省苦瓜测土配方施肥指标体系研究 [J]. 华南农业大学学报，2013，31（1）：18-22.
[24] 李淑仪，张桥，廖新荣，等. 华南地区蔬菜钾肥推荐施肥技术体系建立 [J]. 中国蔬菜，2013（4）：69-75.
[25] 李淑仪，丁效东，廖新荣，等. 苦瓜因土施肥技术规程 [J]. 广东农业科学，2013，40（15）：40-41.
[26] 张福锁. 作物施肥图解 [M]. 北京：中国农业出版社，2005.
[27] 叶优良，张福锁，李生秀. 土壤供氮能力指标研究 [J]. 土壤通报，2001，32（6）：273-277.
[28] 王圣瑞，陈新平，高祥照，等. “3414”肥料试验模型拟合的探讨 [J]. 植物营养与肥料学报，2002，8（4）：409-413.
[29] 陈新平，张福锁. 通过“3414”试验建立测土配方施肥技术指标体系 [J]. 中国农技推广，2006，22（4）：36-39.
[30] 张福锁. 测土配方施肥技术要览 [M]. 北京：中国农业出版社，2006：93-110.
[31] 李生秀. 关于土壤供氮指标的研究Ⅰ. 对几种测定土壤供氮能力方法的评价 [J]. 土壤学报. 1990（3）：233-240.
[32] 江丽华，刘兆辉. 华北地区大葱施肥指南 [M] //张福锁，陈新平，陈清，等. 中国主要作物施指南. 北京：中国农业出版社，2009：155-158.
[33] 廖育林，纪雄辉. 湖南省辣椒施肥指南 [M]. 北京：中国农业出版社，2009：134-137.
[34] 续永波，汤利. 西南地区设施西芹施肥指南 [M] //张福锁，陈新平，陈清，等. 中国主要作物施指南. 北

京：中国农业出版社，2009：145-148.
[35] 中国标准出版社第一编辑室. 中国农业标准汇编（土壤肥料卷）[M]. 北京：中国标准出版社，1998：16-20.
[36] 邹娟，鲁剑巍，陈防，等. 2009. 基于ASI法的长江流域冬油菜区土壤有效磷、钾、硼丰缺指标研究[J]. 中国农业科学，2009，42（6）：2028-2033.
[37] 魏义长，白由路，杨俐苹，等. 2008. 基于ASI法的滨海滩涂地水稻土壤有效氮、磷、钾丰缺指标[J]. 中国农业科学，2008，41（1）：138-143.

第八章　蔬菜营养调控与测土施肥技术应用

第一节　蔬菜营养调控

蔬菜需肥的共同特征是生物学产量高，养分需求量大，随产品从土壤中带走的养分多，而且年复种指数高，所以蔬菜生产的需肥量较粮食作物要多；与其他作物相比，蔬菜对某些养分有一定特殊要求，如喜欢硝态氮、对钾需求量大、对硼钼较敏感。

不同种类蔬菜对养分的要求不同，因此蔬菜施肥应根据不同蔬菜作物和不同时期的养分需求特征和养分作用进行总量控制和分期调控。一般果类蔬菜苗期生长较缓慢，这个时期需要控肥；中前期会进入一个快速生长阶段，该时期养分需求要比苗期多，但要避免过量施肥造成瓜、豆的藤疯长而瓜、豆结果量减少；中后期生长速度减缓，但果实采摘带走养分，要维持每批果实正常长大也需要及时供应养分；在果实多次收获过程中需要看天气和环境情况进行5次以上的多次追肥。非果类蔬菜对养分的需求过程则较为简单，如叶菜和块茎类蔬菜一般追1～3次肥即可收获。主要蔬菜施肥技术要点详见表8-1所述。

表8-1　主要蔬菜施肥技术要点

蔬菜种类	生育时期	基肥	苗期	叶片形成期	产品器官形成期
叶菜	施肥作用	为整个生长发育期不断地供应养分，创造良好的土壤条件，并改良培肥地力	施提苗肥补充营养生长所需	促进营养器官生长	促进营养器官生长
	需肥规律	以有机肥为主，重视磷肥，配施氮、钾肥	氮钾配合	氮磷钾配合，提高钾肥比例	以氮为主，适当配施磷、钾肥
	配肥技术	中氮高磷中钾	低磷中氮钾	高氮低磷中钾	高氮低磷中钾
	肥用量占比	全部有机肥	20%	35%	45%（分1～2次）

续表

蔬菜种类	生育时期	基肥	苗期	叶片形成期	产品器官形成期
瓜豆	施肥作用	为整个生长发育期不断地供应养分，创造良好的土壤条件，并改良培肥地力	促进营养器官生长	促进花芽分化、壮花，提高坐果率	促进果实长大，防止落果、裂果，增进品质
	需肥规律	以有机肥为主，重视磷肥，配施氮、钾肥	重视磷肥，配施氮、钾肥	氮磷钾配合，提高钾肥比例	以氮为主，适当配施磷、钾肥
	配肥技术	低氮高磷低钾	中氮高磷中钾	中氮中磷高钾	中氮中磷高钾
	肥用量占比	全部有机肥和60%无机磷、10%无机氮钾	15%	25%	50%（分3～4次）
青花菜、花椰菜	生育时期	基肥	苗期	叶片形成期	莲座期
	施肥作用	为整个生长发育期不断地供应养分，创造良好的土壤条件，并改良培肥地力	补充营养生长所需	促进营养器官生长	促进花芽生长
	需肥规律	以有机肥为主，重磷配氮钾	重视钾肥，配施氮、磷肥	氮磷钾配合	氮钾配合，提高钾肥比例
	配肥技术	高磷中氮低钾	高氮低磷中钾	中氮中磷中钾	中氮低磷高钾
	肥用量占比	20%	40%（分2次）	25%	15%
萝卜、马铃薯	生育时期	基肥	苗期	肉质根膨大前期	肉质根膨大盛期
	施肥作用	为整个生长发育期不断地供应养分，创造良好的土壤条件，并改良培肥地力	施齐苗肥促进茎叶正常生长	促进根茎生长	保障根茎生长
	需肥规律	以有机肥为主，重磷配氮钾	氮磷钾配合，氮比例较高	氮磷钾配合，比例上氮＞钾＞磷	氮磷钾配合，提高钾比例
	配肥技术	高磷中氮中钾	高氮低磷中钾	高氮低磷中钾	低氮低磷高钾
	肥用量占比	萝卜50%，马铃薯60%磷、40%氮钾	马铃薯20%	萝卜50%，马铃薯20%	马铃薯20%

第二节　蔬菜应用测土施肥技术指标推荐施肥的田间示范应用实例

在进行蔬菜营养施肥田间试验研究、获得蔬菜测土配方施肥技术指标值的同时，必须经过田间示范试验的验证，以检验指标值的准确性及其应用效果，以便对指标值进行校正，才能使应用指标体系推荐的施肥技术措施更让人信服，更有利于进行大面积推广应用。

一、叶菜应用测土施肥技术指标推荐施肥的田间示范效果

在获得蔬菜测土配方施肥技术指标值之后，在广东省有关县均根据播种前土壤的养分含量检测值，对照相应品种蔬菜的土壤养分丰缺指标值和所对应的推荐施肥技术指标值，获取相应的施肥量作为测土施肥处理，以习惯施肥作为对照，并增加一个配施有机肥的处理，分别考察利用测土配方施肥指标指导叶菜、苦瓜、豇豆施肥对商品菜产量和肥料利用率的影响，以进行效果验证，各个试验点的播前土壤测值、推荐施肥量及商品菜产量和肥料表观利用率结果见表8-2。结果显示，叶菜测土配方施肥处理的产量和肥料表观利用率普遍高于当地习惯施肥的，而氮磷钾肥料施用量绝大部分是减少的。

与当地习惯施肥相比，测土配方施肥处理单位面积产量普遍提高，16个点的产量平均提高96.5 kg/亩，提高幅度为13～350 kg/亩（除了两个点之外）。

在肥料施用量方面，16个点中除了两个点的氮肥（N）用量稍有提高之外，其余氮肥用量均减少，减少幅度为0.5～12.8 kg/亩，平均减少3.48 kg/亩；磷肥（P_2O_5）用量减少幅度为0.5～22.3 kg/亩，平均为7 kg/亩；钾肥（K_2O）用量平均减少3.6 kg/亩。

在表观肥料利用率方面，根据16个叶菜示范试验中12个采集了植株样本的肥料表观利用率测算结果，测土施肥处理的肥料表观利用率普遍比习惯施肥对照高。其中，氮肥表观利用率提高幅度为2.7～24.4个百分点，习惯施肥处理氮肥利用率平均为7.42%，测土配方施肥处理的平均为17.3%，比习惯施肥提高了133%。磷肥表观利用率，提高幅度为1.56～61.5个百分点，习惯施肥处理的磷肥利用率平均为1.19%，而测土配方施肥处理的平均为9.85%，比习惯施肥提高了728%。钾肥表观利用率，习惯施肥处理平均为4.26%，而测土配方施肥处理的平均为22.7%，比习惯施肥提高了433%。这说明采用测土配方施肥可以大幅度提高肥料表观利用率。

由于要计算测土配方施肥处理的肥料利用率并与对照比较，必须要有最少9个处理的田间试验结果，从16个县验证试验的各处理商品菜产量（表8-3）结果中发现，经差异显著性检验，16个叶菜试验全部达到统计学上的差异显著水平，其中有10个达到差异极显著水平，6个达到显著水平。测土施肥处理或测土施肥+有机肥处理的产量高于习惯施肥的有11个试验；只有1个（阳山）习惯施肥处理的产量较高，有3个（花都、增城、韶关西河）无磷区的产量最高，1个（南海）无钾区的产量最高。这说明用叶菜测土配方施肥技术指标指导叶菜施肥，在保证叶菜产量的同时可减少肥料施用量、提高肥料表观利用率，表明该施肥技术用于减量化施肥是可行的。

表8-2　叶菜利用测土施肥指标的推荐施肥方案及其对产量和肥料表观利用率的影响

地点	蔬菜品种	pH	有机质/($g·kg^{-1}$)	全氮/($g·kg^{-1}$)	速效养分/($mg·kg^{-1}$)			推荐施肥量/(kg·亩$^{-1}$)			处理	商品菜/(kg·亩$^{-1}$)	肥料表观利用率/%		
					N	P	K	N	P_2O_5	K_2O			N	P_2O_5	K_2O
饶平黄冈	小白菜	6.17	10.5	0.74	91.0	96.93	60.0	10.8	1.65	6.35	测土施肥	2 110	17.7	37.0	39.9
								11.3	3.75	11.3	习惯施肥	1 860	13.2	2.16	14.9
											测土施肥+有机肥	1 880			
鼎湖莲花镇	菜心	5.6	21.8	0.89	112	16.9	41	10	6.5	7.5	测土施肥	647	4.76	2.31	29.94
								12.5	10	10.8	习惯施肥	633	1.03	0.43	−2.91
								10+	6.5+	7.5+	测土施肥+有机肥	640			
揭东锡场大寮	芥蓝	6.3	47.0	1.78	279	114.06	311	6.5	1.0	0	测土施肥	1 408	8.18	−24.4	85.0
								8.5	4.0	3.0	习惯施肥	1 488	−5.45	−11.3	−36.3
								6.5+	1+	+	测土施肥+有机肥	1 679			
白云镇湖	小白菜	7.13	36.1	1.78	146	96	310	7.5	1	1	测土施肥	1 339	20.1	42.5	68.4
								15	15	15	习惯施肥	1 217	8.5	0.06	−5.2
								7.5+	1+	1+	测土施肥+有机肥	1 321			
南海里水	生菜	6.16	35.2	1.86	156	63.19	253	14	3.5	4.5	测土施肥	3 100	4.63	−2.19	−33.1
								14	14	14	习惯施肥	3 156	1.93	−3.8	−1.8
								14+	3.5+	4.5+	测土施肥+有机肥	2 965			
茂南	菜心	6.46	22.3	1.34	80.8	143.9	45.4	8	4	7	测土施肥	1 659			
								4.5	4.5	4.5	习惯施肥	1 535			

续表

地点	蔬菜品种	pH	有机质/（$g \cdot kg^{-1}$）	全氮/（$g \cdot kg^{-1}$）	速效养分/（$mg \cdot kg^{-1}$）			推荐施肥量/（$kg \cdot 亩^{-1}$）			处理	商品菜/（$kg \cdot 亩^{-1}$）	肥料表观利用率/%		
					N	P	K	N	P_2O_5	K_2O			N	P_2O_5	K_2O
从化鳌头镇高禾村	小白菜	5.07	25.5	1.39	128	105.6	305	11.4	4.69	11.4	测土施肥	1 567	6.79	1.75	−2.15
								10.1	10.1	10.1	习惯施肥	1 503	0.35	−0.46	12.7
											测土施肥+有机肥	1 564			
花都花东兴农菜场	菜心	5.63	35.2	0.98	50.7	301.99	41.0	12.5	1.0	7.5	测土施肥	1 070	19.9	−1.07	11.9
								16	11	10.5	习惯施肥	1 122	13.5	−1.05	15.1
											测土施肥+有机肥	1 233			
鼎湖桂城办	小白菜	4.5	21.8	1.27	103	170	169	8.5	1.5	5	测土施肥	1 782			
								12.5	10	10.8	习惯施肥	1 649			
											测土施肥+有机肥	1 939			
阳山阳城	菜心	6.3	27.2	1.66	112	54.1	62.5	10	4	7.5	测土施肥	703			
								15	15	15	习惯施肥	1 034			
											测土施肥+有机肥	862			
高明	生菜	5.51	22.3	1.14	86.9	46.1	201	11	2	6.5	测土施肥	971			
								20	13	8	习惯施肥	950			
											测土施肥+有机肥				
增城	迟菜心	7.56	16.3	0.818	72.0	135	226	16.5	2.5	5.5	测土施肥	2 466	14.7	68.6	57.7
								25.5	24.8	20.3	习惯施肥	2 792	2.43	7.07	3.17
											测土施肥+有机肥	3 047			

续表

地点	蔬菜品种	pH	有机质/（g·kg^{-1}）	全氮/（g·kg^{-1}）	速效养分/（mg·kg^{-1}）			推荐施肥量/（kg·亩$^{-1}$）			处理	商品菜/（kg·亩$^{-1}$）	肥料表观利用率/%		
					N	P	K	N	P_2O_5	K_2O			N	P_2O_5	K_2O
韶关犁市	小白菜	5.51	25.8	1.75	130	21.7	49.0	8.0	2.0	7.0	测土施肥	1 179	29.7	5.84	-23.8
								17.6	3.75	3.75	习惯施肥	1 282	5.30	3.97	-155
											测土施肥+有机肥	1 529			
韶关西河	小白菜	6.43	12.0	0.99	66	32	60	12.5	1.5	6.5	测土施肥	3 366	9.41	-50.5	4.34
								8.35	3.75	3.75	习惯施肥	3 176	6.87	0.34	49.9
											测土施肥+有机肥	3 100			
开平	小白菜	7.41	14.5	1.08	98.1	69.3	68.1	11	1.2	6	测土施肥	3 313	34.5	3.16	50.5
								10.3	6	6	习惯施肥	3 233	17.7	1.60	35.7
											测土施肥+有机肥	3 480			
南沙六涌半	花椰菜	5.37	25.2	1.30	101	125	380	20	3.0	9.0	测土施肥	4 235	37.6	-25.0	-15.7
								32.8	4.0	9.0	习惯施肥	4 663	23.8	-13.4	15.7
											测土施肥+有机肥	4 691			

表8-3　叶菜利用测土推荐施肥方案的各验证示范试验处理产量效果

kg/亩

编号	处理	饶平小白菜	肇庆鼎湖菜心	揭东芥蓝	白云区小白菜	南海生菜	茂南菜心	从化小白菜	花都菜心	鼎湖小白菜	阳山菜心	高明生菜	增城菜心	韶关犁市小白菜	韶关西河小白菜	开平小白菜	南沙花椰菜
1	$N_0P_0K_0$	869 d	352 c	1 068 e	760 c	2 046 c	859 e	1 245 c	499 f	977 g	338 cd	534 d	2 066 c	431 g	3 016 c	1 547 b	1 887 d
2	$N_0P_2K_2$	1 193 cd	497 b	1 297 d	796 bc	2 143 bc	1 380 cd	1 310 c	503 f	1 427 f	260 d	700 cd	2 216 c	468 g	3 161 bc	1 687 b	2 058 cd
3	$N_2P_0K_2$	1 712 ab	530 b	1 438 bc	1 058 abc	3 047 abc	1 361 d	1 507 ab	1 211 b	1 528 de	535 bcd	848 b	2 507 abc	1 091 e	3 535 a	3 193 a	4 325 b
4	$N_2P_2K_0$	1 472 bc	543 b	1 352 cd	1 077 abc	3 012 abc	1 502 b	1 517 ab	929 De	1 566 d	765 ab	863 b	2 818 ab	1 003 f b	3 179 bc	3 087 a	4 389 b
5	$N_2P_2K_2$	2 110 a	646 a	1 408 bc	1 339 a	3 100 abc	1 659 a	1 567 a	1 070 Bcd	1 781 b	652 abc	971 a	2 466 bc	1 179 d	3 366 ab	3 313 a	4 436 b
6	$N_{\text{习惯施肥}}$ $P_{\text{习惯施肥}}$ $K_{\text{习惯施肥}}$	1 859 ab	633 a	1 488 b	1 217 ab	3 156 abc	1 535 b	1 503 ab	1 122 Bc	1 649 c	950 a	950 ab	2 792 ab	1 282 c	3 175 bc	3 233 a	4 873 a
7	N_0 $P_{\text{习惯施肥}}$ $K_{\text{习惯施肥}}$	1 031 d	493 b	1 347 cd	704 c	2 365 abc	1 283 d	1 305 c	757 E	1 413 f	250 d	669 c	2 794 ab	488 g	3 142 bc	1 800 b	2 264 c
8	$N_{\text{习惯施肥}}$ P_0 $K_{\text{习惯施肥}}$	1 920 a	527 b	1 500 b	1 021 abc	3 194 ab	1 462 bc	1 418 b	1 405 a	1 681 c	810 ab	867 b	3 047 a	1 354 b	3 178 bc	3 060 a	5 004 a
9	$N_{\text{习惯施肥}}$ $P_{\text{习惯施肥}}$ K_0	1 101 cd	520 b	1 623 a	1 343 a	3 421 a	1 294 d	1 428 b	961 cd	1 475 ef	750 ab	818 bc	2 957 ab	1 504 a	3 197 bc	2 907 a	4 580 b
10	$N_2P_2K_2$ +有机肥	1 881 ab	641 a	1 679 a	1 321 a	2 965 abc		1 564 a	1 233 ab	1 939 a	812 ab		2 459 bc	1 524 a	3 100 c	3 480 a	4 913 a
F 值		9.22	26.5	22.6	2.85	1.52	48.00	11.7	23.6	112	5.30		2.77	2.77	3.43	10.5	185
显著度（$Pr > F$）		0.000 1	0.000 1	0.000 1	0.024 6	0.207 3	0.000 1	0.000 1	0.000 1	0.000 1	0.000 9	0.023	0.027 5	0.027 5	0.010 4	0.000 1	0.000 1

二、苦瓜应用测土施肥技术指标推荐施肥的田间示范效果

在获得苦瓜测土配方施肥技术指标值之后，在广东省有关县根据播种前土壤的养分含量检测值，对照苦瓜的土壤养分丰缺指标值及所对应的推荐施肥技术指标值，获取相应的苦瓜施肥量作为测土施肥处理，以习惯施肥作为对照，并增加一个配施有机肥的处理，分别考察利用测土配方施肥指标指导苦瓜施肥对商品瓜产量和肥料利用率的影响，以进行效果验证，各试验点的播前土壤检测值、推荐施肥量及商品瓜产量和肥料表观利用率结果见表8-4。结果显示，苦瓜测土配方施肥处理（或加有机肥）商品产量和肥料表观利用率普遍高于当地习惯施肥处理。

在单位面积产量方面，测土配方施肥处理普遍提高，13个点的测土配方施肥处理苦瓜产量比习惯施肥处理的平均提高了74.2 kg/亩（表8-5）。

在肥料施用量方面，测土配方施肥处理比习惯施肥处理的氮（N）、磷（P_2O_5）、钾（K_2O）肥平均分别减少10.7 kg/亩、12.23 kg/亩、10.94 kg/亩。其中氮肥用量减少幅度为2.7～22.4 kg/亩；磷肥用量减少幅度为1.17～30.0 kg/亩；钾肥用量减少幅度为0.48～30.5 kg/亩。

在肥料表观利用率方面，根据13个苦瓜示范试验中11个采集了植株样本的肥料表观利用率测算结果，测土施肥处理的肥料表观利用率普遍比习惯施肥对照高。其中氮肥表观利用率，习惯施肥处理氮肥表观利用率平均为13.7%，测土配方施肥处理的平均为20.6%，比习惯施肥平均提高了50.7%。磷肥表观利用率，习惯施肥处理的磷肥表观利用率平均为2.6%，而测土配方施肥处理的平均为8.26%，比习惯施肥平均提高了217%；习惯施肥处理的钾肥表观利用率平均为21.64%，而测土配方施肥处理的平均为29.4%，比习惯施肥平均提高了35.6%。这说明采用测土配方施肥基本保持产量的同时可以降低施肥量、大幅度提高肥料表观利用率，表明采用现有的苦瓜测土配方施肥技术指标指导施肥是基本可行的。

从以上的验证示范结果可看出，还有一些点应用测土配方施肥指标推荐施肥的处理未能达到比习惯施肥增产的效果，因此还有必要进一步对测土配方施肥指标进行校正。

表8-4　苦瓜利用测土施肥指标的推荐施肥方案及其对产量和肥料表观利用率的影响

地点	pH	有机质/（g·kg^{-1}）	全氮/（g·kg^{-1}）	速效养分/（mg·kg^{-1}）			推荐施肥量/（kg·亩$^{-1}$）			处理	商品瓜/（kg·亩$^{-1}$）	肥料表观利用率/%		
				N	P	K	N	P_2O_5	K_2O			N	P_2O_5	K_2O
开平	6.44	19.5	1.27	160	112	105	14	7	13	测土施肥	1 797	18.7	10.0	8.55
							27.3	27.3	27.3	习惯施肥	2 124	14.0	6.31	24.3
							14+	7+	13+	测土施肥+有机肥	2 097			
珠海	7.01	26.2	1.41	104	39.1	345	20	10	18	测土施肥	3 885	53.4	12.9	38.8
							27.9	8.4	16.8	习惯施肥	3 587	37.1	8.58	24.2
汕头	6.37	16.1	0.96	66.5	27.8	23.0	19.9	9.12	23.4	测土施肥	3 413	3.4	27.9	30.6
							17.2	13.7	26.2	习惯施肥	3 287	7.8	1.56	27.0
										测土施肥+有机肥	3 895			
南海大沥	5.61	26.2	1.76	216	196	358	11.2	3.6	4.8	测土施肥	959	10.4	5.26	7.47
							26.4	4.77	5.28	习惯施肥	992	4.20	0.62	4.57
							11.2+	3.6+	4.8+	测土施肥+有机肥	838			
南沙	5.26	22.8	1.44	101	125	425	15	8.5	11.5	测土施肥	2 388	4.92	3.43	24.9
							37	34	42	习惯施肥	2 253	0.66	0.31	1.60
							15+	8.5+	11.5+	测土施肥+有机肥	2 120			
揭东锡场	5.9	29.4	1.48	257	108	365	9	6.6	10	测土施肥	1 717	4.08	2.17	15.0
							25	16	24	习惯施肥	1 694	2.07	1.13	−0.88
										测土施肥+有机肥	1 994			

续表

地点	pH	有机质/（g·kg^{-1}）	全氮/（g·kg^{-1}）	速效养分/（mg·kg^{-1}）			推荐施肥量/（kg·亩$^{-1}$）			处理	商品瓜/（kg·亩$^{-1}$）	肥料表观利用率/%		
				N	P	K	N	P_2O_5	K_2O			N	P_2O_5	K_2O
阳春	6.5	32.1		154	58.1	342.4	14	8	6	测土施肥	1 617			
							20	20	20	习惯施肥	1 355			
										测土施肥+有机肥	1 606			
高要	5.0	11.2	1.52	121	19.7	67.1	14	10	13.5	测土施肥	2 917	71.8	19.7	109
							18.2	18.2	18.2	习惯施肥	3 184	52.1	−1.4	99.2
							14	10	13.5	测土施肥+有机肥	3 035			
惠东	4.7	19.3	1.01	94	65.8	37	14	8	17	测土施肥	969	23.7	8.37	30.0
							16.8	18.6	19.4	习惯施肥	1 043	21.3	6.28	32.7
							14+	8+	17+	测土施肥+有机肥	1 191			
白云镇湖	6.49	35.2	1.83	162	115	382	16.8	6.6	7.2	测土施肥	3 219	11.6	−10.3	34.0
							28.8	22	25.2	习惯施肥	3 650	9.4	1.7	1.05
							16.8+	6.6+	7.2+	测土施肥+有机肥	3 559			
潮阳	5.6	29.1	1.55	102	9	48	15	10	14	测土施肥	1 668	0.42	1.25	−1.16
							30	20	20	习惯施肥	1 768	0.44	0.57	−0.19
							15+	10+	14+	测土施肥+有机肥	1 713			
惠阳2	6.5	32.6	1.47	109	37.2	199	18	9	10	测土施肥	2 251	24.3	9.85	25.5
							22.5	22.5	22.5	习惯施肥	2 904	1.26	2.93	24.6
							18+	9+	10+	测土施肥+有机肥	2 614			
南海狮山	6.25	19.3	1.54	144	201	257	35	19.2	33.6	测土施肥	4 050			
							57.4	49.2	57.4	习惯施肥	4 840			
										测土施肥+有机肥	4 169			

表8-5　苦瓜利用测土推荐施肥方案的各验证示范试验处理产量效果　kg/亩

编号	处理	开平	珠海	汕头	南海大沥	南沙	揭东	阳春	高要	惠东	白云区	潮阳	惠阳	南海黄洞
1	$N_0P_0K_0$	1 870 abc	1 529 D	1 981 i	844 a	2 435 abc	733 d	1 330 bc	378 f	685 e	3 225 a	470 g	799 e	1 556 e
2	$N_0P_2K_2$	1 498 d	1 689 D	3 067 f	961 a	2 616 a	1 161 c	1 528 ab	1 085 e	849 cd	3 115 a	1 506 f	1 583 d	2 426 d
3	$N_2P_0K_2$	1 946 abc	3 175 B	3 195 d	856 a	2 484 ab	1 622 b	1 515 ab	2 512 b	903 bcd	3 673 a	1 575 e	2 202 bc	3 863 cd
4	$N_2P_2K_0$	1 863 abc	3 210 B	2 888 h	838 a	2 178 bcd	1 539 b	1 726 a	1 889 c	790 de	3 494 a	1 592 de	1 875 cd	4 014 b
5	$N_2P_2K_2$	1 797 c	3 885 A	3 411 B b	882 a	2 388 abc	1 717 b	1 617 a	2 917 a	969 bc	3 282 a	1 689 b	2 251 bc	4 050 b
6	$N_{习惯施肥}$ $P_{习惯施肥}$ $K_{习惯施肥}$	2 124 a	3 588 AB	3 286 c	942 a	2 253 bcd	1 695 b	1 355 b	3 184 a	1 043 ab	3 650 a	1 784 a	2 904 a	3 224 c
7	N_0 $P_{习惯施肥}$ $K_{习惯施肥}$	1 736 cd	2 331 C	3 105 ef	989 a	2 378 abc	1 228 c	1 100 c	1 336 de	905 bcd	3 392 a	1 561 e	1 812 cd	3 190 c
8	$N_{习惯施肥}$ P_0 $K_{习惯施肥}$	1 837 bc	3 581 AB	2 956 g	794 a	2 028 d	1 667 b	1 317 bc	2 348 b	1 036 b	3 366 a	1 614 cd	2 327 bc	3 871 bc
9	$N_{习惯施肥}$ $P_{习惯施肥}$ K_0	1 822 c	3 525 AB	3 127 e	847 a	2 258 bcd	1 595 b	1 542 ab	1 651 cd	839 cd	3 629 a	1 633 c	1 819 cd	4 145 b
10	N_2P_2K+有机肥	2 097 ab		3 894 a	838 a	2 120 cd	1 995 a	1 606 a	3 035 a	1 191 a	3 559 a	1 711 b	2 614 ab	4 169 ab
*F*值		3.84	39.38	1 038	0.26	2.65	14.6	4.75	57.6	7.98	1.68	1 278	10.2	15.3
显著度*Pr*		0.005 9	0.000 1	0.000 1	0.979 9	0.033 3	0.000 1	0.001 8	0.000 1	0.000 1	0.159 7	0.000 1	0.000 1	0.000 1

第三节　蔬菜测土配方施肥指标体系的校正示范效果

从上一节应用测土施肥技术指标推荐施肥的叶菜和苦瓜田间验证示范结果看出，采用测土配方施肥的处理，虽然可以降低施肥量、大幅度提高肥料表观利用率，但还有一些点应用测土配方施肥指标推荐施肥的处理未能达到比习惯施肥增产的效果，因此还有必要进一步对测土配方施肥指标进行校正。因此，又在广东省有关县进一步对叶菜、苦瓜和豇豆的测土配方施肥指标进行了校正试验，以对该指标体系进行校正，以使其能获得更好的效果。

一、叶菜

2012年分别在粤西的徐闻、粤东的揭东和中部的番禺、鼎湖和高要共进行了5个叶菜施肥指标体系校正试验（表8–6）。结果显示，除了高要试验点之外，有4个县应用优化施肥处理（即应用叶菜施肥指标体系推荐施肥并配施有机肥）的产量高于当地习惯施肥，其中有2个县是优化施肥不增减氮的产量最高，有1个县是优化施肥增10%氮处理的产量高于优化施肥，有1个县是优化施肥减10%氮处理的产量高于优化施肥。可见，应用所建立的叶菜施肥指标体系推荐的施肥，叶菜的产量是有保证的，而施氮量和磷量均是比习惯施肥降低。

表8–6　叶菜指标体系校正试验效果

地点	pH	有机质/（g·kg^{-1}）	全氮/（g·kg^{-1}）	速效养分/（mg·kg^{-1}）			试验处理内容	有机肥/（kg·亩$^{-1}$）	化肥/（kg·亩$^{-1}$）			产量/（kg·亩$^{-1}$）
				N	P	K			N	P_2O_5	K_2O	
高要小白菜	5.4	23.2		127	26.3	79.2	有机肥+$N_2P_2K_2$	100	11	1.9	5.6	2 319
							有机肥+N_2水平+10%	100	12.5	1.9	5.6	2 468
							有机肥+N_2水平−10%	100	10.5	1.9	5.6	2 387
							习惯施肥	100	15	15	15	3 007
番禺小白菜	4.57	25.9	2.00	312	111	274	有机肥+$N_2P_2K_2$	100	8	0.4	2.5	1 967
							有机肥+N_2水平+10%	100	8.8	0.4	2.5	1 839
							有机肥+N_2水平−10%	100	7.2	0.4	2.5	1 826
							习惯施肥	0	7.65	0.75	0.75	1 677
揭东芥蓝	7.02	47.1	17.2	136	58.1	561	有机肥+$N_2P_2K_2$	100	10.8	1	2.5	859
							有机肥+N_2水平+10%	100	11.9	1	2.5	1 378
							有机肥+N_2水平−10%	100	9.7	1	2.5	1 403
							习惯施肥		8.5	4	3	1 295

续表

地点	pH	有机质/（g·kg^{-1}）	全氮/（g·kg^{-1}）	速效养分/（mg·kg^{-1}）			试验处理内容	有机肥/（kg·亩$^{-1}$）	化肥/（kg·亩$^{-1}$）			产量/（kg·亩$^{-1}$）
				N	P	K			N	P_2O_5	K_2O	
鼎湖菜心	5.5	17.5	1.17	121	73	91	有机肥+$N_2P_2K_2$	100	10	1.0	7.5	934
							有机肥+N_2水平+10%	100	11	1.0	7.5	830
							有机肥+N_2水平−10%	100	9	1.0	7.5	790
							习惯施肥	0	12.5	8.0	10.8	865
徐闻小白菜	5.23	1.44	27.1	179	51.6	683	有机肥+$N_2P_2K_2$	100	11	3.5	4.5	734
							有机肥+N_2水平+10%	100	12.1	3.5	4.5	940
							有机肥+N_2水平−10%	100	9.9	3.5	4.5	717
							习惯施肥		11.5	9.6	2	623

二、苦瓜

2012年分别在揭东、江门和高要共进行了3个苦瓜施肥指标体系校正试验（表8–7），结果显示，除了高要试验点之外，揭东和江门的优化施肥处理（即应用苦瓜施肥指标体系推荐施肥并配施有机肥）的产量高于当地习惯施肥，其中揭东是优化施肥不增减氮的产量最高，江门是优化施肥增10%氮处理的产量高于优化施肥和习惯施肥。可见，应用所建立的苦瓜施肥指标体系推荐的施肥，苦瓜的产量是有保证的，而施肥量（包括氮、磷、钾量）均是比习惯施肥大幅度降低的。

表8–7　苦瓜指标体系校正试验效果

地点	pH	有机质/（g·kg^{-1}）	全氮/（g·kg^{-1}）	速效养分/（mg·kg^{-1}）			试验处理内容	有机肥/（kg·亩$^{-1}$）	化肥/（kg·亩$^{-1}$）			产量/（kg·亩$^{-1}$）
				N	P	K			N	P_2O_5	K_2O	
高要	5.6	23.2		107	25.3	69.6	有机肥+$N_2P_2K_2$	300	15.7	5.8	9.5	1 966
							有机肥+N_2水平+10%	300	17.3	5.8	9.5	2 075
							有机肥+N_2水平−10%	300	14.1	5.8	9.5	1 808
							习惯施肥	150	15	15	15	2 265
揭东	5.35	30.2	1.90	167	88.1	574	有机肥+$N_2P_2K_2$	300	15	4	2.5	1 650
							有机肥+N_2水平+10%	300	16.5	4	2.5	1 635
							有机肥+N_2水平−10%	300	13.5	4	2.5	1 643
							习惯施肥		25	16	24	1 364

续表

地点	pH	有机质/（g·kg⁻¹）	全氮/（g·kg⁻¹）	速效养分/（mg·kg⁻¹）			试验处理内容	有机肥/（kg·亩⁻¹）	化肥/（kg·亩⁻¹）			产量/（kg·亩⁻¹）
				N	P	K			N	P_2O_5	K_2O	
江门	6.0	20.2		105	49.4	156	有机肥+$N_2P_2K_2$	300	16.2	4.95	6.3	1 343
							有机肥+N_2水平+10%	300	17.8	4.95	6.3	1 492
							有机肥+N_2水平−10%	300	14.6	4.95	6.3	1 326
							习惯施肥	300	18	18	18	1 477

三、豇豆

2012年分别在增城、饶平、东莞和高要共进行了4个豇豆施肥指标体系校正试验（表8–8）。结果显示，除高要的优化施肥增10%氮处理与习惯施肥的产量差异不显著之外，其他3个点的优化施肥的产量均优于习惯施肥处理。其中东莞和饶平均是优化施肥不增减氮的产量最高，增城是优化施肥减10%氮的产量最高，说明应用所建立的豇豆施肥指标体系推荐的施肥，豇豆的产量是有保证的，而施氮、磷、钾量比习惯施肥有所降低。

表8–8　豇豆指标体系校正试验效果

地点	pH	有机质/（g·kg⁻¹）	全氮/（g·kg⁻¹）	速效养分/（mg·kg⁻¹）			处理	有机肥/（kg·亩⁻¹）	化肥/（kg·亩⁻¹）			产量/（kg·亩⁻¹）
				N	P	K			N	P_2O_5	K_2O	
高要	5.6	23.9		104	30.8	70.0	有机肥+$N_2P_2K_2$	200	12	4.6	8.9	2 649
							有机肥+N_2水平+10%	200	13.2	4.6	8.9	2 912
							有机肥+N_2水平−10%	200	10.8	4.6	8.9	2 411
							习惯施肥	200	15	15	15	3 029
增城	7.33	12.9	0.95	90.3	62.4	54.3	有机肥+$N_2P_2K_2$	200	14	3.5	10.5	1 101
							有机肥+N_2水平+10%	200	15.5	3.5	10.5	1 242
							有机肥+N_2水平−10%	200	12.5	3.5	10.5	1 330
							习惯施肥	200	9	3	3	1 237
饶平	5.4	21	1.08	118	25.9	52	有机肥+$N_2P_2K_2$	200	6.30	10.4	9.8	1 162
							有机肥+N_2水平+10%	200	6.93	10.4	9.8	1 006
							有机肥+N_2水平−10%	200	5.67	10.4	9.8	1 034
							习惯施肥	200	6.90	10.8	12.0	944
东莞		9.8	0.568	119	149	122	有机肥+$N_2P_2K_2$	200	19.9	4.1	11.1	5 656
							有机肥+N_2水平+10%	200	21.8	4.1	11.1	5 220
							有机肥+N_2水平−10%	200	17.9	3.3	11.1	4 891
							习惯施肥	80	22.5	28.5	22.5	4 138

第四节　主要蔬菜的施肥标准化技术规程

所建立蔬菜测土配方施肥技术指标体系经过验证和校正之后，为了把测土配方施肥技术成果更好地推广应用，应进一步将该技术成果固定成标准化技术规程，以促进蔬菜产业向规模化、标准化发展，实现蔬菜生产的标准化施肥，所以制订了广东省地方标准《叶菜类蔬菜测土配方施肥技术规程》《苦瓜测土配方施肥技术规程》《豇豆测土配方施肥技术规程》及《马铃薯测土配方施肥技术规程》，系统概述了以小白菜、菜心为代表的叶菜类蔬菜、以苦瓜为代表的瓜类蔬菜、以豇豆为代表的豆类蔬菜，以及冬种马铃薯生产的土壤管理和施肥技术措施，包括施肥要求、因土施肥的量化操作技术。

一、叶菜类蔬菜

（一）范围

本标准规定了叶菜类蔬菜生产过程中测土配方施肥的施肥原则、施肥要点和施肥推荐。

本标准适用于露地叶菜类蔬菜生产，包括菜心、芥蓝、小白菜、生菜等短期叶菜，其他叶菜可参考执行。

（二）规范性引用文件

下列文件对于本文件的应用是必不可少的。凡是注日期的引用文件，仅所注日期的版本适用于本文件。凡是不注日期的引用文件，其最新版本（包括所有的修改单）适用于本文件。

NY/T 496 肥料合理使用准则 通则

NY 525 有机肥料

NY/T 1118 测土配方施肥技术规范

（三）施肥原则

应符合NY/T 496 和NY 525的规定，禁止使用未获准登记的肥料产品，以及未达到无害化指标要求、未经发酵腐熟的人畜粪尿、工业废弃物和城市垃圾等有机物料。按照“测土施肥、优化结构、增加产量、提高效益、保护环境”的要求，提倡有机肥料与无机肥料相结合，大量营养元素与中量营养元素、微量营养元素相结合，基肥与追肥相结合，施肥与气候环境和管理措施等相结合。

（四）施肥要点

1. 结合土壤测试结果施肥

根据土壤养分测试结果确定施肥量（表8-9），土壤样品采集测试参照NY/T 1118 的规定。测定项目为土壤水解氮（碱解扩散法测定）、土壤有效磷（碳酸氢钠浸提法测定）、土壤

速效钾（乙酸铵浸提法测定）。

表8-9　叶菜类蔬菜的土壤有效养分肥力等级及推荐施肥量

土壤养分肥力等级	土壤水解氮［N/（mg·kg^{-1}）］	推荐施氮量［N/（kg·亩$^{-1}$）］	土壤有效磷［Olsen-P/（mg·kg^{-1}）］	推荐施磷量［P_2O_5/（kg·亩$^{-1}$）］	土壤速效钾［K/（mg·kg^{-1}）］	推荐施钾量［K_2O/（kg·亩$^{-1}$）］
极低	50～100	11.5～13.5				
低	100～150	10.5～11.5	＜25	3.5～4.5	＜30	8.5～11.0
中	150～210	9.0～10.5	25～70	2.5～3.5	30～85	6.0～8.5
高	210～250	8.5～9.0	70～120	1.5～2.5	85～150	5.0～6.0
极高	＞250	＜8.5	＞120	＜1.5	＞150	＜5.0

2. 结合产量水平施肥

标准中肥料推荐施用量根据叶菜正常生产产量水平（每亩菜心平均产量600～800 kg，小白菜、生菜等叶菜平均产量1 500～2 000 kg）进行推荐，在中等肥力和在此产量水平基础上，每增加或减少400 kg商品菜，需增施或减施氮素（N）1.5～2 kg、磷素（P_2O_5）0.5～1 kg、钾素（K_2O）1.5～2 kg。

（五）施肥推荐

1. 施肥总量及肥料运筹

（1）施肥总量

每亩施氮素（N）8.5～13.5 kg、磷素（P_2O_5）1.5～4.5 kg、钾素（K_2O）5～11 kg。氮、磷、钾肥具体用量根据土壤养分肥力等级而定，参照表8-9。

（2）肥料运筹

①提倡化肥与有机肥配施，化肥全部用作追肥时，有机肥全部作基肥（底肥），化肥分3次追，第1次追肥占总量的20%，第2次追肥占总量的35%，第3次追肥占总量的45%。

②提倡化肥与有机肥配施，基肥中施有机肥又施化肥时，有机肥和磷肥全部作基肥（底肥），若施单质氮钾肥，则30%作基肥、70%作追肥；若施专用肥的，则30%作基肥、70%作追肥。一般追肥分3次，第1次追肥占总量的15%，第2次追肥占总量的20%，第3次追肥占总量的35%。

③若只施用化肥，施基肥时，则30%作基肥、70%作追肥，追肥分3次，比例同上；化肥全部作追肥，第1次追肥占总量的20%，第2次追肥占总量的35%，第3次追肥占总量的45%。

④在施肥总量确定下，也可根据不同生育期蔬菜实际生长状况和气候条件等，适当调节追肥次数和每次的追肥比例。

2. 基肥（底肥）

有机肥料每亩施50～100 kg；化肥若用单质肥时，过磷酸钙（含P_2O_5 12%）12～35 kg，尿素（含N 46%）5.5～9.0 kg，氯化钾（含K_2O 60%）2.5～5.5 kg或硫酸钾（含K_2O 50%）

3～6.5 kg；或配方专用肥总量的30%。具体用量根据土壤养分肥力等级而定，氮、磷、钾肥参照表8-9。

3. 追肥

（1）总体要求

留作追肥的化肥宜配制成水肥淋施，不提倡使用干肥撒施，以提高肥料利用率，但如遇雨后土壤湿透，可撒施干肥；可在齐苗后或移栽定植成活后3～4天开始追肥，以后每隔7天左右施1次，一般分3次施用。蔬菜采收前7天内停止追肥。

（2）第1次追肥

①第1次追肥，一般在播种齐苗后第一片叶平展时或移栽定植成活后3～4天进行。

②100%化肥用于追肥时的用量：每亩施尿素4.0～6.0 kg、氯化钾2～3.5 kg（或硫酸钾2.0～4.0 kg）；或配方专用肥总量的20%。

③70%化肥用于追肥时的用量：每亩施尿素3.0～4.0 kg、氯化钾1～3 kg（或硫酸钾1.5～3.5 kg）；或配方专用肥总量的15%。

（3）第2次追肥

①第2次追肥，隔第1次追肥约7天时进行。

②100%化肥用于追肥时的用量：每亩施尿素6.0～10.0 kg、氯化钾3.0～6.0 kg（或硫酸钾3.5～7.5 kg）；或配方专用肥总量的35%。

③70%化肥用于追肥的用量：每亩施尿素3.5～6 kg、氯化钾1.5～3.5 kg（或硫酸钾2.0～4.0 kg）；或配方专用肥总量的20%。

（4）第3次追肥

①第3次追肥，隔上次追肥约7天时进行。

②100%化肥用于追肥时的用量：每亩施尿素8.0～13.0 kg、氯化钾4.0～8.0 kg（或硫酸钾4.5～9.0 kg）；或配方专用肥总量的45%。

③70%化肥用于追肥时的用量：每亩施尿素6.5～10 kg、氯化钾3.0～6.0 kg（或硫酸钾3.5～7.5 kg）；或配方专用肥总量的35%。

4. 有机肥料施用

（1）有机肥料的施肥要点

提倡适当增施有机肥，实施秸秆（残茎叶）堆沤（无害化）还田，在有机肥料用量较大时，应适当减少化肥施用量。施用商品有机肥料，根据包装袋养分标识值和施用量计算后，减施相应磷、钾肥量；或每施100 kg减少1.4 kg磷素（P_2O_5）和1.5 kg钾素（K_2O）。

（2）有机肥料的推荐施用量和方法

叶菜类蔬菜的有机肥（商品有机肥或禽畜粪肥）用量以每茬每亩施50～100 kg为宜，若2茬施1次可每亩施100～150 kg；有机肥料宜作为基肥施用，可结合整地全层施或条施。

5. 注意事项

（1）配方肥的施用

坚持“大配方、小调整”的原则。在叶菜类蔬菜各施肥时期，根据该时期叶菜养分需求，在施用配方肥的同时，配施适量的尿素、过磷酸钙或氯化钾（或硫酸钾）等单质肥料，对配方肥“大配方”养分配比进行适当的“小调整”，满足叶菜在各生长时期的养分需求。

（2）补施肥料

如果施肥后遇强降雨，肥料流失严重时，应在雨停排水后补施适量化肥。

二、瓜类蔬菜

苦瓜是华南地区重要的瓜类蔬菜品种，也是广东的特色瓜类蔬菜之一。在研究广东省蔬菜测土施肥技术指标体系的基础上，以技术规程的形式规定了以苦瓜为代表的瓜类蔬菜生产的施肥要求、在各级土壤养分肥力条件下的施肥标准、施肥时期等因土量化施肥技术，包括育苗期用肥、基肥、追肥等主要环节，施用有机肥及无机氮、磷、钾、硼、钼肥的技术规范，还规范了苦瓜种植过程的施肥行为，旨在为保证瓜类蔬菜生产的产量和质量，减少因过量施肥引起的环境污染，促进蔬菜生产标准化和产业化经营，指导蔬菜生产基地建设和有关技术标准制定。

（一）范围

本标准规定了苦瓜生产的测土配方施肥技术。

本标准适用于露地苦瓜的生产，其他瓜类如节瓜、丝瓜等可参照执行。

（二）规范性引用文件

同叶菜类蔬菜。

（三）术语与定义

配方肥料：以土壤测试、肥料田间试验为基础，根据作物需肥规律、土壤供肥性能和肥料效应，用各种单质肥料和（或）复混肥料为原料，配制成的适合于特定区域、特定作物品种的肥料。

（四）施肥原则

同叶菜类蔬菜。

（五）施肥要点

1. 结合土壤养分测试结果施肥

根据土壤养分测试结果确定施肥量（表8-10）。土壤样品采集测试参照NY/T 1118 的规定，测定项目为土壤水解氮（碱解扩散法测定）、土壤有效磷（碳酸氢钠浸提法测定）、土壤速效钾（乙酸铵浸提法测定）。

2. 结合产量水平施肥

表8-10中肥料推荐施用量根据苦瓜正常商品瓜产量水平（每亩平均产量1 500～2 000 kg）

进行推荐，在中等肥力和在此产量水平基础上，每增加或减少500 kg商品瓜，需增施或减施氮素（N）1.5～2 kg、磷素（P_2O_5）0.5～1 kg、钾素（K_2O）1.5～2 kg。

（六）施肥推荐

1. 施肥总量及肥料运筹

（1）施肥总量

每亩施氮素（N）8.5～21.0 kg、磷素（P_2O_5）7.5～13.5 kg、钾素（K_2O）8.0～21.0 kg。氮、磷、钾肥具体用量根据土壤养分肥力等级而定，分别参照表8-10。

表8-10　苦瓜的土壤有效养分丰缺指标和推荐施肥量

土壤养分肥力等级	土壤水解氮［N/（mg·kg^{-1}）］	推荐施氮量［N/（kg·亩$^{-1}$）］	土壤有效磷［Olsen-P/（kg·亩$^{-1}$）］	推荐施磷量［P_2O_5/（kg·亩$^{-1}$）］	土壤速效钾［K/（mg·kg^{-1}）］	推荐施钾量［K_2O/（kg·亩$^{-1}$）］
极低	40～120	15.5～21.0	—	—	—	—
低	120～175	12.5～15.5	＜30	9.5～13.5	＜70	13～16
中	175～255	9.5～12.5	30～75	8～9.5	70～160	9.5～13
高	255～300	8.5～9.5	75～120	7.5～8.0	160～230	8.0～9.5
极高	＞300	＜8.5	＞120	＜7.5	＞230	＜8.0

注：推荐施肥量包括基肥和6次追肥。

（2）肥料运筹

①提倡化肥与有机肥配施，若基肥中同时施有机肥和化肥时，则全部有机肥和50%磷肥作基肥（底肥），其余50%磷肥和全部氮钾肥或配方肥料作追肥；也可加入10%氮钾肥或10%配方肥料作基肥，其余50%磷肥与90%氮钾肥或90%配方肥料作追肥。一般追肥分6次：第1次至第3次追肥量分别占总施肥量的5%、10%、15%，第4次至第6次每次各占总量的20%。

②若只施用化肥且要施基肥时，则10%作基肥、90%作追肥，追肥分6次，比例同上。

③在施肥总量确定前提下，也可根据不同生育期苦瓜实际生长状况和气候条件等，适当调节追肥次数和每次的追肥比例。

2. 育苗肥

育苗基质可用水稻土或肥沃无病虫源的菜园土，打碎过筛或用蔬菜育苗基质（或育苗专用泥炭土），按0.2%的比例（基质：肥料）加入15-15-15复合肥混合而成。

3. 基肥

播种前或移栽前开深20～30 cm的施肥沟，按上述不同的肥料运筹方式，将用作基肥的全部肥料混匀施于沟中，覆土后再行移植或播种。

4. 有机肥料施用

（1）有机肥的施肥要点

提倡适当增施有机肥，实施秸秆（残茎叶）堆沤（无害化）还田，在有机肥料用量较大

时，应适当减少化肥施用量。若施用商品有机肥料，则根据包装袋养分标识值和用量计算磷、钾养分施入量，相应减施化学磷、钾肥用量；或每施100 kg商品有机肥，可减施1.4 kg磷素（P_2O_5）和1.5 kg钾素（K_2O）。

（2）有机肥的施用量和方法

按苦瓜产量1 500～2 000 kg/亩计，商品有机肥施用300 kg/亩左右；农家有机肥（指堆肥、土杂肥等）施用750 kg/亩左右。全部有机肥于种植前按基肥的规定作基肥施用。

5. 追肥

（1）追肥总体要求

除基肥外的化肥均作为追肥，分6次或以上施肥。肥料可配成水肥淋施于根际，不提倡干肥撒施，以提高肥料利用率，但若遇雨后土壤湿透，可在根际作穴施后覆土。可根据生长发育所需，适当喷施叶面肥。但采收前7天内停止根外追肥。

（2）第1次追肥

①第1次追肥，一般在播种齐苗后第一片叶平展时或移栽定植成活后约7天进行。氮钾肥施用量为总量的5%，磷肥用量为总量的10%。

②氮肥（尿素含N 46%）施用量：土壤有效氮养分等级为极低的，每亩施尿素1.7～2.3 kg；土壤有效氮养分等级为低的，每亩施尿素1.4～1.7 kg；土壤有效氮养分等级为中等的，每亩施尿素1.0～1.4 kg；土壤有效氮养分等级为高的，每亩施尿素0.9～1.0 kg；土壤有效氮养分等级为极高的，每亩施尿素应<0.9 kg。

③磷肥（过磷酸钙含P_2O_5 12%）施用量：土壤有效磷养分等级为低以下的，每亩施过磷酸钙7.9～11.3 kg；土壤有效磷养分等级为中等的，每亩施过磷酸钙6.7～7.9 kg；土壤有效磷养分等级为高的，每亩施过磷酸钙6.3～6.7 kg；土壤有效磷养分等级为极高的，每亩施过磷酸钙应<6.3 kg。

④钾肥（氯化钾含K_2O 60%、硫酸钾含K_2O 50%）施用量：土壤速效钾养分等级为低以下的，每亩施氯化钾1.1～1.8 kg（或硫酸钾1.3～2.1 kg）；土壤速效钾养分等级为中等的，每亩施氯化钾0.8～1.1 kg（或硫酸钾1.0～1.3 kg）；土壤速效钾养分等级为高的，每亩施氯化钾0.7～0.8 kg（或硫酸钾0.8～1.0 kg）；土壤速效钾养分等级为极高的，每亩施氯化钾应<0.7 kg（或硫酸钾应<0.8 kg）。

⑤或配方肥料总量的5%。

（3）第2次追肥

①在第1次追肥后7～10天（约为开花初期）追第2次肥。氮、磷、钾肥用量均为总量的10%。

②氮肥（尿素含N 46%）施用量：土壤有效氮养分等级为极低的，每亩施尿素3.4～4.6 kg；土壤有效氮养分等级为低的，每亩施尿素2.7～3.4 kg；土壤有效氮养分等级为中等的，每亩施尿素2.1～2.7 kg；土壤有效氮养分等级为高的，每亩施尿素1.8～2.1 kg；土壤有效氮养分等级为极高的，每亩施尿素应<1.8 kg。

③磷肥（过磷酸钙含P_2O_5 12%）施用量：土壤有效磷养分等级为低以下的，每亩施过磷酸钙7.9～11.3 kg；土壤有效磷养分等级为中等的，每亩施过磷酸钙6.7～7.9 kg；土壤有效磷养分等级为高的，每亩施过磷酸钙6.3～6.7 kg；土壤有效磷养分等级为极高的，每亩施过磷酸钙应<6.3 kg。

④钾肥（氯化钾含K_2O 60%，硫酸钾含K_2O 50%）施用量：土壤速效钾养分等级为低以下的，每亩施氯化钾2.2～3.5 kg（或硫酸钾2.6～4.2 kg）；土壤速效钾养分等级为中等的，每亩施氯化钾1.6～2.2 kg（或硫酸钾1.9～2.6 kg）；土壤速效钾养分等级为高的，每亩施氯化钾1.3～1.6 kg（或硫酸钾1.6～1.9 kg）；土壤速效钾养分等级为极高的，每亩施氯化钾应<1.3 kg（或硫酸钾应<1.6 kg）。

⑤或配方肥料总量的10%。

（4）第3次追肥

①在第2次追肥后7～10天（约为结果初期）追第3次肥。氮、钾肥用量为总量的15%，磷肥用量为总量的15%。

②氮肥（尿素含N 46%）施用量：土壤有效氮养分等级为极低的，每亩施尿素5.1～6.8 kg；土壤有效氮养分等级为低的，每亩施尿素4.1～5.1 kg；土壤有效氮养分等级为中等的，每亩施尿素3.1～4.1 kg；土壤有效氮养分等级为高的，每亩施尿素2.8～3.1 kg；土壤有效氮养分等级为极高的，每亩施尿素应<2.8 kg。

③磷肥（过磷酸钙含P_2O_5 12%）施用量：土壤有效磷养分等级为低以下的，每亩施过磷酸钙7.9～11.3 kg；土壤有效磷养分等级为中等的，每亩施过磷酸钙6.7～7.9 kg；土壤有效磷养分等级为高的，每亩施过磷酸钙6.3～6.7 kg；土壤有效磷养分等级为极高的，每亩施过磷酸钙应<6.3 kg。

④钾肥（氯化钾含K_2O 60%，硫酸钾含K_2O 50%）施用量：土壤速效钾养分等级为低以下的，每亩施氯化钾3.3～5.3 kg（或硫酸钾3.9～6.3 kg）；土壤速效钾养分等级为中等的，每亩施氯化钾2.4～3.3 kg（或硫酸钾2.9～3.9 kg）；土壤速效钾养分等级为高的，每亩施氯化钾2.0～2.4 kg（或硫酸钾2.4～2.9 kg）；土壤速效钾养分等级为极高的，每亩施氯化钾应<2.0 kg（或硫酸钾应<2.4 kg）。

⑤或配方肥料总量的15%。

（5）第4次至第6次追肥

①在第3次追肥后约10天施第4次肥。氮钾肥用量为总量的20%，磷肥用量为总量的10%。以后隔约10天追1次，氮钾肥和配方肥料共追6次或以上，磷肥追5次。

②氮肥（尿素含N 46%）施用量：土壤有效氮养分等级为极低的，每亩施尿素6.7～9.1 kg；土壤有效氮养分等级为低的，每亩施尿素5.4～6.7 kg；土壤有效氮养分等级为中等的，每亩施尿素4.1～5.4 kg；土壤有效氮养分等级为高的，每亩施尿素3.7～4.1 kg；土壤有效氮养分等级为极高的，每亩施尿素应<3.7 kg。

③磷肥（过磷酸钙含P_2O_5 12%）施用量：土壤有效磷养分等级为低以下的，每亩施过磷酸钙

7.9～11.4 kg；土壤有效磷养分等级为中等的，每亩施过磷酸钙6.7～7.9 kg；土壤有效磷养分等级为高的，每亩施过磷酸钙6.3～6.7 kg；土壤有效磷养分等级为极高的，每亩施过磷酸钙应＜6.3 kg。

④钾肥（氯化钾含K_2O 60%、硫酸钾含K_2O 50%）施用量：土壤速效钾养分等级为低以下的，每亩施氯化钾4.3～7.0 kg（或硫酸钾5.2～8.4 kg）；土壤速效钾养分等级为中等的，每亩施氯化钾3.2～4.3 kg（或硫酸钾3.8～5.2 kg）；土壤速效钾养分等级为高的，每亩施氯化钾2.7～3.2 kg（或硫酸钾3.2～3.8 kg）；土壤速效钾养分等级为极高的，每亩施氯化钾应＜2.7 kg（或硫酸钾应＜3.2 kg）。

⑤或配方肥料总量的20%。

6. 中量、微量元素肥料

在一般情况下，若在施基肥时施足有机肥的情况下，可以不施用中量、微量元素肥料。

当土壤有效镁极缺（交换性镁含量＜100 mg/kg）时，应补充中量元素镁肥，全期施镁肥量为0.3～0.8 kg/亩，折合为硫酸镁（$MgSO_4 \cdot 7H_2O$含镁9.8%）3.0～8.0 kg/亩。

当土壤有效硼极缺（有效硼含量＜0.20 mg/kg）时，应补充微量元素硼肥，全期施硼肥量为0.03 ～0.06 kg/亩，折合为硼砂（$Na_2B_4O_7 \cdot 10H_2O$含硼10%）0.27～0.55 kg/亩。

当土壤有效钼极缺（有效钼含量＜0.07 mg/kg）时，应补充微量元素钼肥，全期施钼肥量为0.008～0.016 g/亩，折合为钼酸铵（$H_8MoN_2O_4$含钼54%）15～30 g/亩。

若硼、钼的施用量很低，推荐喷施。

7. 注意事项

（1）配方肥料的施用

坚持“大配方、小调整”的原则。在苦瓜各施肥时期，根据该时期苦瓜养分需求，在施用配方肥料的同时，配施适量的尿素、过磷酸钙或氯化钾（或硫酸钾）等单质肥料，对配方肥料“大配方”养分配比进行适当的“小调整”，满足苦瓜在各生长时期的养分需求。

（2）补施肥料

如果施肥后遇强降雨，肥料流失严重并且作物生长正常未显示涝害症状时，应在雨停排水后补施适量化肥。

三、豆类蔬菜

豇豆是广东省重要的豆类蔬菜品种，也是广东的特色豆类蔬菜之一。在研究广东省蔬菜测土施肥技术指标体系的基础上，以技术规程的形式规定了以豇豆为代表的豆类蔬菜生产的施肥要求、在各级土壤养分肥力条件下的施肥标准、施肥时期等因土量化施肥技术，包括育苗期用肥、基肥、追肥等主要环节，施用有机肥及无机氮、磷、钾肥的技术规范，还规范了豇豆种植过程的施肥行为，旨在为保证豆类蔬菜生产的产量和质量，减少因过量施肥引起的环境污染，促进蔬菜生产标准化和产业化经营，指导蔬菜生产基地建设和有关技术标准制定。

（一）范围

本标准规定了豇豆生产的施肥原则、施肥要求和施肥技术。

本标准适用于露地豇豆生产，其他豆类蔬菜如菜豆（四季豆）可参照执行。

（二）规范性引用文件

同叶菜类蔬菜。

（三）术语与定义

配方肥料：同苦瓜。

（四）施肥原则

同苦瓜。

（五）施肥要点

1. 结合土壤养分测试结果施肥

根据土壤养分测试结果确定施肥量（表8-11）。土壤样品采集测试参照NY/T 1118 的规定，测定项目为土壤水解氮（碱解扩散法测定）、土壤有效磷（碳酸氢钠浸提法测定）、土壤速效钾（乙酸铵浸提法测定）。

表8-11　豇豆土壤有效养分丰缺指标和豇豆推荐施肥量

土壤养分肥力等级	土壤水解氮［N/（$mg \cdot kg^{-1}$）］	推荐施氮量［N/（kg·亩$^{-1}$）］	土壤有效磷［Olsen-P/（kg·亩$^{-1}$）］	推荐施磷量［P_2O_5/（kg·亩$^{-1}$）］	土壤速效钾［K/（$mg \cdot kg^{-1}$）］	推荐施钾量［K_2O/（kg·亩$^{-1}$）］
极低	10～40	13～17				
低	40～90	11～13	<15	8.5～14	<50	11～19
中	90～180	8.5～11	15～55	6.5～8.5	50～125	8.0～11
高	180～260	7.5～8.5	55～105	5.5～6.5	125～195	6.5～8.0
极高	>260	<7.5	>105	<5.5	>195	<6.5

注：推荐施肥量包括基肥和6次追肥。

2. 结合产量水平施肥

表8-11中肥料推荐施用量根据豇豆正常经济产量水平（每亩平均产量1 000～2 000 kg）进行推荐，在中等肥力和在此产量水平基础上，每增加或减少500 kg产量，需增施或减施氮素（N）1.5～2 kg、磷素（P_2O_5）0.5～1 kg、钾素（K_2O）1.5～2 kg。

（六）施肥推荐

1. 施肥总量及肥料运筹

（1）施肥总量

根据土壤养分肥力等级确定氮、磷、钾肥的具体施用量，土壤养分肥力等级见表8-11。施肥

量范围为每亩施氮素（N）7.5～17.0 kg、磷素（P_2O_5）5.5～14.0 kg、钾素（K_2O）6.5～19 kg。

（2）肥料运筹

①提倡化肥与有机肥配施，全部有机肥和50%磷肥作基肥（底肥），50%磷肥和全部氮钾肥或配方肥料作追肥；也可加入10%氮钾肥或10%配方肥料作基肥，其余50%磷肥与90%氮钾肥或90%配方肥料作追肥。一般追肥分5～6次：第1次追肥氮钾肥占总量的5%、磷肥占总量的10%，第2次追肥氮钾肥占总量的15%、磷肥占总量的10%，第3次至第6次把剩余的肥料分3～4次均匀施完。

②若只施用化肥且要施基肥时，则50%磷肥和10%氮钾肥或10%配方肥料作基肥、50%磷肥和90%氮钾肥或90%配方肥料作追肥，追肥分5～6次，比例同上。

③在施肥总量确定下，也可根据不同生育期蔬菜实际生长状况和气候条件等，适当调节追肥次数和每次的追肥比例。

2. 育苗肥

豇豆一般采用直播方法，若育苗，育苗基质可用水稻土或肥沃无病虫源的菜园土或商品育苗基质，打碎过筛，按0.2%（基质：肥料）的比例加入15-15-15复合肥混合而成。

3. 基肥

播种前或移栽前开深20～30 cm的施肥沟，按不同的肥料运筹方式将用作基肥的全部肥料混匀施于沟中，覆土，耙平即可。

4. 有机肥料施用

（1）有机肥料的施肥要点

提倡适当增施有机肥，实施秸秆（残茎叶）堆沤（无害化）还田，在有机肥料用量较大时，应适当减少化肥施用量。若施用商品有机肥料，则根据包装袋养分标识值和用量计算磷、钾养分施入量，相应减施化学磷、钾肥用量，或每施100 kg商品有机肥，可减施1.4 kg磷素（P_2O_5）和1.5 kg钾素（K_2O）。

（2）有机肥料的推荐施用量和方法

按豇豆产量为1 000～2 000 kg/亩计，商品有机肥施用100～150 kg/亩，农家有机肥（指堆肥、土杂肥等）施用200 kg/亩左右。全部有机肥于种植前用作基肥施用。

5. 追肥

（1）追肥总体要求

留作追肥的化肥宜配制成水肥淋施于根际，不提倡使用干肥撒施，以提高肥料利用率，但如遇雨后土壤湿透，可撒施干肥后覆土；可在齐苗后或移栽定植后7～15天追第一次肥，以后每隔7～10天施1次，一般分5～6次施用。可根据生长发育所需，适当喷施叶面肥。但采收前7天内停止根外追肥。

（2）第1次追肥

第1次追肥，直播的一般在播种齐苗后第一片叶平展时进行；育苗移栽的在定植成活后约7天进行。氮钾肥施用量为总量的5%，磷肥用量为总量的10%。

①氮肥（尿素含N 46%）施用量：土壤有效氮养分等级为极低的，每亩施尿素1.4～1.8 kg；土壤有效氮养分等级为低的，每亩施尿素1.2～1.4 kg；土壤有效氮养分为中等的，每亩施尿素0.9～1.2 kg；土壤有效氮养分为高的，每亩施尿素0.8～0.9 kg；土壤有效氮养分为极高的，每亩施尿素应<0.8 kg。

②磷肥（过磷酸钙含P_2O_5 12%）施用量：土壤有效磷养分等级为极低的，每亩施过磷酸钙8.8～11.7 kg；土壤有效磷养分等级为低的，每亩施过磷酸钙7.1～8.8 kg；土壤有效磷养分为中等的，每亩施过磷酸钙5.4～7.1 kg；土壤有效磷养分为高的，每亩施过磷酸钙4.6～5.4 kg；土壤有效磷养分为极高的，每亩施过磷酸钙应<4.6 kg。

③钾肥（氯化钾含K_2O 60%、硫酸钾含K_2O 50%）施用量：土壤速效钾养分等级为极低的，每亩施氯化钾1.1～1.6 kg（或硫酸钾1.3～1.9 kg）；土壤速效钾养分等级为低的，每亩施氯化钾0.9～1.1 kg（或硫酸钾1.1～1.3 kg）；土壤速效钾养分为中等的，每亩施氯化钾0.7～0.9 kg（或硫酸钾0.8～1.1 kg）；土壤速效钾养分为高的，每亩施氯化钾0.5～0.7 kg（或硫酸钾0.6～0.8 kg）；土壤速效钾养分为极高的，每亩施氯化钾应< 0.5 kg（或硫酸钾<0.6 kg）。

④或配方肥料总量的5%。

（3）第2次追肥

①第2次追肥距第1次追肥隔7～10天（约为开花初期）时进行，氮钾肥用量为总量的15%，磷肥用量为总量的10%。

②氮肥（尿素含N 46%）施用量：土壤有效氮养分等级为极低的，每亩施尿素4.2～5.5 kg；土壤有效氮养分等级为低的，每亩施尿素3.6～4.2 kg；土壤有效氮养分为中等的，每亩施尿素2.8～3.6 kg；土壤有效氮养分为高的，每亩施尿素2.4～2.8 kg；土壤有效氮养分为极高的，每亩施尿素应<2.4 kg。

③磷肥（过磷酸钙含P_2O_5 12%）施用量：土壤有效磷养分等级为极低的，每亩施过磷酸钙8.8～11.7 kg；土壤有效磷养分等级为低的，每亩施过磷酸钙7.1～8.8 kg；土壤有效磷养分为中等的，每亩施过磷酸钙5.4～7.1 kg；土壤有效磷养分为高的，每亩施过磷酸钙4.6～5.4 kg；土壤有效磷养分为极高的，每亩施过磷酸钙应<4.6 kg。

④钾肥（氯化钾含K_2O 60%、硫酸钾含K_2O 50%）施用量：土壤速效钾养分等级为极低的，每亩施氯化钾3.4～4.8 kg（或硫酸钾4.0～5.7 kg）；土壤速效钾养分等级为低的，每亩施氯化钾2.8～3.4 kg（或硫酸钾3.3～4.0 kg）；土壤速效钾养分为中等的，每亩施氯化钾2.0～2.8 kg（或硫酸钾2.4～3.3 kg）；土壤速效钾养分为高的，每亩施氯化钾1.6～2.0 kg（或硫酸钾

1.9～2.4 kg）；土壤速效钾养分为极高的，每亩施氯化钾应<1.6 kg（或硫酸钾<1.9 kg）。

⑤或配方肥料总量的15%。

（4）第3次追肥

①第3次追肥距第2次追肥隔7～10天（约为结荚初期）时进行，氮钾肥用量为总量的20%，磷肥用量为总量的10%。

②氮肥（尿素含N 46%）施用量：土壤有效氮养分等级为极低的，每亩施尿素5.7～7.4 kg；土壤有效氮养分等级为低的，每亩施尿素4.8～5.7 kg；土壤有效氮养分为中等的，每亩施尿素3.7～4.8 kg；土壤有效氮养分为高的，每亩施尿素3.3～3.7 kg；土壤有效氮养分为极高的，每亩施尿素的量应<3.3 kg。

③磷肥（过磷酸钙含P_2O_5 12%）施用量：土壤有效磷养分等级为极低的，每亩施过磷酸钙8.8～11.7 kg；土壤有效磷养分等级为低的，每亩施过磷酸钙7.1～8.8 kg；土壤有效磷养分为中等的，每亩施过磷酸钙5.4～7.1 kg；土壤有效磷养分为高的，每亩施过磷酸钙4.6～5.4 kg；土壤有效磷养分为极高的，每亩施过磷酸钙的量应<4.6 kg。

④钾肥（氯化钾含K_2O 60%、硫酸钾含K_2O 50%）施用量：土壤速效钾养分等级为极低的，每亩施氯化钾4.5～6.3 kg（或硫酸钾5.4～7.6 kg）；土壤速效钾养分等级为低的，每亩施氯化钾3.7～4.5 kg（或硫酸钾4.4～5.4 kg）；土壤速效钾养分为中等的，每亩施氯化钾2.7～3.7 kg（或硫酸钾3.2～4.4 kg）；土壤速效钾养分为高的，每亩施氯化钾2.2～2.7 kg（或硫酸钾2.6～3.2 kg）；土壤速效钾养分为极高的，每亩施氯化钾的量应<2.2 kg（或硫酸钾<2.6 kg）。

⑤或配方肥料总量的20%。

（5）第4次至第6次追肥

第4次追肥距第3次追肥约隔10天，以后隔约10天追一次，氮钾肥和复合肥共追5次或以上，磷肥追5次。各种肥施用量可与第3次相同。

6. 注意事项

（1）配方肥的施用

坚持“大配方、小调整”的原则。在豆类蔬菜各施肥时期，根据该时期豆类菜养分需求，在施用配方肥的同时，配施适量的尿素、过磷酸钙或氯化钾（或硫酸钾）等单质肥料，对配方肥“大配方”养分配比进行适当的“小调整”，满足豆类菜在各生长时期的养分需求。

（2）补施肥料

如果施肥后遇强降雨，肥料流失严重并且作物生长未显示涝害症状时，应在雨停排水后补施适量化肥。

四、冬种马铃薯

（一）基肥

马铃薯施肥要求有机肥与化肥相结合，基肥与追肥相结合，重施基肥，基肥约占施肥总量的50%以上。一般将全部有机肥与磷肥堆沤半个月，无机氮肥的40%、无机磷肥的60%和无机钾肥的40%于种植前作基肥施用。施用方法是在犁后耙前撒施或耙后起畦时集中沟施。

（二）根际追肥与根外追肥

除施足基肥外，还要根据生育期适时适量追肥，肥料可配成水肥淋施，可将干肥在根际作穴施后覆土。第一次追肥应在齐苗后尽早施用，应看苗施肥，一般出苗后7～10天内追第一次肥，施无机氮肥总量的25%、无机磷肥总量的15%、无机钾肥总量的20%；每二次追肥在发棵初期（约在第一次追肥后10天），施无机氮肥总量的25%、无机磷肥总量的15%、无机钾肥总量的20%；第三次在开花初期（约在第二次追肥后10天），施无机氮肥总量的10%、无机磷肥总量的10%、无机钾肥总量的20%。根据植株生长情况适当施用叶面肥。

（三）施肥量

1. 有机肥

按产量为1 500～2 000 kg/亩计，冬种马铃薯每季有机肥的合适施用量为300～500 kg/亩。

2. 化肥

按产量为1 500～3 000 kg/亩计，在与有机肥配施的基础上，全期施肥总量为N 8～14 kg/亩、P_2O_5 7～13 kg/亩、K_2O 12～20 kg/亩、分别折合为尿素17.4～30.4 kg/亩、过磷酸钙21～41.6 kg/亩、氯化钾16.6～26.7 kg/亩（或硫酸钾20～32 kg/亩），或折合N–P_2O_5–K_2O为15–15–15的复合肥46.5～86.5 kg/亩，加尿素2.2 kg/亩和氯化钾8.3～11.7 kg/亩（或硫酸钾10～14 kg/亩）。

根据土壤养分测定值，对照表8–12，适当调整具体的施肥量。

表8–12 土壤有效养分丰缺指标和马铃薯推荐施肥量

土壤养分肥力等级	土壤水解氮［N/（mg·kg^{-1}）］	推荐施氮量［N/（kg·亩$^{-1}$）］	土壤有效磷［Olsen-P/（mg·kg^{-1}）］	推荐施磷量［P_2O_5/（kg·亩$^{-1}$）］	土壤速效钾［K/（mg·kg^{-1}）］	推荐施钾量［K_2O/（kg·亩$^{-1}$）］
极低	<30	14	—	—	—	—
低	30～60	12～14	<40	9.5～13	<25	16.5～20
中	60～90	10～12	40～80	7.5～9.5	25～90	13.5～16.5
高	90～120	8～9	80～115	7.0～7.5	90～185	12～13.5
极高	>120	<8	>115	<7.0	>185	<12

第九章　氮磷养分资源的综合管理

农田养分资源综合管理是施肥科学与技术的进一步发展，施肥是农田养分资源综合管理的重要措施，农田养分综合管理进一步拓宽了科学施肥决策的思维空间和技术领域[1]。本章研究了氮肥的施用种类和施肥方式对蔬菜的影响，肥料的施用模式和蔬菜的安全采收期，以及磷肥活化对磷素利用及对蔬菜的影响，为同时实现蔬菜优质、高产、高效，保护蔬菜产品质量安全和环境安全，使农业及蔬菜产业达到可持续发展的要求。

第一节　氮肥种类及施肥方式对叶菜产量与品质的影响

氮肥在农业生产中起着重要的作用。近年来，为了提高蔬菜的产量，肥料的投入量，特别是氮肥的施用量越来越高[2, 3]。氮肥的大量施用不仅造成养分比例失调及环境污染，而且会限制产量的提高和品质的改善，使叶菜类蔬菜中的硝酸盐含量累积。人类摄入的硝酸盐有80%来源于蔬菜[4]，而施入土壤中的各种氮肥又是蔬菜累积硝酸盐的主要来源[5]。许多研究认为，硝酸盐对人体健康具有潜在威胁性[6-8]，近年来也有科学家对这一观点提出了质疑[9]。但在国外确实发生过因饲料硝酸盐含量过高而造成牲畜中毒甚至死亡的事件。因此，研究控制蔬菜硝酸盐的累积，提高产量和品质的施肥措施是十分重要的。

造成蔬菜硝酸盐累积的因素很多，包括蔬菜种类、品种、土壤、肥料、温度和光照等因素，其中氮肥是影响硝酸盐累积的最主要外在因素[10-12]。不同氮肥种类、用量对蔬菜硝酸盐累积和品质的影响有差异。氮肥在小麦、菠菜、芹菜上的效果已有报道[13-15]，但研究结果各不相同。因此，本章就不同氮肥种类、不同施肥方式对以小白菜为代表的叶菜产量及品质进行讨论研究，以期为华南地区的蔬菜施用氮肥提供参考。

一、不同氮肥种类对小白菜生物量和品质的影响

（一）不同氮肥种类对小白菜生物量的影响

从表9-1看出，在磷钾肥施用量一致的情况下，不同氮肥处理对小白菜的增产效应表现不同。尿素处理产量最高，极显著高于其他氮肥处理及对照，且硫酸铵、氯化铵、碳酸氢铵、硝酸铵、蔬菜专用肥各处理之间差异不显著，表明尿素对小白菜有显著的增产作用。从表9-1还

可看出，施用氮肥各处理小白菜的总生物量明显大于只施磷钾的处理，多重比较结果显示，各处理与对照的差异达极显著水平，其中尿素处理小白菜总生物量最高，与氮肥种类对产量的效应相对应。

表9–1　不同氮肥种类对小白菜产量性状和硝酸盐含量的影响

处理	产量 / ($kg \cdot hm^{-2}$)	总生物量 / ($kg \cdot hm^{-2}$)	硝酸盐含量 / ($mg \cdot kg^{-1}$)
对照	14 857Cc	16 450C	421Cd
尿素	47 038Aa	48 967Aa	1 875ABbc
硫酸铵	34 360Bb	36 135Bb	2 127ABab
氯化铵	32 523Bb	34 556Bb	1 596BCbc
碳酸氢铵	31 307Bb	33 117Bb	1 061BCcd
硝酸铵	35 363Bb	37 717Bb	3 108Aa
蔬菜专用肥（磷铵＋尿素）	29 032Bb	30 798Bb	1 030BCcd
F	14.8	15.2	5.04
P	0.000 1	0.000 1	0.006

注：（1）试验蔬菜为矮脚奶白菜，供试土壤为黏壤土，主要理化性质为：pH 7.68，有机质12.1 g/kg，水解氮55.5 mg/kg，有效磷150 mg/kg，速效钾104 mg/kg，土壤交换性钙、交换性镁分别为2 989 mg/kg、83.5 mg/kg；（2）等氮量设计，肥料用量为尿素326 kg/hm^2，硫酸铵711 kg/hm^2，氯化铵578 kg/hm^2，碳酸氢铵874 kg/hm^2，硝酸铵467 kg/hm^2，蔬菜专用肥815 kg/hm^2，过磷酸钙467 kg/hm^2，氯化钾122 kg/hm^2。过磷酸钙作基肥一次施入；氮肥和氯化钾作追肥兑水淋施，移植后4～5天开始分4次淋施；（3）不同大小写字母分别表示处理间差异达1%或5%水平，下同。

施用氮肥各处理小白菜的硝酸盐含量明显大于只施磷钾的处理，多重比较结果显示，各处理与对照的差异达极显著水平。结果还表明，各施氮处理中硝酸铵对小白菜硝酸盐累积作用最强，且与其他处理达到显著或极显著水平，而其他氮肥处理对硝酸盐累积作用较弱。按世界卫生组织和联合国粮食及农业组织规定硝酸盐的ADI值（日允许量）为3.6 mg/kg体重，我国按人均体重60 kg计，则日允许量应为216 mg，若以每人每天食菜量0.5 kg计，则每千克蔬菜的硝酸盐允许量为432 mg，若将淘洗、盐渍、烹调过程中硝酸盐的减少量计算在内，则限量可扩大为1 500～2 000 mg/kg。本试验中的蔬菜专用肥对小白菜硝酸盐累积量最小，未超出此限量标准，在此处理条件下小白菜的产量和生物量与对照相比并未降低，且与其他氮肥处理（除尿素处理外）之间的差异未达到显著水平。

（二）不同氮肥种类对小白菜品质的影响

采用方差分析方法比较不同氮肥种类处理间小白菜维生素C和可溶性糖含量，经F检验可知，处理间差异达到极显著水平（表9–2），且蔬菜专用肥处理维生素C和可溶性糖含量均显著或极显著高于其他氮肥处理，维生素C含量分别比其他氮肥处理增加了16.0%～51.5%，可溶性糖含量比其他氮肥处理增加了7.26%～134%。结合表9–1的结果可以看出，磷铵和尿素混合施

用可以明显改善小白菜的营养品质和卫生品质。

氮肥是影响硝酸盐累积的主要因素之一。硝酸还原酶高低、积累硝酸盐的强弱受遗传基因控制。任祖淦等[16]的农田试验结果表明，氯化铵和硫酸铵处理，空心菜累积硝酸盐最低。本试验结果表明，蔬菜专用肥（磷铵+尿素）处理，小白菜硝酸盐累积量最低，其次是碳酸氢铵和氯化铵处理，原因可能是蔬菜专用肥中的磷铵含有较多的磷肥限制了硝酸盐的累积。

氮肥的施用极显著提高了小白菜产量，但未显著提高小白菜维生素C和可溶性糖的含量，但氮肥种类各处理间维生素C和可溶性糖含量差异达到极显著水平，其中蔬菜专用肥处理维生素C和可溶性糖含量均显著或极显著高于其他氮肥处理，原因可能是磷铵和尿素配合施用有效地平衡了养分之间的矛盾，进而促进了碳水化合物的代谢，提高了小白菜的营养品质。

不同氮肥种类对小白菜产量和品质影响的试验结果表明，蔬菜专用肥（磷铵+尿素）处理小白菜硝酸盐累积量最低，其次是碳酸氢铵和氯化铵处理。氮肥的施用极显著提高了小白菜产量，但未显著提高小白菜维生素C和可溶性糖的含量，但氮肥种类各处理间维生素C和可溶性糖含量差异达到极显著水平，其中蔬菜专用肥处理维生素C和可溶性糖含量均显著或极显著高于其他氮肥处理。

表9–2　不同肥料种类对小白菜营养品质的影响

处理	维生素C / （$mg \cdot kg^{-1}$）	可溶性糖 / （$g \cdot kg^{-1}$）
对照	215Cc	86.3BCcd
尿素	265BCbc	93.4ABCbc
硫酸铵	238BCc	51.6De
氯化铵	311ABab	66.0CDde
碳酸氢铵	261BCbc	113ABab
硝酸铵	261BCbc	72.4CDcde
蔬菜专用肥（磷铵＋尿素）	360Aa	121Aa
F	6.52	11.8
P	0.001 9	0.000 1

二、不同底肥、追肥比例对小白菜生物量和品质的影响

（一）不同底肥、追肥比例对小白菜生物量的影响

从表9–3可以看出，追施氮肥显著或极显著提高了小白菜的产量和生物量，且全追肥处理与其他处理之间差异达到极显著水平，表明随着追肥比例的提高，小白菜生物量和产量呈现增加的趋势。从表中不同处理的硝酸盐含量可以看出，各处理间差异达到极显著水平，且随着追肥比例的增加小白菜累积硝酸盐量呈现逐渐增加的趋势，全追肥处理的硝酸盐累积量最高，为1 875 mg/kg，使硝酸盐含量增加了近4倍，而底肥70%追肥30%处理的硝酸盐累积量最低，含量

为314 mg/kg，未超过432 mg/kg的蔬菜安全食用标准，且比对照降低了25.5%。

表9-3　不同底肥、追肥比例对小白菜产量性状和硝酸盐含量的影响

处理	产量 / （kg·hm^{-2}）	总生物量 / （kg·hm^{-2}）	硝酸盐含量 / （mg·kg^{-1}）
对照	14 857Cc	16 450Cc	421Bb
底肥70%追肥30%	25 138BCb	26 975Bb	314Bb
底肥50%追肥50%	27 944Bb	29 696Bb	1 003ABb
底肥30%追肥70%	29 218Bb	31 578Bb	870ABb
追肥100%	47 038Aa	48 967Aa	1 875Aa
F	25.4	25.95	6.18
P	0.000 1	0.000 1	0.009 0

（二）不同底肥、追肥比例对小白菜品质的影响

从表9-4的不同底肥、追肥比例对小白菜营养品质的影响结果可以看出，各处理间维生素C含量的差异达到极显著水平，而可溶性糖含量未达到显著水平。底肥70%追肥30%处理的维生素C含量显著高于全追肥处理，结合表9-3的结果可以看出，氮肥全部用以追肥的处理降低了小白菜的营养品质和卫生品质。

表9-4　不同底肥、追肥比例对小白菜营养品质的影响

处理	维生素C / （mg·kg^{-1}）	可溶性糖 / （g·kg^{-1}）
对照	215Bc	86.3a
底肥70%追肥30%	325Aa	72.8a
底肥50%追肥50%	289Aab	99.1a
底肥30%追肥70%	308Aa	73.6a
追肥100%	265ABb	93.4a
F	11.6	1.75
P	0.000 9	0.214 9

注：不同施肥方式试验设置5个处理，氮磷钾肥施用量相同，尿素326 kg/hm^2，以底肥和追肥的方式施入。过磷酸钙467 kg/hm^2，氯化钾122 kg/hm^2，作基肥一次施入。

（三）不同底肥、追肥比例对小白菜吸氮量的影响

从表9-5看出，追施氮肥显著和极显著提高了小白菜全氮含量和吸氮量，且以氮肥全追肥的方式小白菜吸氮量最高，是对照处理吸氮量的4倍多。结合表9-3的结果可以看出，全追肥处理的吸氮量较高，且硝酸盐含量亦最高。

表9-5　不同底肥、追肥比例对小白菜氮含量和吸氮量的影响

处理	氮含量/（$g \cdot kg^{-1}$）	吸氮量/（$kg \cdot hm^{-2}$）
对照	33.1Bb	25.5Bc
底肥70%追肥30%	53.7Aa	64.4ABb
底肥50%追肥50%	52.9Aa	63.5ABb
底肥30%追肥70%	53.5Aa	74.2ABab
追肥100%	53.3Aa	102Aa
F	6.07	7.25
P	0.009 6	0.005 2

本试验结果表明，除底肥70%追肥30%处理外，追施氮肥普遍促进了小白菜硝酸盐的累积，可能是由于生长后期根系活力低，同化氮素的能力减弱，在生长后期追施较多的氮肥可能会提高小白菜的硝酸盐含量，而底肥70%追肥30%处理，能平衡小白菜植物体内的氮素代谢，促进植物生长，使植物体内硝酸盐“稀释”的效果更为理想。追施氮肥显著影响了小白菜维生素C含量，而对可溶性糖含量未有显著的影响。本试验表明，在黏壤土上追施一定比例的氮肥可以起到协调氮的吸收与还原转化的作用，如果以尿素作为氮源，以底肥70%追肥30%处理最好。因此，在黏壤土上必须注意底肥、追肥的合理配比，保证作物的正常生长，以提高产量和品质。

不同施肥方式对小白菜产量和品质的影响不同，除底肥70%追肥30%处理外，追施氮肥普遍促进了小白菜硝酸盐的累积，追施氮肥显著影响了小白菜维生素C含量，而对可溶性糖含量未有显著的影响。本试验表明，在黏壤土上追施一定比例的氮肥可以起到协调氮的吸收与还原转化的作用，如果以尿素作为氮源，以底肥70%追肥30%处理最好。

第二节　肥料的施用模式和蔬菜的安全采收期

一、肥料的施用模式对蔬菜产量和品质的影响

从表9-6的试验结果看，蔬菜生产基地上常用的磷肥全作基肥，氮钾肥全作追肥（平均分4次）、氮钾基肥和追肥各50%、氮钾基肥30%追肥70%、氮钾基肥70%追肥30%的几种施肥模式中，产量和维生素C含量的差异虽然显著，但在高明、惠阳两地的试验均显示出产量最高的模式是磷肥全作基肥、氮钾全作追肥（平均分4次施）的模式，其次是基肥30%、追肥70%的模

式，再次为全作追肥和基肥和追肥各50%的模式。硝酸盐含量的变化与产量的变化基本吻合，即产量高时硝酸盐含量低。可见，磷肥全作基肥、氮钾全作追肥（平均分4次）的模式可作为选用模式。专用肥的施用可选为第二种模式，因为在两地的试验表明其维生素C含量均较高，而硝酸盐含量不高。

表9-6　肥料不同施用期对小白菜产量和品质的影响（按N量计算）

处　理	高明				惠阳			
	产量/（kg·亩$^{-1}$）	维生素C/（mg·kg^{-1}）	硝酸盐/（mg·kg^{-1}）	可溶性糖/（g·kg^{-1}）	产量/（kg·亩$^{-1}$）	维生素C/（mg·kg^{-1}）	硝酸盐/（mg·kg^{-1}）	可溶性糖/（g·kg^{-1}）
无氮（PK）	2 807ab	215ab	2 233c	9.75	908	372	328	6.1
100%作追肥	3 081a	250a	3 195bc	8.13	2 961	265	2 091	4.45
蔬菜专用肥全作追肥	2 606ab	321a	3 604ab	10.3	1 785	304	1 994	3.74
基肥和追肥各50%	2 910a	297a	3 044bc	8.46	1 770	300	3 174	3.56
基肥30%追肥70%	2 944a	253a	4 771ab	6.32	1 829	315	2 591	3.37
基肥70%追肥30%	2 875a	314a	5 529a	6.43	1 599	325	2 903	4.18

注：1．除无氮区外，肥料的实际施用量N为8.75 kg/亩，P_2O_5为4.4 kg/亩，K_2O为5.7kg/亩。
2．各处理的磷肥全作基肥，基肥和追肥不同比例只是氮钾肥；专用复合肥氮钾肥作追肥分3次追完。
3．处理中的几种施肥模式是蔬菜生产基地上常用的几种施肥模式。

二、不同采收期对蔬菜硝酸盐含量的影响

不同采收期蔬菜硝酸盐检测试验（表9-7）的结果表明，在最后一次施肥相隔7天采收的小白菜，两地试验均以硝酸铵作为氮肥的硝酸盐含量最高，除了不施氮之外，最低为蔬菜专用肥和氯化铵，尿素、硫酸铵和碳酸氢铵的次之；相隔14天采收的小白菜硝酸盐含量，除了不施氮之外，最低为尿素，最高为碳酸氢铵，其次为硫铵、氯化铵、硝酸铵和蔬菜专用肥。

在最后一次施肥相隔14天采收的小白菜，硝酸盐含量普遍比相隔7天的低，尤其是施硝酸铵的处理。可见，应在最后一次施肥的7天之后采收较为安全，尤其是施用硝酸铵氮肥的。

除去考虑产量之外，为了蔬菜的产品质量安全起见，蔬菜生产基地上常用的磷肥全作基肥、氮钾全作追肥（平均分4次），氮钾基肥和追肥各50%，氮钾基肥30%追肥70%，氮钾基肥70%追肥30%的几种施肥模式中，磷肥全作基肥、氮钾全作追肥（平均分4次）的模式可作为选用模式，专用肥的施用可选为第二种模式。

蔬菜的采收，适宜在最后一次施肥相隔7天后进行，可减轻硝酸盐对蔬菜的污染。

表9-7　不同采收期对小白菜硝酸盐检测试验

氮肥品种	高明				惠阳			
	产量/（kg·亩⁻¹）	硝酸盐/（mg·kg⁻¹），最后施肥第7天	硝酸盐/（mg·kg⁻¹），最后施肥第9天	硝酸盐/（mg·kg⁻¹），最后施肥第14天	产量/（kg·亩⁻¹）	硝酸盐/（mg·kg⁻¹），最后施肥第4天	硝酸盐/（mg·kg⁻¹），最后施肥第8天	硝酸盐/（mg·kg⁻¹），最后施肥第14天
无氮（PK）	2 807ab	3 443	3 791	2 238	908	421	88	328
尿素	3 081a	4 467	4 455	3 195	2 961	1 875	2 526	2 091
硫酸铵	2 845ab	4 471	—	3 844	2 126	2 127	2 680	3 536
氯化铵	2 783ab	3 684	—	3 823	2 039	1 596	1 974	3 411
碳酸氢铵	2 844ab	4 451	—	4 863	2 032	1 061	1 921	2 863
硝酸铵	2 871ab	4 661	—	3 656	2 252	3 108	4 269	4 199
蔬菜专用肥（磷铵+尿素）	2 606b	3 951	—	3 604	1 785	1 030	1 379	1 994
基肥和追肥各50%	2 910a	4 186	—	3 044	1 770	1 003	2 495	3 714
基肥30%追肥70%	2 944a	4 269	—	4 771	1 829	870	2 355	2 591
基肥70%追肥30%	2 875ab	3 495	—	5 529	1 599	314	2 116	2 903

注：不同氮肥按等氮量进行试验。

第三节　磷活化对磷素利用和蔬菜生长的影响

磷和氮不同，它基本上不会挥发损失，磷肥利用率低的主要原因是磷的土壤固定作用，水溶性磷在土壤中容易与钙、镁、铁、铝、锰等结合形成难溶性磷化合物[17-20]。据报道，大部分磷作为无效态被土壤所固定，至少有70%的磷进入土壤而成为难以被植物吸收的固定态磷[21]。土壤中的全磷量虽较高，但对作物有效的磷含量往往很低[22-26]，因此，调节和提高磷肥的有效性是合理施用磷肥的基本前提。磷有效性低是热带亚热带土壤生产力的最重要限制因子之一，提高磷肥的有效性乃是国内外土壤科学研究中的活跃前沿。活化磷的研究除有降低生产成本的意义之外，对节约磷肥资源，防止因施肥而引起的面源环境污染均有重大意义。

本节通过实验室、盆栽和田间试验，研究应用有机和无机活化剂对磷肥的活化控释机理及效果，旨在为提高土壤的磷肥利用率和减少因施肥造成的面源污染，以及保护生态环境提供依据。

一、磷素固定的机理

（一）不同母质园地土壤磷素有效性差异

对不同母质和不同利用方式园地土壤的基本化学性质和生长在两种不同母质菜地土壤上的

蔬菜作物，以及与之相比纬度更高的（位于广东东北部）的砂页岩赤红壤果园土的磷、铁、铝、锰、钙含量分析（表9–8和表9–9）表明，雷州北运菜基地的玄武岩发育的菜园土的全磷是有效磷的800多倍，浅海沉积物发育的菜园土是180多倍，砂页岩赤红壤土的是170多倍，而有效磷含量则是浅海沉积物菜园土＞砂页岩菜园土＞玄武岩赤红壤。生长在浅海沉积物发育土壤上的香蕉、辣椒、桉树三种作物叶片中磷含量，均较玄武岩发育土壤上的高，其中香蕉高1.14倍、辣椒高1.23倍、桉树高1.3倍。可见，浅海沉积物发育土壤中全磷含量虽低于玄武岩发育土壤，但其磷的化学有效性和生物有效性均明显高于玄武岩土壤。

表9–8　不同母质和不同利用方式砖红壤的基本化学性质

土壤类型	利用方式	有机质/（$g\cdot kg^{-1}$）	全磷/（$g\cdot kg^{-1}$）	有效磷/（$mg\cdot kg^{-1}$）	活性养分/（$mg\cdot kg^{-1}$）				交换性养分/（$mg\cdot kg^{-1}$）	
					Fe	Al	Mn	Si	Ca	Mg
玄武岩发育菜园土（雷州北运菜基地）	菜园	21.6	0.87	1.08	2 481	1 960	878	214	290	132
	水田	22.7	5.01	6.23	3 780	1 929	2 147	491	1 767	204
浅海沉积物发育菜园土（雷州北运菜基地）	菜园	27.0	11.3	59.9	2 037	2 250	16.0	痕量	264	18.1
	水田	27.9	9.14	48.6	1 368	1 738	38.2	113	621	38.4
砂页岩赤红壤（取于广东梅州）	果园	2.21	0.60	3.43	30.9	499	53.0	73.5	393	70.5

表9–9　生长在两种不同母质砖红壤上的三种作物磷、铁、铝、锰、钙含量

母质	作物	P/（$g\cdot kg^{-1}$）	Fe/（$mg\cdot kg^{-1}$）	Al/（$mg\cdot kg^{-1}$）	Mn/（$mg\cdot kg^{-1}$）	Ca/（$mg\cdot kg^{-1}$）
玄武岩砖红壤	香蕉	1.48	330	199	2 082	5 864
	辣椒	2.41	307	271	470	19 844
	桉树	1.34	144	111	1 538	6 786
浅海沉积砖红壤	香蕉	1.68	182	141	79.1	8 616
	辣椒	2.96	353	476	167	12 984
	桉树	1.74	129	62.5	203	6 201

（二）土壤磷素有效性与土壤活性铁、铝、锰的关系

玄武岩土壤的活性铁、铝、锰含量显著高于浅海沉积物土壤（表9–9），表明在雷州半岛的环境条件下，土壤中活性铁、铝、锰含量高增强了对磷的固定，降低了土壤有效磷含量。同时，植物体内铁、铝、锰含量增加也抑制了其对磷的吸收，使植株中磷含量降低，以锰的作用更大，可以从表9–9的作物分析结果得到证实。这表明，在雷州半岛环境条件下，土壤中

铁、锰与磷素有效性关系密切，造成土壤磷素固定的土壤铁、铝、锰等元素中，锰的作用大于铁、铝。

（三）砖红壤磷素有效性与土壤活性硅和交换性钙、镁的关系

在同一种母质中，有效磷含量，随活性硅和交换性钙、镁的含量变化而变化，即当硅、钙、镁含量高时，有效磷含量随之升高，反之亦然（表9-8）。相对应的香蕉、辣椒、桉树三种作物叶片钙与磷含量的关系，也呈现同样的规律性（表9-9）。这表明，与土壤中活性铁、铝、锰对磷的固定作用相反，土壤中活性硅、钙、镁对磷有促进作用，活性硅、钙、镁的存在有利于提高磷的有效性。这可能是由于硅有利于土壤中磷的释放，适量的钙、镁也有利于提高磷的活性。

表9-8的分析结果显示，不同母质的土壤有效磷含量和活性硅和交换性钙、镁的含量差异很大。虽然玄武岩土壤中硅、钙、镁含量均高于相应的浅海沉积物土壤，但有效磷含量仍远低于浅海沉积物土壤，植株磷含量也有同样规律性。可见，土壤中活性铁、铝、锰对磷的影响，超过硅、钙、镁对磷的影响，起主导作用。

（四）土壤磷素的化学有效性与生物有效性的关系

根据土壤和植株的分析和统计结果（表9-10），土壤有效磷含量与土壤全磷含量并没有呈现相关关系，而与土壤中的活性锰含量呈现显著的负相关关系；植株中的磷含量除了与土壤中的有效磷含量呈现显著正相关性之外，还与活性硅和交换性钙有显著正相关性，与土壤活性锰呈现显著负相关性，而与活性铁、铝含量的关系不显著。土壤有效磷含量与土壤活性铝的含量在这里呈现显著正相关。这是由于铝与磷的结合沉淀属于离解度较高的一种，双酸提取的磷增加的同时，铝的含量也同时增加，这与在磷分级的研究中，铝-磷与作物生长的相关性最好，是供给作物磷素的主要磷源的结果相吻合[27-29]。这说明，作物中磷素营养的水平不仅受土壤中有效磷水平的影响，还受土壤中活性硅和钙水平的影响，而对作物磷素营养起负效应的则取决于土壤中活性锰的水平，以及土壤—植物系统中这些元素之间的相互作用。

表9-10　植株磷和土壤有效磷与土壤有关元素的相关性（r值）

土壤有效养分	植株磷	土壤有效磷	土壤有效养分	植株磷	土壤有效磷
P	0.432*	—	Mn	-0.606**	-0.388*
Fe	0.228	-0.012 6	Si	0.395*	-0.303
Al	0.147	0.52**	Ca	0.608**	-0.010 1

注：n=32，$r_{0.05}$=0.349，$r_{0.01}$=0.449。

表9-11中显示了在两种母质土壤中，三种作物叶片的磷含量均与叶片中的锰含量呈现负增长的关系，在玄武岩土壤的几种作物磷含量均低于浅海沉积物土壤中对应的作物磷含量，而

锰含量则相反，由于浅海沉积物土壤的活性锰含量远低于玄武岩土壤的，所以作物锰含量均明显低于玄武岩土壤的，而作物磷含量则反之。即当土壤和作物锰含量高时，则作物磷含量低，铁、铝含量则没此规律性，进一步说明在酸性土壤上，作物的磷含量与土壤中的活性锰含量关系最大，所以在固定土壤磷的铁、铝、锰元素中，锰的作用大于铁和铝。

表9-11　两种不同母质土壤上三种作物的磷与有关元素的含量　mg/kg

土壤类型	作物	P	Fe	Al	Mn	Ca
玄武岩土壤	香蕉	1 480	330	199	2 082	5 864
	辣椒	2 410	307	271	470	19 844
	桉树	1 340	144	111	1 538	6 786
浅海沉积物土壤	香蕉	1 680	182	141	79.1	8 616
	辣椒	2 960	353	476	167	12 984
	桉树	1 740	129	62.5	203	6 201

二、活化剂对活化磷素的机理

通过培养时间最长达20个月的模拟试验、盆栽试验和田间试验，针对土壤磷素的化学有效性和生物有效性与土壤中活性铁、铝、锰的关系，研究能与铁、铝、锰发生络合、螯合作用的活性物质，减少和防止土壤对磷素养分的固定作用，从而提高磷肥的利用率。应用不同活化剂处理不同性质的磷肥，以玄武岩土壤为例，对其生物效应及其作用机理进行了研究[30]。

（一）活化剂对防止土壤固磷的作用

加入适量有效的活化剂到土壤中，有利于减少土壤对施入土壤中水溶性磷的固定作用，使土壤溶液中能保持较高浓度的有效磷。根据活化剂对防止土壤固磷作用的模拟试验结果（表9-12），在玄武岩土壤上加入不同活化剂处理的土壤溶液中磷浓度，均高于不加活化剂的对照处理。

表9-12　活化剂对玄武岩砖红壤水溶性磷的影响

处理	淋出液有效磷含量/（$mg·kg^{-1}$）	处理	淋出液有效磷含量/（$mg·kg^{-1}$）
1. 对照	1.237	3. 氨化木质素	7.888
2. 木质素	4.379	4. 氢氧化木质素	4.292

（二）磷肥加入活化剂后在土壤中的反应

选择适宜种类和合适浓度的活化剂处理磷肥后再施于土壤中，不仅可以促进磷矿粉中难溶性磷的释放，还可以控释磷铵等的水溶性磷，使土壤供磷性能平稳（图9-1）。添加活化剂的

难溶性磷和水溶性磷可使土壤有效磷含量平稳，均是通过对土壤中活性铁、锰、铝含量的调节而实现对两种不同性能磷肥的促释和控释作用的（图9-2和图9-4）。

1. 难溶性磷与活化剂的反应

土壤中活性铁和活性锰含量与有效磷含量呈负相关关系（表9-13），在风干状态下，其相关系数是活性铁大于活性锰，而在湿润状态下则反之，是活性锰大于活性铁；同时，活性铁的相关系数是风干状态下大于湿润状态下的；而活性锰的相关系数，则是湿润状态大于风干状态的。活性铝、硅和钙含量与有效磷含量之间的相关性呈正、呈负不显著或正负混合无规律性，说明在玄武岩砖红壤中，铁和锰与磷素有效性关系较密切，而铝、钙、硅相比之下都不是影响土壤磷肥有效性的主要因素。同时进一步说明，体系中活性铁和锰对磷的固定作用贡献较大。虽然旱地土壤中锰的含量比铝少得多，但由于铝与磷的结合沉淀属于离解度较高的一种，因此铝-磷是土壤中对作物有效性较高的磷，故磷与铝的相关性在大多数时间段中呈现正相关关系。

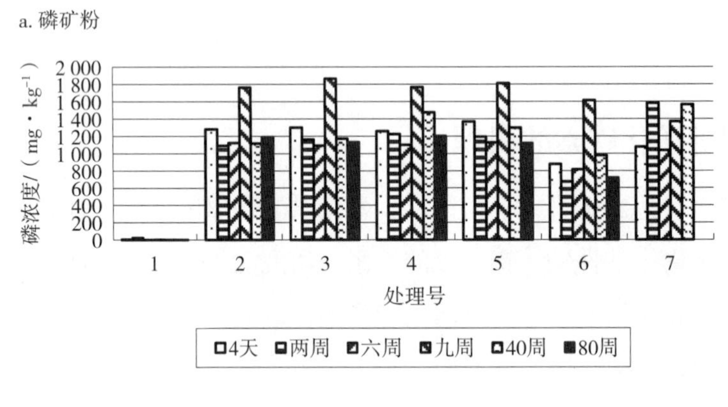

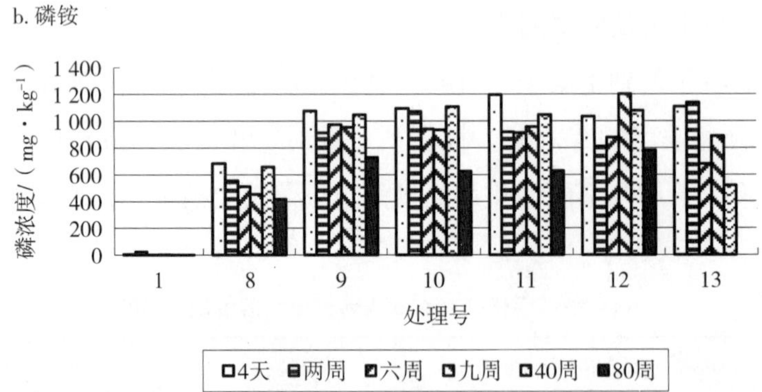

注：a. 磷矿粉处理：1-不施肥，2-磷矿粉，3-磷矿粉+3%木素磺酸钠，4-磷矿粉+3%腐殖酸，5-磷矿粉+5%腐殖酸，6-磷矿粉+25%凹凸棒石，7-磷矿粉+25%沸石。下同。

b. 磷铵处理：1-不施肥，8-磷铵，9-磷铵+3%木素磺酸钠，10-磷铵+3%腐殖酸，10-磷铵+5%腐殖酸，12-磷铵+25%凹凸棒石，13-磷铵+25%沸石。

图9-1 不同活化剂与两种不同性质磷肥的反应

表9-13　不同活化剂处理磷矿粉后土壤有效磷与有关元素的相关系数（r）

元素	4天	2周	6周	9周（干）	9周（湿）
Fe	−0.86**	−0.83**	−0.96**	−0.95**	−0.88**
Mn	−0.45	−0.46	−0.52	−0.56	−0.79**
Al	0.66	−0.54	0.72*	0.98**	0.94**
Ca	0.92**	0.91**	0.99**	0.76*	—
Si	−0.40	−0.47	−0.24	0.064	—

注：（1）4天、2周、6周的测定结果均为风干土测定，9周则分别测定了风干土和湿润土，湿润土的含量已换算为风干土的含量，下同。

（2）$r_{0.05}$=0.666，$r_{0.01}$=0.798。

不同种类和浓度的有机活化剂处理磷矿粉在土壤中培养4天后，已起到释磷的作用；而无机活化剂的有效磷越往后含量越高，释磷效果越好，此外释出活性硅的效果比释出有效磷效果更好。这可能与硅利于促进磷的释放有关，很多研究已表明硅可促进磷的吸收[31]，这一点也解释了在蔬菜盆栽试验中[30]，这种活化剂处理磷矿粉的生物效应超过供试的几种有机活化剂的原因。

在不同时间段中（图9-2），与对照相比，与有效磷变化趋势相反的是活性锰、活性铁，与有效磷变化趋势相同的是硅，而铝和钙的含量变化不大，进一步说明有效磷的变化与铁、锰的关系比铝和钙的关系更密切；在所有时间段中，施入磷矿粉处理的活性铁和活性锰均比不施肥（土壤）的明显降低，而有效磷则明显提高，说明土壤中的活性铁、活性锰与体系中大量的有效磷结合，使其活度下降，这一点也说明了铁、锰与磷关系的密切性。

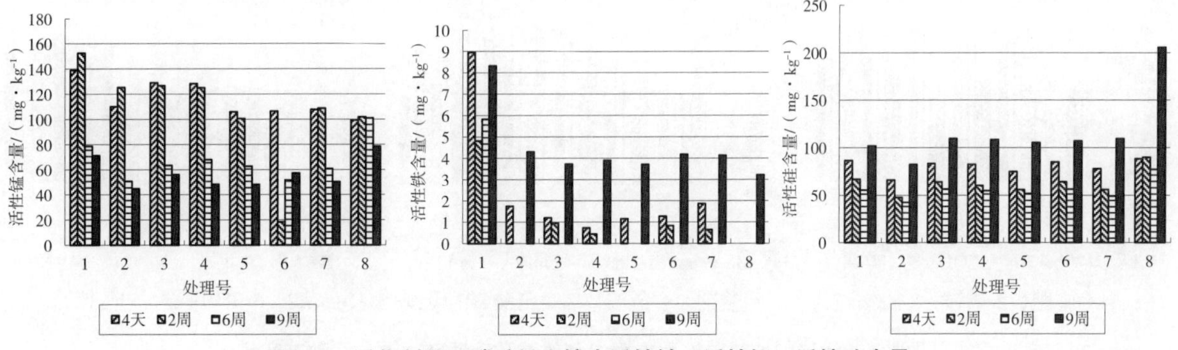

图9-2　活化剂处理磷矿粉土壤中活性铁、活性锰、活性硅含量

在土壤-磷肥-活化剂的体系中，土壤锰含量高时则磷含量低，土壤锰含量制约着磷含量，这可以通过模拟试验得到证实。活化剂与磷矿粉混合培养9周后，分别测定风干土和湿润土的有效磷和活性铁、活性铝、活性锰的含量（图9-3），土壤有效磷含量均为湿润土低于风干土，而变价元素铁、铝、锰，只有锰含量与磷含量相对应呈现相反的变化，也就是说锰含量是土壤湿润状态时高于风干状态，也说明在还原条件下的土壤锰对磷的固定作用大于铁、铝。

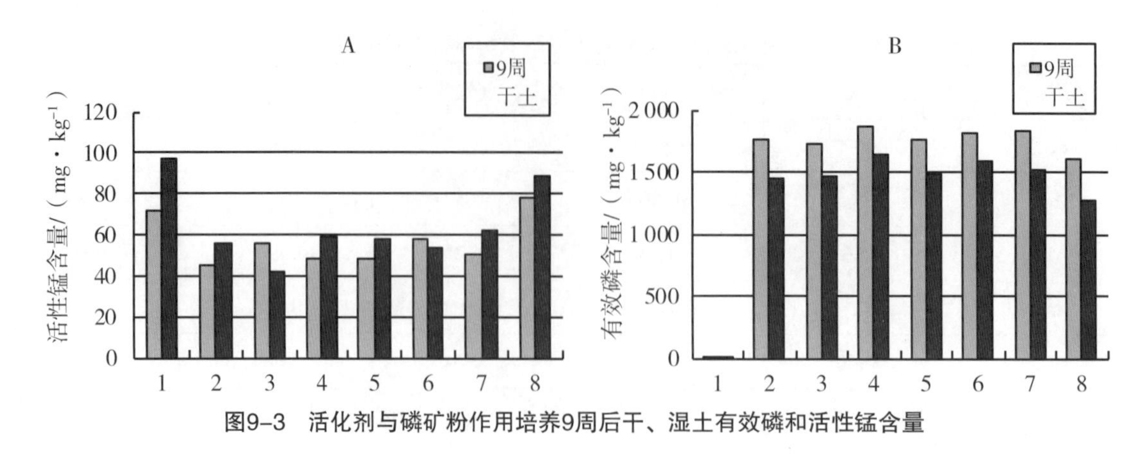

图9-3　活化剂与磷矿粉作用培养9周后干、湿土有效磷和活性锰含量

2. 水溶性磷与活化剂的反应

在玄武岩土壤中单施入磷铵后，土壤中有效磷的含量只有加入活化剂处理的50%左右，而且随着时间的推移不断降低（图9-1b）。选择适宜的活化剂均可对磷铵中的磷有防固定性能和平稳供肥性能，有些有机活化剂处理磷肥可使土壤有效磷在不同时间段中所测出的土壤有效磷量较一致，而且风干土与湿润土的测定值差异不大。无机活化剂的后劲较足，在前期比不上有机活化剂，但在9周后，用无机活化剂处理的磷铵的有效磷量超过了有机活化剂。这说明有机和无机活化剂对水溶磷均有良好的控释作用。

施磷铵加活化剂对铁、锰、硅等的效应与施磷矿粉时所产生的效应不同，施磷铵时加活化剂后土壤的铁、锰、硅含量均比对照高（图9-4），说明施磷铵加活化剂使土壤有效磷含量平稳，是通过对土壤铁、锰、硅含量的调节而实现对水溶性磷的控释作用的。

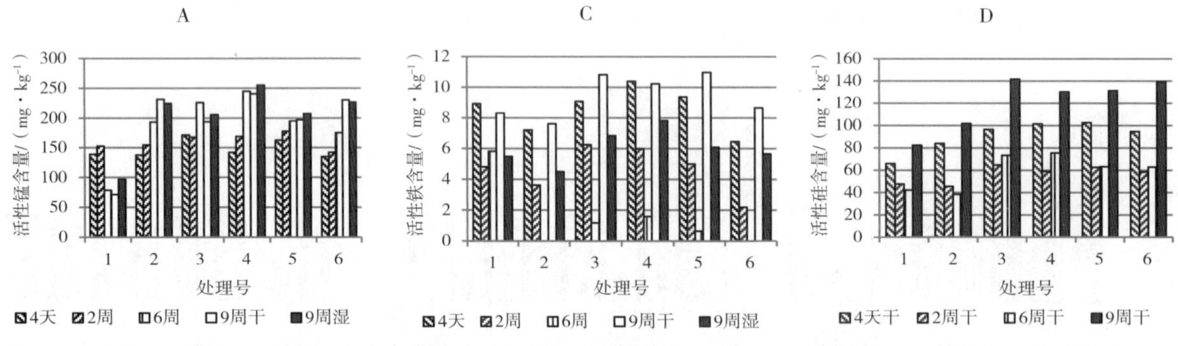

注：1-不施肥，2-磷铵，3-磷铵+3%木素磺酸钠，4-磷铵+3%腐殖酸，5-磷铵+5%腐殖酸，6-磷铵+25%凹凸棒石。

图9-4　活化剂处理磷铵后土壤中有效磷及活性硅、铁、锰动态变化

（三）植株吸磷量与收获后土壤元素含量的关系

作物吸磷量与土壤残留有效磷含量的关系，无论是难溶性磷（磷矿粉）还是水溶性磷，加入活化剂后作物的植株吸磷量和土壤残留有效磷含量均比不加活化剂的对照吸磷量高（表9-14）。无论是在砖红壤还是在赤红壤，无论是在旱地土还是在水稻土，无论是难溶磷还是水溶磷，施活化剂的所有处理，土壤残留有效磷含量均高于不施活化剂的对照。这表明加入适

量的活化剂配施磷肥，有利于减少土壤对有效磷的固定作用，使土壤溶液能保持较高浓度的有效磷。

在玄武岩砖红壤上，蔬菜施磷矿粉加活化剂的植株吸磷量比磷矿粉对照的高62.5%～152%，而土壤残留有效磷量高1.99～28.4 mg/kg；施磷铵加活化剂的吸磷量比磷铵对照的高6.9%～71.3%，而土壤残留的有效磷量高约1.3 mg/kg。甘蔗施磷矿粉加活化剂的植株吸磷量比磷矿粉对照的高28.2%～184%，土壤残留有效磷量高0.91～2.47 mg/kg；施磷铵加活化剂的植株吸磷量比磷矿粉对照的高54.7%～96.9%，土壤残留有效磷量高2.75～3.35 mg/kg。

在砂页岩赤红壤上，蔬菜施磷矿粉加活化剂的吸磷量比磷矿粉对照的高27.9%～70.5%，而土壤残留的有效磷量高95.4～149 mg/kg；施磷铵加活化剂的吸磷量比磷铵对照的高3.1%～30.5%，土壤残留有效磷量高0.57～0.63 mg/kg。

在花岗岩谷底冲积物水稻土上，水稻施磷矿粉加活化剂的植株吸磷量比磷矿粉对照的高1.0%～7.2%，而土壤残留有效磷量高70.1～80.1 mg/kg；施磷铵加活化剂的植株吸磷量比磷矿粉对照的高5.2%～13.7%，土壤残留有效磷量高1.74～12.8 mg/kg。

上述结果表明，适宜的活化剂对磷素的活化作用是肯定的，在旱地土和水稻土均能有效减少磷在土壤中的固定作用，但不同的活化剂效果略有差异。

表9-14　几种作物盆栽试验的植株吸磷量和收获后土壤有效磷含量

处理	玄武岩菜园土壤 菜心+生菜		砂页岩园地土壤 菜心+生菜		花岗岩谷底冲积物水稻土 水稻			玄武岩园地土壤 甘蔗		
	植株吸磷量/（mg·盆$^{-1}$）	土壤残留有效磷/（mg·kg^{-1}）	植株吸磷量/（mg·盆$^{-1}$）	土壤残留有效磷/（mg·kg^{-1}）	处理	植株吸磷量/（mg·盆$^{-1}$）	土壤残留有效磷/（mg·kg^{-1}）	处理	植株吸磷量/（mg·盆$^{-1}$）	土壤残留有效磷/（mg·kg^{-1}）
磷矿粉	4.8	73.2	12.9	20.2	磷矿粉	209	47.9	磷矿粉	202	1.49
磷矿粉+有机1号	12.1	89.6	22.0	169	磷矿粉+有机1号	224	128	磷矿粉+有机1号	573	2.40
磷矿粉+有机4号	8.8	75.1	16.8	118	磷矿粉+有机2号	211	118	磷矿粉+有机2号	259	3.96
磷矿粉+有机2号	7.8	102	21.2	116	磷矿粉+无机2号	224	128	—	—	—
磷矿粉+无机1号	7.8	79.1	21.8	137	—	—	—	—	—	—
磷矿粉+无机2号	8.1	85.5	16.5	154	—	—	—	—	—	—
磷铵	8.7	15.5	22.9	2.08	磷铵	211	67.5	磷铵	128	2.52

续表

处理	玄武岩菜园土壤 菜心+生菜		砂页岩园地土壤 菜心+生菜		花岗岩谷底冲积物水稻土 水稻			玄武岩园地土壤 甘蔗		
	植株吸磷量/（mg·盆$^{-1}$）	土壤残留有效磷/（mg·kg^{-1}）	植株吸磷量/（mg·盆$^{-1}$）	土壤残留有效磷/（mg·kg^{-1}）	处理	植株吸磷量/（mg·盆$^{-1}$）	土壤残留有效磷/（mg·kg^{-1}）	处理	植株吸磷量/（mg·盆$^{-1}$）	土壤残留有效磷/（mg·kg^{-1}）
磷铵+有机1号	9.3	16.2	29.9	2.65	磷铵+有机1号	240	73.8	磷铵+有机2号	252	5.87
磷铵+有机2号	13.2	16.2	29.2	2.65	磷铵+有机2号	222	80.3	磷铵+有机1号	198	5.27
磷铵+无机1号	14.9	16.9	23.6	2.65	磷铵+无机2号	224	69.2	—	—	—
磷铵+无机2号	9.3	15.49	24.4	2.71	—	—	—	—	—	—

注：有机1号为磺化木质素，有机2号为黑液木质素，有机4号为腐殖酸；无机1号为沸石，无机2号为凹凸棒石。下同。

表9–15　用玄武岩土壤作盆栽试验的作物吸磷量和收获后盆栽土壤的元素含量

土壤	作物	处理	总吸磷量/（mg·盆$^{-1}$）	收获后盆栽土0.1mol/L HCl一次性浸提的元素测定量/（mg·kg^{-1}）					
				P	Fe	Al	Mn	Ca	Si
玄武岩发育的菜园土	菜心+生菜	磷矿粉（对照1）	4.80	73.2	49.4	808	232	671	74.6
		磷矿粉+5%有机1号	12.1	89.6	49.0	812	246	836	76.1
		磷矿粉+5%有机4号	8.80	73.1	45.0	788	244	697	69.4
		磷矿粉+5%有机2号	7.80	102	52.9	843	261	840	73.8
		磷矿粉+20%无机1号	7.80	79.1	48.5	799	226	770	78.3
		磷矿粉+20%无机2号	8.10	85.5	53.0	828	275	29.4	77.4
		磷铵	8.70	15.5	47.3	712	296	121	59.3
		磷铵+14%有机1号	9.30	16.2	47.4	770	223	146	73.9
		磷铵+14%有机2号	13.2	16.2	51.8	746	227	223	71.0
		磷铵+50%无机1号	14.9	16.9	48.6	780	268	147	62.7
		磷铵+50%无机2号	9.30	15.5	47.3	712	246	121	59.3
		钙镁磷	19.2	12.9	46.5	682	206	474	112
		钙镁磷+5%有机1号	17.2	12.5	44.5	635	212	374	95.7
		钙镁磷+5%有机2号	23.8	11.9	49.8	653	167	533	86.9

续表

土壤	作物	处理	总吸磷量/（mg·盆$^{-1}$）	收获后盆栽土0.1mol/L HCl一次性浸提的元素测定量/（mg·kg^{-1}）					
				P	Fe	Al	Mn	Ca	Si
玄武岩园地土	甘蔗	磷矿粉	0.202	1.49	19.1	538	161	144	37.7
		磷矿粉+有机2号	0.259	3.96	21.4	518	177	247	38.6
		磷矿粉+有机1号	0.573	2.40	26.8	562	188	118	34.7
		磷铵	0.198	2.52	26.5	572	184	119	37.4
		磷铵+有机2号	0.252	5.87	5.064	515	185	272	40.0
		磷铵+有机1号	0.128	5.27	18.1	528	147	230	41.1
砂页岩园地土	生菜	磷矿粉（对照1）	12.9	20.2	50.5	510	2.03	720	48.8
		磷矿粉+5%有机1号	22.0	169	54.3	599	96.6	713	72.3
		磷矿粉+5%有机4号	16.8	118	51.9	539	33.4	881	53.8
		磷矿粉+5%有机2号	21.2	116	53.6	531	34.1	810	55.3
		磷矿粉+20%无机1号	21.8	137	57.9	555	32.5	946	60.3
		磷矿粉+20%无机2号	16.5	154	54.9	544	33.4	38.7	57.1
		磷铵	22.9	2.08	46.7	461	35.5	304	39.3
		磷铵+14%有机1号	29.9	2.65	50.6	487	34.9	294	44.6
		磷铵+14%有机2号	29.2	2.65	62.6	521	33.3	273	60.9
		磷铵+50%无机1号	23.6	2.65	44.4	460	30.4	230	42.5
		磷铵+50%无机2号	24.4	2.71	47.3	495	32.4	272	43.9
花岗岩谷底冲积物水稻土	水稻	磷矿粉	0.209	47.9	196	319	1.43	721	19.2
		磷矿粉+有机1号	0.224	128	169	299	0.968	674	16.1
		磷矿粉+有机2号	0.211	118	141	297	0.855	672	15.4
		磷矿粉+无机2号	0.224	128	189	329	1.15	695	17.2
		磷铵	0.211	67.5	216	316	1.43	518	15.9
		磷铵+有机1号	0.240	73.8	204	303	1.31	524	16.0
		磷铵+有机2号	0.222	80.3	197	273	1.28	526	13.5
		磷铵+无机2号	0.224	69.2	198	290	1.09	253	14.0

注：有机1号为磺化木质素，有机2号为黑液木质素，有机4号为腐殖酸。

由于活化剂能削弱铁、铝、锰离子对磷的固定能力，用0.1mol/L HCL浸提，在三个旱地土壤的盆栽试验收获后的土壤中，添加活化剂处理的，在浸提液中测出的铁、铝、锰元素的含量

有随磷的释出而增多的趋势（表9–15）。而在水稻土的水稻盆栽试验后，在浸提液中测出的铁、铝、锰含量则有随磷的释出而减少的趋势。原因可能是土壤经还原条件再风干，形成干湿交替的环境条件，活化剂与铁、铝、锰离子的络合能力加强，不易被0.1mol/L HCL浸提出。

三、活化剂提高磷肥利用率的效果测定

在雷州玄武岩园地土壤上，利用甘蔗盆栽试验研究活化剂对提高磷肥利用率的效果。甘蔗盆栽试验在磷矿粉组中，加活化剂处理的不仅可提高植株吸磷量，还可提高植株吸氮量和吸钾量；磷肥利用率均比对照提高，使磷矿粉的磷利用率从5.16%提高到8%～24%，提高幅度为57%～378%；在磷铵组，两种活化剂均可提高植株的吸磷量，使磷铵的利用率从8.45%提高到13.5%和11.3%，提高幅度为59%和33%（表9–16）。

表9–16　在玄武岩园地土壤上盆栽试验各处理甘蔗对磷的吸收利用性能

处理	植株干物量/（g·盆$^{-1}$）	吸磷量/（g·盆$^{-1}$）	吸氮量/（g·盆$^{-1}$）	吸钾量/（g·盆$^{-1}$）	磷利用率/ %	磷利用增率/%
1. 不施磷	290b	0.104	1.09	0.939		
2. 磷矿粉	332b	0.202	1.34	0.876	5.16	
3. 磷矿粉+有机2号	405b	0.259	2.05	1.24	8.13	57.7
4. 磷矿粉+有机1号	623a	2.573	3.77	2.31	24.7	378
5. 磷铵	315b	0.198	1.59	1.62	8.45	
6. 磷铵+有机2号	443b	0.252	1.57	1.27	13.5	59.2
7. 磷铵+有机1号	367b	0.228	1.74	1.71	11.3	33.4
显著度（$Pr>F$）	0.018 1	—	—	—	—	—

注：表中数据均为各处理中各重复之间的平均值，不同字母表示处理间差异显著，统计用多重比较新复极差（SSR）法。

四、蔬菜施用活化磷肥的增产效果实例

（一）蔬菜盆栽试验的效果

盆栽试验共12个处理，重复4次（即4盆），每盆种1株菜苗。每盆装土1.25 kg，氮肥和钾施用量分别为氮0.104 g/kg土、钾0.157 g/kg土，按不同处理混入各物料并与土壤充分混匀后再装进盆中种上菜苗。蔬菜连续种两茬，在种第二茬时，补追氮0.15 g/kg土、钾0.083 g/kg土。试验效果见图9–5。

图9-5　玄武岩菜园土菜心应用活化磷盆栽试验

注：玄武岩菜园土的pH 4.18，属强酸性，土壤全磷和有效磷分别为9.2 mg/kg和1.5 mg/kg，土壤中磷的有效性极低。施入磷矿粉后，土壤的强酸性能溶解其中部分磷供菜心吸收，而过磷酸钙是酸性的速效水溶性磷肥，磷铵为中性速效水溶性磷肥，经活化处理前，磷铵和过磷酸钙明显好于磷矿粉；经有机活化处理后，磷矿粉的效果明显好于过磷酸钙和磷铵，而且由于持续供磷使菜心对磷奢侈吸收，造成菜心有磷肥过量的明显特征。无机活化剂的效果与有机活化剂相当。

从表9-17可知，第一茬菜心，在磷矿粉组生物量超过过磷酸钙的只有处理7（无机活化

剂），生物量接近过磷酸钙的有处理4（木素）；而供试活化剂处理的生物量均超过处理2（仅施磷矿粉）。在磷铵组，供试活化剂处理的生物量均超过仅施磷铵的处理，而生物量最大的是处理10（有机2号），其次是处理11（无机活化剂）。

第二茬生菜，在磷矿粉组处理4（木素）的生物量赶上过磷酸钙，处理7（无机活化剂）仍保持超过过磷酸钙，其他也均超过磷矿粉；而在磷铵组，生物量最大的变为处理9（有机1号），其次为处理11（无机活化剂）和处理10（有机2号）。

两茬蔬菜的生物量总和，磷矿粉组所有活化剂均超过对照（仅施磷矿粉），超过过磷酸钙的则只有无机活化剂；磷铵组所有活化剂的处理均超过对照（仅施磷铵），其中生物量最大的为处理10（有机2号），其次为处理11（无机活化剂），然后为处理9（有机1号）。

由表9–17的结果还可看出，无论在第一茬还是第二茬，在玄武岩菜园土施用过磷酸钙有较好的效果，其效果超过磷铵，在玄武岩菜园土上施用磷铵的效果与施磷矿粉差不多，稍好于不施肥，说明在这种土壤上磷铵和磷矿粉未经活化处理时的生物效应均不良，磷铵中的水溶性磷极易被土壤固定，在生产上造成极大的浪费，而经活化处理后，磷矿粉和磷铵的生物效应与过磷酸钙相当，甚至超过过磷酸钙。

表9–17　玄武岩菜园土上盆栽试验各处理的两茬蔬菜生物量

处理	第一茬菜心/（$g \cdot 盆^{-1}$）	第二茬生菜/（$g \cdot 盆^{-1}$）	两茬生物量合计/（$g \cdot 盆^{-1}$）
1. 不施肥	22.3de	4.66c	26.9c
2. 磷矿粉（对照1）	24.0d	4.93c	28.9bc
3. 过磷酸钙（对照2）	47.3a	8.97ab	56.2a
4. 磷矿粉+5%木素（对照3）	35.3c	9.37	41.6ab
5. 磷矿粉+5%有机1号	45.8ab	6.50b	52.3a
6. 磷矿粉+5%有机2号	29.8cd	7.27ab	37.0ab
7. 磷矿粉+20%无机活化剂	50.8a	9.10a	59.9a
8. 磷铵	26.0cd	4.91c	30.9b
9. 磷铵+14%有机1号	31.8c	10.2a	41.9ab
10. 磷铵+14%有机2号	46.0ab	8.44ab	54.4a
11. 磷铵+50%无机活化剂	44.8b	9.16a	53.9a

注：表中数据为各处理中各重复间的均值，不同字母表示处理间差异显著，统计用多重比较新复极差（SSR）法。

（二）田间应用活化磷技术的效果

为了证实蔬菜施用活化磷的效果，在增城分别进行了以苦瓜和豇豆为代表的瓜类蔬菜和豆类蔬菜的田间试验，结果如表9–18和表9–19。

1. 活化磷技术对瓜类蔬菜产量和品质的影响

从表9-18的苦瓜田间试验及品质分析结果可看出，在不同质地的土壤上，施用活化剂，苦瓜的生长效果有不同的反应，其中在沙质土上苦瓜的增产幅度均比壤质土的大。壤质土的苦瓜只有无机活化剂与有机活化剂共处理磷肥的处理才比对照增产，增产140 kg/亩；而沙质土上的苦瓜产量两种处理均比对照增产，增产68～168 kg/亩。

施用了两种活化剂处理磷肥的，无论是沙质土还是壤质土，反映农产品品质指标的可溶性糖和维生素C含量均明显增加，其中在沙质土上提高的幅度比在壤质土的大。苦瓜的维生素C含量在沙质土上比对照增加27.0～29.2 mg/100g鲜样，在壤质土上增加9.93～29.4 mg/100g鲜样；可溶性糖含量，在沙质土上增加79.9～90.6 g/kg干样，在壤质土上增加2.1～20.4 g/kg干样。硝酸盐含量则施活化剂处理磷肥的均比对照的明显下降，其中在沙质土的比对照下降135～137 mg/kg鲜样，在壤质土的下降6.43～106 mg/kg鲜样。

表9-18　苦瓜施活化剂处理磷肥对产量和品质的影响

土壤	处理	生物量/（$kg\cdot亩^{-1}$）	商品菜产量/（$kg\cdot亩^{-1}$）	增产幅度/（$kg\cdot亩^{-1}$）	可溶性糖/（$g\cdot kg^{-1}$干样）	维生素C/[mg·（100g鲜样）$^{-1}$]	硝酸盐/（$mg\cdot kg^{-1}$鲜样）
壤质菜园土	对照	1 626	890	—	94.7	49.1	564
	有机活化剂	1 402	734	—	131	59.1	459
	有机+无机活化剂	1 683	1 031	141	142	78.6	498
沙质菜园土	对照	2 145	1 247	—	86.1	56.2	608
	有机活化剂	2 156	1 316	68.7	92.8	83.2	473
	有机+无机活化剂	2 257	1 415	168	103	85.4	471

2. 活化磷技术对豆类蔬菜产量和品质的影响

从表9-19的豇豆田间试验及品质分析结果可看出，在不同质地的土壤上，施用活化剂，豇豆的生长效果也有不同的反应，其中在沙质土上豇豆的增产幅度均比壤质土的大。壤质土豇豆只有无机活化剂与有机活化剂共处理磷肥的处理才比对照增产，增产50.9 kg/亩；而沙质土上的豇豆产量两种处理均比对照增产，增产138～720 kg/亩。

施用了两种活化剂处理磷肥的，无论是沙质土还是壤质土，反映农产品品质指标的可溶性糖和维生素C含量均明显增加，其中有沙质土上提高的幅度比壤质土大的趋势。豇豆的维生素C含量在沙质土上比对照增加1.69～3.98 mg/100g鲜样，在壤质土上增加1.99～4.25 mg/100g。硝酸盐的含量则是施活化剂处理磷肥的均比对照的明显下降，其中在沙质土的下降49.2～49.6 mg/kg鲜样，在壤质土的下降13.0～36.7 mg/kg鲜样。

表9-19　豇豆施活化剂处理磷肥对产量和品质的影响

土壤	处理	生物量/（kg·亩$^{-1}$）	商品菜产量/（kg·亩$^{-1}$）	增产幅度/（kg·亩$^{-1}$）	可溶性糖/（g·kg^{-1}干样）	维生素C/[mg·（100g鲜样）$^{-1}$]	硝酸盐/（mg·kg^{-1}鲜样）
壤质菜田土	对照	3 055	1 436	—	143	16.1	285
	有机活化剂	2 854	1 415	—	145	18.1	273
	有机+无机活化剂	3 040	1 487	50.9	164	20.3	248
沙质菜田土	对照	1 637	981	—	131	19.0	280
	有机活化剂	2 769	1 701	720	222	20.7	231
	有机+无机活化剂	2 074	1 119	138	211	23.0	231

可见，施活化剂处理磷肥不仅可提高瓜豆类蔬菜的产量，还可提高蔬菜产品的品质。

参考文献

[1] 张福锁，马文奇，陈新平，等. 养分资源综合管理理论与技术概论［M］. 北京：中国农业大学出版社，2006.

[2] GASTAL F，LEMAIRE G. N uptake and distribution in crops：an agronomical and ecophysiological perspective［J］. Journal of Experimental Botany，2002，53：789-799.

[3] 黄国勤，王兴祥，钱海燕，等. 施用化肥对农业生态环境的负面影响及对策［J］. 生态环境，2004，13（4）：656-660.

[4] 沈明珠，翟宝杰，车惠茹. 蔬菜硝酸盐累积的研究［J］. 园艺学报，1982，9（4）：41-48.

[5] 王朝辉，李生秀，田霄鸿. 不同氮肥用量对蔬菜硝态氮累积的影响［J］. 植物营养与肥料学报，1998，4（1）：22-28.

[6] BLOM ZANDSTRA M. Nitrate accumulation in vegetables and its relationship to quality［J］. Association of Applied Biologists，1989，115：553-561.

[7] WHO：Nitrates，Nitrites and N-Ntitroso Compounds［J］. Environmental Health Criteria，1977（5）.

[8] 林葆. 化肥与无公害农业［M］. 北京：中国农业出版社，2003：13-23.

[9] LHIRONDEL J，L HIRONDEL J L. Nitrate and man［M］. Wallingford，Oxfon，UK：CABI Publishing，2002.

[10] 王朝辉，田霄鸿，李生秀. 叶类蔬菜的硝态氮累积及成因研究［J］. 生态学报，2001，21（7）：1136-1141.

[11] 王庆，王丽，赫崇岩，等. 过量氮肥对不同蔬菜中硝酸盐积累的影响及调控措施研究［J］. 农业环境保护，2000，19（1）：46-49.

[12] 戴廷波，孙传范，荆奇，等. 不同施氮水平和基追比对小麦籽粒品质形成的调控［J］. 作物学报，2005，31（2）：248-253.

[13] 温庆放，薛珠政，李大忠，等. 不同氮肥种类及用量对菠菜硝酸盐积累的影响［J］. 上海农业学报，2005，21（4）：71-74.

[14] 肖厚军，闫献芳，彭刚. 氮肥对菠菜产量和硝酸盐含量的影响［J］. 贵州农业科学，2001，29（1）：22-24.

[15] 陈宝明. 施氮对植物生长、硝态氮累积及土壤硝态氮残留的影响［J］. 生态环境，2006，15（3）：630-632.

[16] 任祖淦，邱孝煊，蔡元呈，等. 化学氮肥对蔬菜硝酸盐污染影响的研究［J］. 中国环境学报，1997，17

（4）：326-329.
[17] 彭克明. 农业化学（总论）[M]. 北京：农业出版社，1980.
[18] 廖宗文，卢其明. 锰、铁、铝对磷的固定作用的比较研究初报 [J]. 华南农业大学学报，1996，17（2）：117-118.
[19] 廖宗文，王建林. 红壤的磷肥有效性差异及其土壤化学特点的初步研究 [J]. 华南农业大学学报，1996，17（1）：67-71.
[20] LU Q M，LIAO Z W. Comparative study on characteristics of P Fixation by Mn，Fe and Al [J]. Pedosphere，1997，7（4）：325-327.
[21] 鲁如坤，谢建昌，蔡贵信，等. 土壤—植物营养学原理和施肥 [M]. 北京：化学工业出版社，1998.
[22] 李淑仪，蓝佩玲，廖新荣，等. 玄武岩砖红壤活化效果及其机理研究 [J]. 土壤与环境，2001，10（4）：311-318.
[23] 李淑仪，蓝佩玲，廖新荣，等. 雷州桉树人工林下土壤磷肥活化效果及其机理研究 [J]. 林业科学研究，2002，15（3）：261-268.
[24] 李淑仪，廖观荣，廖新荣，等. 不同母质砖红壤的磷有效性差异 [J]. 土壤与环境，1999，8（3）：227-229.
[25] 李淑仪，蓝佩玲，廖新荣，等. 砖红壤磷的有效性研究 [J]. 土壤与环境，2003，12（2）：170-171.
[26] 李淑仪，廖新荣，陈碧琛，等. 沙田柚施用活化磷肥的效果研究 [J]. 生态科学，2001，20（3）：63-69.
[27] 谢利昌，余鹿庄，黎秀彬，等. 广东省主要水稻土有效磷钾测定方法的研究I. 水稻土的磷素形态及有效磷的测定 [J]. 华南农业大学学报，1985，6（2）：51-61.
[28] 卢瑛，卢维盛，刘远金，等. 砖红壤磷的有效性及其与土壤化学元素关系的研究 [J]. 华南农业大学学报，1999，20（3）：90-93.
[29] 甘海华，卢瑛，戴军. 不同肥力红壤及其复合体无机磷分布特征 [J]. 华南农业大学学报，1998，19（3）：78-81.
[30] 李淑仪，钟继洪，莫晓勇，等. 桉树土壤与营养研究 [M]. 广州：广东科技出版社，2007：264-275.
[31] 蔡德龙. 中国硅营养研究与硅肥应用 [M]. 郑州：黄河水利出版社，2000：24-427.

第十章　重金属污染土壤的蔬菜施肥调控

随着工业迅猛发展，高强度的经济开发不可避免地给环境质量带来了危害，工业废气、废水的排放使污染物大量进入大气、河流，甚至土壤，我国大多数城市近郊土壤受到了不同程度的重金属污染。据宋伟等2013年的研究结果[1]，我国耕地的土壤重金属污染率为16.7%左右，耕地重金属污染的面积占耕地总量的1/6左右；耕地土壤重金属污染等别中，尚清洁、清洁、轻污染、中污染、重污染比重分别为68.1%、15.2%、14.5%、1.45%、0.72%；辽宁、河北、江苏、广东、山西、湖南、河南、贵州、陕西、云南、重庆、新疆、四川和广西14个省、市和自治区可能是我国耕地重金属污染的多发区域。崔晓峰等2012年的研究结果[2]表明，珠江三角洲菜地土壤主要受铅、镉、汞污染，但以轻度污染为主。虽然所有供应人类的食物都受到土壤安全的影响，但是据多方研究调查结果[3-5]，受重金属污染的农田中大部分属于轻污染，中、重污染的只占极少数，因此，研究在轻度污染土壤上通过施肥调控农产品的质量安全有重要意义。蔬菜生产中在科学降低化肥施用量、保护环境的前提下，还应关注蔬菜产品的重金属安全质量。

第一节　农田土壤重金属污染特征及治理方法

化学上根据金属的密度，把金属分为重金属和轻金属，常把密度大于4.5 g/cm^3的金属即元素周期表中原子序数在24以上的金属称为重金属。土壤污染是指人类生产和生活活动中排出的有害物质进入土壤中，影响农作物生长发育，直接或间接地危害人畜健康的现象。当土壤重金属含量大于其背景值时称之为土壤重金属污染。土壤重金属污染常见的重金属元素为：汞、砷、镉、铅、铬、铜、锌、镍。

农田土壤重金属污染具有如下特征。

（1）具有隐蔽性和滞后性。重金属通常以离子态和与其他元素结合态（碳酸盐结合态、铁锰结合态、有机结合态、残渣态）存在于土壤中，具有隐蔽性，需要通过对土壤样品分析化验检测，甚至通过研究对人畜健康状况的影响才能确定农田土壤是否已受重金属污染。此外，土壤重金属污染从产生到对人畜健康产生影响具有滞后性[6]。

（2）具有不可逆性和难治理性。土壤受到重金属污染后很难通过土壤自净来降低重金属浓度。污染一旦发生，通常很难彻底治理，且治理成本较高、周期较长。

（3）具有表聚性。土壤对重金属有较强的吸附和螯合能力，重金属在土壤中的迁移能力较弱，导致重金属大部分残留于土壤耕层，易于被农作物吸收，通过食物链危害人体健康。

“万物土中生，民以食为天，食以土为本。”土壤是地球的皮肤，是经济社会可持续发展的物质基础。土壤环境事关“菜篮子和米袋子”，事关农产品品质和人体健康。因此，保护好土壤环境是推进生态文明建设和维护国家生态安全的重要内容。当前，我国土壤环境总体状况堪忧，部分地区污染较为严重，已成为全面建成小康社会的突出短板之一。对此，我国非常重视，2016年5月国务院已公开发布了《土壤污染防治行动计划》，要求以改善土壤环境质量为核心，以保障农产品质量和人居环境安全为出发点，达到切实加强土壤污染防治以逐步改善土壤环境质量的目标。

农田土壤重金属污染治理的方法，主要有工程、物理、化学、生物、农艺措施和综合修复等。其中，工程措施包括客土、换土和深耕翻土等，虽然具有彻底、稳定的优点，但工程量大、费用高，还破坏土体结构；物理修复设备简单，但当土壤中有较大比例的黏粒存在时不易操作；化学修复使用的添加剂容易产生二次污染；生物修复包括植物修复和微生物修复，其中植物修复周期长，难以快速修复污染土壤，微生物修复效果良好，但目前还难以大面积应用。

目前，有专家认为采用点源式污染治理的方法难以有效地解决耕地土壤污染问题，只有通过农业综合措施与技术来控制污染才是可行的。要在有限的土地上保证轻度污染农业土壤的农产品安全，需要有降低农作物重金属生物有效性的技术措施。而通过施肥的方法（施用抑制剂）减轻重金属对作物的毒害、抑制作物对重金属的吸收是无公害蔬菜生产的重要途径。

受污染的农田中大部分属于轻污染，中、重污染的占极少数[1-5]。因此，在治理大面积、轻中度污染的耕地土壤污染时，通过采用生物化学的方法，选择有肥效作用的材料，降低土壤中重金属对植物的生物有效性，是较切实可行的方法之一。

硅已被证明对蔬菜等作物的土壤重金属毒害具有缓解和抑制作用[5-17]，这为轻度污染农田的蔬菜安全生产提供了参考。

第二节　硅对作物生长的作用

硅是地壳和土壤中第二丰富的元素，其含量仅次于氧，土壤中二氧化硅含量占土壤组分的50%～70%[7]。因此，土壤中生长的植物在其组织中都含有一定量的硅，一般的豆科植物和其他双子叶植物二氧化硅含量在1%以下，而一些禾本科植物如大麦、小麦、燕麦等二氧化硅含量为2%～4%。正是由于硅元素在土壤中的普遍存在性及它的环境友好性，植物很少表现缺硅现象，即使在硅过量情况下也不出现硅毒害症状，很难根据传统必需元素三大要素来确定硅是否为植物生长所必需[8]。因此，长期以来，硅对植物生长的作用未引起人们足够的重视。

目前，有关硅对植物健康生长影响的研究材料越来越广，作物种类不仅仅局限于传统的水稻、小麦、高粱、玉米等粮食作物，还包括甘蔗、花生、大豆、水果、棉花、蔬菜等经济作物。已有大量研究表明，硅元素对植物的生长起到了很好的促进作用，被普遍认为是高等植物的有益元素或农艺必需元素（agronomically essential element）[9-11]，表现在如下几方面。

（1）硅可促进种子萌发和幼苗生长，提高种子呼吸代谢效率，提高发芽率[12，13]；硅可促进根系发育，提高根系活力，增加根量，提高根系氧化力，延长根系功能期，避免早衰[14]，提高根对水分和养分的吸收效能；硅可促进植物叶表皮细胞的长度和细胞壁伸展性，促进细胞伸长生长[15]；硅能改善植物的形态结构，在植物组织中的沉积可使叶片、茎壁增厚，维管束加粗，株形挺拔，使叶和茎之间的夹角缩小，叶片挺立，因而可进一步改善植物冠层受光的姿态，增加群体光能利用效率，增加光合产物积累[16]；硅能改善植物的生长状况，促进叶绿体数目、叶绿体中的片层结构数和基粒厚度增加[17]，增加叶绿素含量，提高净光合速率，提高作物产量[18]，改善农产品品质[19，20]。

（2）硅可调节土壤、植物中的养分供应和平衡，改善植物的矿质营养。施硅可使土壤中磷酸根的吸附量减少，解吸量增加，对土壤磷素起到了一定的活化作用，增加磷素生物有效性[21]，在磷浓度低时，施硅增加土壤磷的解吸量和解吸率，在磷浓度高时，施硅则降低磷的解吸量[22]；硅可促进植物对氮素的吸收和累积[21，23，24]，还可提高水稻的耐氮性能，促进氮的同化，使稻株茎叶的含氮量减少，而穗部含氮量增加，有利于籽粒中蛋白质的形成[25]；硅能促进氮、磷、钾等11种营养元素从甘蔗的成熟部分向生长部分的转移和富集，提高了营养元素在蔗茎生长部分和蔗叶中的浓度，提高酸性转化酶活性，从而促进甘蔗的生长、蔗糖的合成和积累[26-28]。此外，施硅能够改良土壤结构，提高土壤肥力，促进根系生长，并提高功能叶的光合效率，增加水稻分蘖数、成穗率、结实率及抗病虫害能力，从而达到增产目的[29]。

（3）硅可提高植物抵抗生物和非生物胁迫的能力，可缓解植物的重金属锰[30，31]、铁[32]、铝[33，34]、砷[35]等的生理毒害，还能有效抑制蔬菜等植物吸收镉，减少镉在地上部的积累[36-40]。

第三节　施硅对提高蔬菜生物量和品质的影响

施用化学改良剂是控制土壤重金属污染的有效手段。近年来，以硅肥作改良剂对重金属污染土壤治理的研究大量涌现，成为硅素营养研究的热点。研究表明，硅可促进多种植物的正常生长，有增产优质、增强作物抗重金属，以及抗盐害、旱害和病虫害等能力。基于此，我们开展了施硅对重金属污染土壤蔬菜生长影响的研究。

一、无污染土壤中施硅酸盐对小白菜生长的影响

表10-1的结果显示，在无污染的不同硅用量处理中，硅酸盐对小白菜各项指标均有影响。从生物量上看，Si_1处理显著提高了小白菜的总生物量，其中根、叶的生物量变化不显著，但茎的生物量显著增大；Si_2处理对总生物量影响不明显，但从根、茎、叶各部位来看，根、叶的生物量降低，但茎的生物量增大；而Si_3处理则使根、茎、叶各部位生物量均下降，导致总生物量减少。

表中还显示，低质量分数的Si_1处理的总生物量较Si_0处理显著提高，Si_2处理与Si_0处理差异不显著，而Si_3处理的总生物量则大幅降低，说明适量硅酸盐对植物生长的促进作用明显，但施硅量不能过大，否则对植物产生硅酸盐胁迫也会抑制生长。本试验中设置的Si_3水平硅酸盐则超出小白菜的耐受范围，致使生物量大幅降低。

表10-1　无污染处理施硅酸盐对小白菜各项指标的影响

指标	不同硅处理			
	Si_0	Si_1	Si_2	Si_3
总生物量/（$g·株^{-1}$）	63.8 ± 3.79b	75.2 ± 8.89a	61.2 ± 6.55b	30.2 ± 6.80ab
根重/（$g·株^{-1}$）	2.02 ± 0.35a	1.63 ± 0.61ab	1.45 ± 0.24bc	0.93 ± 0.27c
茎重/（$g·株^{-1}$）	29.4 ± 4.28bc	43.5 ± 6.49a	38.6 ± 3.92ab	18.8 ± 7.43c
叶重/（$g·株^{-1}$）	32.5 ± 3.69a	30.0 ± 4.63a	21.2 ± 3.22b	10.5 ± 4.78c
POD酶活性	0.126 ± 0.01a	0.131 ± 0.02a	0.063 ± 0.00b	0.152 ± 0.00a
SOD酶活性	73.7 ± 2.17b	90.3 ± 18.92ab	45.1 ± 6.52c	316 ± 6.81a
维生素C/（$mg·kg^{-1}$）	18.5 ± 2.11ab	18.6 ± 5.88b	21.8 ± 8.46ab	26.6 ± 1.94ab
叶绿素（相对含量）	42.6 ± 3.02b	45.9 ± 1.47a	45.8 ± 2.00a	47.7 ± 1.06a
地上部铬浓度/（$mg·kg^{-1}$）	0.13 ± 0.03a	0.05 ± 0.01b	0.08 ± 0.02b	0.09 ± 0.02ab
地上部铬吸收量/（$10^{-3}mg·株^{-1}$）	3.37 ± 1.49a	2.89 ± 2.43a	1.63 ± 0.73a	1.11 ± 0.52a
地上部铅浓度/（$mg·kg^{-1}$）	0.13 ± 0.05a	0.08 ± 0.06ab	0.04 ± 0.02b	0.06 ± 0.04ab
地上部铅吸收量/（$10^{-3}mg·株^{-1}$）	5.96 ± 3.79a	2.59 ± 1.28b	1.13 ± 0.60b	0.90 ± 0.59b
叶硅含量/%	0.12 ± 0.04b	0.20 ± 0.04a	0.18 ± 0.01ab	0.18 ± 0.03ab
茎硅含量/%	0.05 ± 0.02a	0.04 ± 0.00a	0.07 ± 0.02a	0.05 ± 0.04a

注：利用SAS对同一指标不同硅酸盐水平处理进行LSD分析，$P<0.05$（下同）。

从抗氧化酶系统的活性看，Si_1处理对POD、SOD酶活性影响不显著；Si_2处理两种酶活性均下降；Si_3处理，POD酶活性变化不显著，而SOD酶活性显著增强。

从维生素C含量上看，不同硅处理对其影响不明显。

从叶绿素相对含量上看，Si_1、Si_2、Si_3处理均显著提高了叶绿素含量，但不同硅处理间差异不明显。

从地上部重金属的含量看，Si_1、Si_2处理明显降低了小白菜体内铬的含量，Si_3处理小白菜体内铬含量变化不明显；而铅含量除了Si_2处理显著下降外，其他处理变化不明显。这时小白菜吸收的铬和铅都应该为土壤的本底值。

从地上部重金属的吸收量看，不同硅处理对每株菜地上部的平均吸铬量影响不明显；而吸铅量方面，三个硅处理均显著减少了地上部的铅吸收量，不过不同硅处理间差异不明显。

从地上部的硅含量看，Si_1处理显著增加了叶的硅含量，Si_2、Si_3处理叶片的硅含量略有增加，但差异不显著；同时，不同硅处理对茎的硅含量影响不明显。

综上可见，在无重金属污染时，适量施硅（Si_1、Si_2浓度水平，特别是Si_1浓度水平）能显著提高小白菜的生物量，并能显著减少小白菜地上部对铅的吸收，同时还能提高小白菜叶绿素含量，对POD、SOD酶活性及维生素C含量无不良影响，并提高了叶片硅含量。高浓度硅（Si_3）处理对小白菜形成一定胁迫，除降低了生物量外，还诱导SOD酶活性显著增强。

二、叶面喷施硅、铈溶胶对叶菜生长和品质的影响

纳米二氧化硅、铈溶胶是一种重金属阻隔剂。为探讨纳米二氧化硅、铈溶胶在田间应用的效果，进行了如下一系列田间试验。

（一）硅、铈溶胶对叶菜生物量的影响

由图10-1（a）可知，与对照相比，喷施低浓度硅溶胶（Si_1处理）生菜的生物量没有显著性差异，喷施硅溶胶浓度为0.5‰、1.0‰、2.0‰时，即Si_2、Si_3、Si_4处理，生菜的生物量显著性增加，增加幅度分别为15.7%、16.8%、17.7%。喷施铈溶胶的Ce_2、Ce_3处理生菜的生物量与对照相比有显著增加，增幅分别为21.1%、16.6%，喷施硅铈复合溶胶的生菜生物量也有显著增加（Si_3Ce_1除外）。Si_2Ce_1与单独喷施硅溶胶Si_2处理、铈溶胶Ce_1处理之间无显著差异，Si_3Ce_1与单独喷施硅溶胶Si_3处理、铈溶胶Ce_1处理之间也无显著差异。由此可知，喷施硅、铈溶胶均有促进生菜生长的作用，硅溶胶、铈溶胶共同使用并未使其效果得到加成。

喷施硅、铈溶胶均能增加小白菜生物量［图10-1（b）］。Si_1、Si_2、Si_4处理小白菜的生物量与对照相比有显著性增加，增幅分别为11.4%、8.9%、19.3%，而Si_3处理与对照无显著差异。4个施铈处理中只有铈溶胶浓度高的Ce_3、Ce_4处理小白菜的生物量有显著性增加，浓度较低的Ce_1、Ce_2处理无显著变化。与对照相比，喷施硅铈复合溶胶的小白菜生物量也无显著差异。

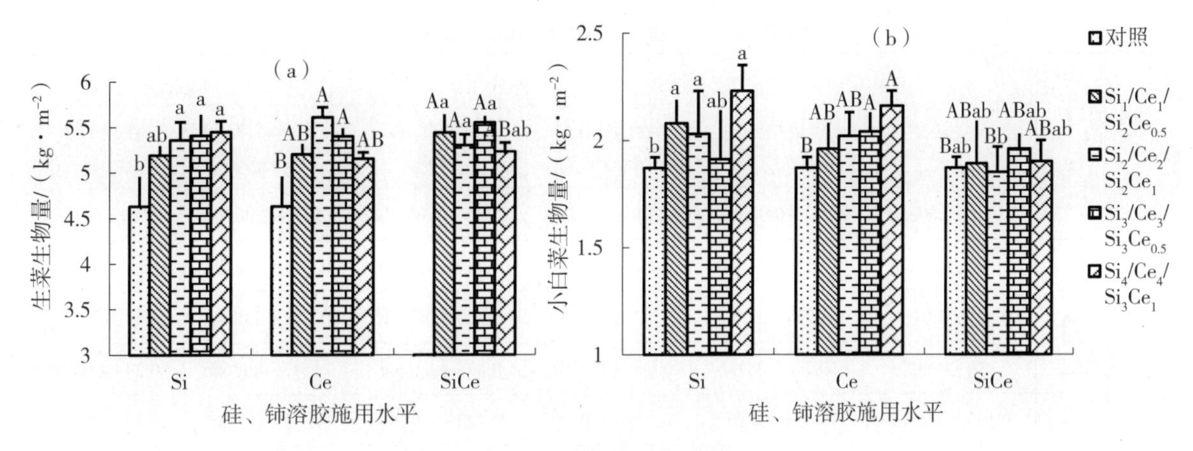

图10-1　硅、铈溶胶对叶菜生物量的影响

（二）硅、铈溶胶对叶菜品质的影响

1. 硅、铈溶胶对叶菜中维生素C含量的影响

与对照相比，硅溶胶浓度较低（Si_1、Si_2）时维生素C含量没有显著性差异（表10-2），硅溶胶浓度为1.0‰（Si_3）时维生素C含量显著性提高，但是与前两个浓度处理之间维生素C含量没有显著性差异，硅溶胶浓度为2.0‰（Si_4）时，维生素C的含量最高。低浓度（0.10‰）Ce_1处理时维生素C含量与对照相比没有显著性差异；铈溶胶浓度较高的Ce_2、Ce_3、Ce_4处理生菜中维生素C含量均显著增加，但这三者之间维生素C含量没有显著性差异。喷施硅铈复合溶胶的4个处理中只有Si_2Ce_1、$Si_3Ce_{0.5}$维生素C含量显著增加，但Si_2Ce_1与Si_2、Ce_1之间无显著差异。由此可知，喷施硅、铈溶胶均能增加生菜中维生素C的含量。

由表10-2可知，喷施硅溶胶能显著性增加小白菜维生素C的含量，其中Si_3处理效果更显著，维生素C含量增幅为31.0%。4个施铈处理小白菜维生素C的含量均显著增加，Ce_3处理维生素C的含量最高，其他三个处理之间无显著差异。喷施硅铈复合溶胶的处理维生素C的含量与对照相比有显著性增加，增幅为17.3%～24.9%。Si_2Ce_1、Si_3Ce_1处理与Ce_1处理相比维生素C含量无显著性增加，Si_2Ce_1处理与Si_2处理无显著差异，Si_3Ce_1处理维生素C含量低于Si_3处理。

2. 硅、铈溶胶对叶菜中可溶性糖含量的影响

由表10-2可知，硅溶胶浓度为0.25‰、0.5‰、1.0‰时，即Si_2、Si_3、Si_4处理，可溶性糖的含量均显著性提高，而三个浓度处理之间可溶性糖含量没有显著性差异；硅溶胶浓度为1.0‰时可溶性糖含量显著高于其他三个浓度处理。与对照相比，Ce_1、Ce_2、Ce_3处理时可溶性糖含量显著增加，增幅分别为72.8%、74.6%、17.2%；Ce_4处理降低了可溶性糖含量，降幅为23.1%。喷施硅铈复合溶胶的生菜可溶性糖的含量也有显著增加（Si_3Ce_1除外），$Si_2Ce_{0.5}$、Si_2Ce_1、$Si_3Ce_{0.5}$处理可溶性糖含量分别增加了53.8%、81.1%、42.6%。

表10–2　硅、铈对叶菜产量和品质的影响

处理		生菜			小白菜		
		维生素C/（$g\cdot kg^{-1}$）	可溶性糖/（$g\cdot kg^{-1}$）	亚硝酸盐/（$mg\cdot kg^{-1}$）	维生素C/（$g\cdot kg^{-1}$）	可溶性糖/（$g\cdot kg^{-1}$）	亚硝酸盐/（$mg\cdot kg^{-1}$）
硅	对照	0.086 ± 0.006Bc	0.169 ± 0.008Cd	0.281 ± 0.011Aa	0.365 ± 0.005Cc	0.125 ± 0.003Bc	0.816 ± 0.056Aa
	Si_1	0.094 ± 0.016bc	0.192 ± 0.019cd	0.188 ± 0.014b	0.423 ± 0.023b	0.165 ± 0.003a	0.556 ± 0.039bc
	Si_2	0.107 ± 0.010b	0.189 ± 0.007c	0.109 ± 0.008d	0.409 ± 0.021b	0.118 ± 0.007c	0.441 ± 0.015d
	Si_3	0.110 ± 0.005b	0.281 ± 0.031ab	0.141 ± 0.006c	0.478 ± 0.020a	0.155 ± 0.006ab	0.344 ± 0.029e
	Si_4	0.130 ± 0.007a	0.186 ± 0.003c	0.139 ± 0.015c	0.422 ± 0.024b	0.107 ± 0.003d	0.473 ± 0.001d
铈	Ce_1	0.095 ± 0.012B	0.292 ± 0.008A	0.194 ± 0.011B	0.421 ± 0.017AB	0.118 ± 0.007B	0.375 ± 0.064DE
	Ce_2	0.114 ± 0.002A	0.295 ± 0.006A	0.158 ± 0.017C	0.406 ± 0.025B	0.127 ± 0.003B	0.643 ± 0.035B
	Ce_3	0.109 ± 0.006A	0.198 ± 0.016C	0.094 ± 0.025D	0.452 ± 0.022A	0.118 ± 0.003B	0.316 ± 0.011E
	Ce_4	0.116 ± 0.005A	0.130 ± 0.007D	0.192 ± 0.029B	0.427 ± 0.026AB	0.116 ± 0.003B	0.335 ± 0.009E
硅铈复合处理	$Si_2Ce_{0.5}$	0.100 ± 0.009ABbc	0.260 ± 0.001Bb	0.144 ± 0.018Cc	0.443 ± 0.020Aab	0.129 ± 0.007Bc	0.646 ± 0.059Bb
	Si_2Ce_1	0.132 ± 0.018Aab	0.306 ± 0.010Aa	0.209 ± 0.005Bb	0.456 ± 0.035Aab	0.151 ± 0.004Aab	0.577 ± 0.081BCbc
	$Si_3Ce_{0.5}$	0.113 ± 0.003Ab	0.241 ± 0.005Bb	0.083 ± 0.004Dd	0.428 ± 0.028ABb	0.126 ± 0.006Bc	0.459 ± 0.031Cd
	Si_3Ce_1	0.103 ± 0.011ABbc	0.151 ± 0.008Cd	0.145 ± 0.011Cc	0.437 ± 0.012Ab	0.145 ± 0.002Ab	0.382 ± 0.010De

注：数据=均值 ± 标准误差。同一栏中施硅处理数据后用不同小写字母表示显著性差异；同一栏中施铈处理数据后用不同大写字母表示显著性差异（$P<0.05$）。

喷施硅溶胶能增加小白菜可溶性糖的含量（表10–2）。与对照相比，两个施硅处理中Si_1、Si_3可溶性糖的含量均有显著性增加，增幅分别为32.0%、24.0%，Si_2处理无显著差异，而Si_1处理可溶性糖的含量低于对照。由表10–2可知，4个喷施铈溶胶处理小白菜可溶性糖的含量均无显著变化。喷施硅铈复合溶胶的处理（Si_2Ce_1、Si_3Ce_1）可溶性糖的含量显著性增加，其增幅分别为20.8%、16.0%，另外两个处理则无显著增加。Si_2 Ce_1处理与Si_2处理之间可溶性糖的含量显著性增加，Si_3Ce_1处理可溶性糖的含量与Si_2处理相比无显著差异；Si_2Ce_1、Si_3Ce_1处理可溶性糖的含量均高于单独施铈处理（Ce_1）。

3. 硅、铈溶胶对叶菜中亚硝酸盐含量的影响

由表10–2可知，叶菜中亚硝酸盐含量均低于国家标准（≤4.0 mg/kg）。喷施硅、铈溶胶能够降低生菜和小白菜的亚硝酸盐含量。其中，生菜：与对照相比，硅溶胶浓度在0.25‰（Si_1）时亚硝酸盐含量显著降低，但是显著高于1.0‰ SiO_2（Si_3）和2.0‰ SiO_2（Si_4）处理时，后两者之间亚硝酸盐的含量没有显著性差异；当硅溶胶浓度为0.5‰（Si_2）时亚硝酸盐含量最低，表明喷施该浓度硅溶胶降低亚硝酸盐含量效果最佳。生菜中亚硝酸盐含量随着铈溶胶浓度（0.05‰～0.2‰）增加而逐渐降低，但是浓度为0.3‰的Ce_4处理时与浓度为0.05‰的Ce_1处理时亚硝酸盐含量没有显著性差异，却显著高于其他两个浓度铈处理的。喷施硅铈复合溶胶的生菜

亚硝酸盐的含量显著低于对照，其中$Si_3Ce_{0.5}$处理亚硝酸盐含量最低。

小白菜：当硅溶胶浓度为1.0‰（Si_3）时亚硝酸盐含量最低，降幅为57.8%；其他三个处理亚硝酸盐含量降幅为31.9%～46.0%。喷施铈溶胶的Ce_2处理亚硝酸盐含量显著高于其他三个处理，但低于对照。Ce_1、Ce_3、Ce_4处理之间亚硝酸盐含量无显著差异，显著低于对照，亚硝酸盐含量降幅为54.0%～61.3%。喷施硅铈溶胶的小白菜亚硝酸盐含量均显著低于对照，其中Si_3Ce_1处理亚硝酸盐含量最低。Si_2Ce_1处理亚硝酸盐的含量均高于单独施硅（Si_2）、施铈（Ce_1）处理，Si_3Ce_1处理亚硝酸盐的含量与Si_2、Ce_1处理均无显著性差异。

第四节　硅抑制蔬菜吸收重金属的生理效应

一、铬污染下施硅酸盐对小白菜的生理效应

（一）铬污染下施硅酸盐对小白菜叶绿素含量的影响

从图10-2可知，在Cr_1和Cr_2处理下，小白菜叶绿素含量在Si_1浓度处理下最大。随着硅浓度增加，叶绿素含量开始减少。Cr_3处理下，硅浓度为Si_1时，叶绿素含量最高。由此可见，随着铬浓度增加，小白菜受铬毒害增加，叶绿素含量减少，当向土壤中施入硅后，叶绿素含量先增加然后减少，说明硅浓度为Si_1抑制铬对叶绿素的毒害效果最好，随着硅浓度的增加，抑制作用开始降低，铬抑制了小白菜叶绿素合成。

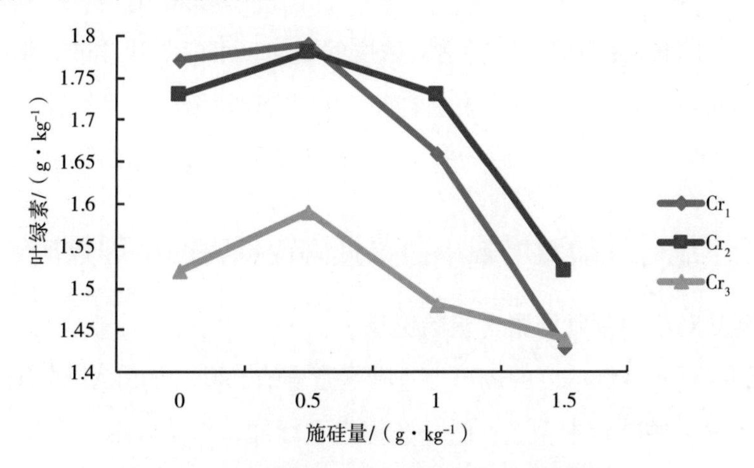

图10-2　硅对铬胁迫下小白菜叶绿素含量的影响

（二）铬污染下施硅对小白菜抗氧化酶系统的影响

从图10-3（a）可知，随着硅浓度的增加，Cr_2和Cr_3处理下，过氧化氢酶（CAT）活性先升高后降低，然后再升高，说明在硅浓度为Si_2时能降低铬对小白菜CAT的毒害作用，随着硅浓度的继续增加，硅的抑制作用降低；在Cr_1处理下，随着硅浓度的增加CAT活性降低，降低量不同。表明在此处理下，硅降低铬对CAT毒害作用随着硅浓度的增加逐渐增加。由此可见，当土

壤中加铬浓度为Cr_1时，小白菜叶片CAT受到铬毒害较小，在铬浓度为Cr_2和Cr_3处理时，随着硅浓度的增加，重金属对CAT的毒害先增加后减少然后增加。

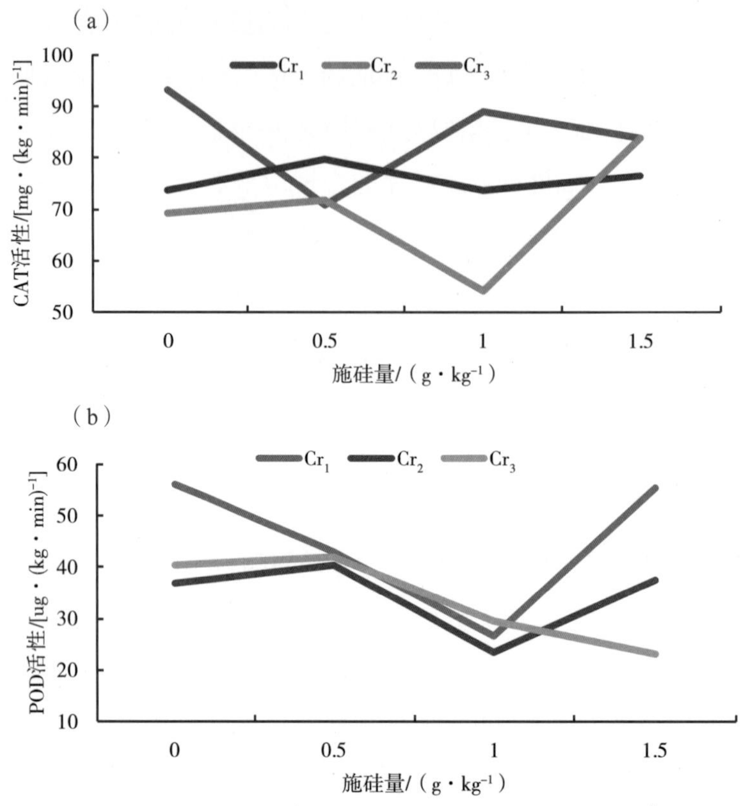

图10-3　硅酸盐对铬胁迫下小白菜叶片过氧化氢酶和过氧化物酶的影响

从图10-3（b）可知，Cr_1处理下，随着硅浓度的增加，小白菜叶片过氧化物酶（POD）活性降低，说明，在此处理下POD受到铬毒害随着硅浓度的增加而减少；当加铬浓度为Cr_2和Cr_3时，随着硅浓度的增加，POD活性先升高后降低，说明POD受到重金属铬的胁迫先增加后减少。

二、镉污染下施硅酸盐对增强小白菜抵御镉毒害的生理效应

（一）施硅酸盐对小白菜叶绿素含量的影响

从表10-3的结果可知，低浓度的镉可促进叶绿素合成，叶片的SPAD值有所提高，但较高浓度镉处理则抑制了白菜的叶绿素合成，随外源镉水平增加，白菜叶绿素含量加剧减少，可见，镉对白菜产生一定的生理毒害。而在较低镉浓度（0 mg/kg、0.3 mg/kg、0.6 mg/kg）处理下，施适量硅（0.5 g/kg、1.0 g/kg）一定程度上提高了白菜叶片的SPAD值，但施较高量硅（2.0 g/kg）则降低了叶片的SPAD值；对于较高镉水平（1.2 mg/kg）处理的土壤，施硅反而降低白菜叶片的SPAD值，随硅水平递增叶片的SPAD值递减（表10-3）。这可能与土壤施硅带入的钠离子和土壤外源镉双重胁迫下，硅缓解盐害和重金属毒害的功效受到遏制有关。有研究表明，盐胁迫下根系选择性吸收钠离子增加且选择性向上输送加强，叶片钠离子含量升高，影响光合功能[41]

和叶绿素生成。在镉胁迫下，植物根系对钙、铜、铁、镁、锰、钠的吸收量随镉离子浓度升高而增加，钾、锌的吸收量随镉离子浓度升高而减少[42]，植物体内钠离子增加和钾离子、锌离子减少不利于叶绿素的生成。因此，通过施硅来减轻白菜的镉污染毒害时，应关注硅肥种类的选择。因为由硅酸钠盐带入的钠离子和土壤外源镉双重胁迫下，硅的有益作用可能被掩盖。

表10-3　施硅对镉胁迫下白菜叶片SPAD值的影响

处理 Na_2SiO_3水平/（$g \cdot kg^{-1}$）	外源镉水平/（$mg \cdot kg^{-1}$）			
	0	0.3	0.6	1.2
0.0	45.0b	49.7a	47.8a	47.8a
0.5	48.9a	50.7a	48.7a	47.0a
1.0	49.9a	50.3a	49.4a	45.9a
2.0	49.1a	47.4a	47.4a	45.2a

（二）施硅酸盐对镉胁迫下小白菜叶片细胞膜透性的影响

植物细胞膜系统是植物细胞和外界环境进行物质交换和信息交流的界面和屏障[43]，是反映环境胁迫的指示器官。当植物遭受逆境伤害，往往导致细胞质膜透性增大，电解质外渗[44]。镉浓度>1 mg/L时引起油菜叶细胞膜脂质过氧化水平升高和细胞膜透性增大，此效应随镉浓度的升高和处理时间的延长而加强[45]。

由表10-4可知，在本试验条件中，随镉水平提高，叶片细胞膜损伤加剧，电解质外渗率增强；在不同镉水平条件下，施适量的外源硅可一定程度降低白菜叶片的细胞质膜透性，缓解镉胁迫造成的膜脂过氧化损伤，但施用较高量硅（2.0 g/kg）时膜透性有所升高，与高柳青等[46]在小麦试验中的结果相似，高浓度硅（SiO_2 120 mg/L）导致细胞膜透性升高[39]。

表10-4　施硅对镉胁迫下白菜叶片细胞质膜透性的影响（以相对电导率表示，单位：%）

处理 Na_2SiO_3水平/（$g \cdot kg^{-1}$）	外源镉水平/（$mg \cdot kg^{-1}$）			
	0	0.3	0.6	1.2
0.0	15.1a	15.4a	16.1a	18.5a
0.5	14.8a	14.7a	15.6a	17.2a
1.0	13.9a	14.4a	15.2a	16.9a
2.0	16.5a	16.5a	17.4a	19.5a

（三）施硅酸盐对镉胁迫下白菜叶片抗氧化酶系统的影响

植物的组织时刻面临着来自自身体内生理代谢过程中（如光合作用、光呼吸等）产生的各种活性氧自由基（ROS）如O_2^-、OH^-、O^2、 H_2O_2 的威胁。即使在正常情况下，植物在多种代谢过程中也会产生 ROS[47，48]。植物在衰老或遭受胁迫的环境下会产生更多的ROS而在组织

内过多积累，引发细胞质膜过氧化，损伤膜结构和其他生物功能大分子如光合色素、蛋白质和核酸等[48]，此将引发植物启动抗氧化防御系统，调节活性氧产生与消除之间的动态平衡[30,41]，其中超氧化物歧化酶（SOD）、过氧化氢酶（CAT）、过氧化物酶（POD）等是重要的抗氧化酶类。由表10–5可知，在镉胁迫诱导下，随着土壤镉浓度的提高，小白菜的SOD活性呈下降趋势，而其POD活性呈一定的上升趋势。施硅进一步降低小白菜的SOD活性；在适量的施硅水平（0.5 g/kg、1.0 g/kg）下，施硅可一定程度上提高小白菜CAT和POD活性；较高量施硅（2.0 g/kg）时，CAT活性比不施硅略降低，而POD在与较高镉（1.2 mg/kg）共胁迫下其活性略微降低，但仍维持在一个较高水平上，这对清除H_2O_2等活性氧自由基对白菜组织的损害非常有利。由此可见，在一定的施硅水平下，施硅在一定程度上可以减轻镉对小白菜的生理损害。

表10–5　施硅酸盐对镉胁迫下小白菜SOD、CAT、POD活性的影响

处理		SOD活性/（$U·g^{-1}$）	CAT活性/［U·（g·min）$^{-1}$］	POD活性/［U·（g·min）$^{-1}$］
$Cd_{0.0}$	Si_0	63.8a	32.3a	190a
	$Si_{0.5}$	55.1a	32.3a	248a
	$Si_{1.0}$	54.6a	32.8a	280a
	$Si_{2.0}$	48.5a	31.0a	285a
$Cd_{0.3}$	Si_0	44.5a	32.5a	305a
	$Si_{0.5}$	44.2a	32.6a	310a
	$Si_{1.0}$	44.2a	33.7a	314a
	$Si_{2.0}$	41.3a	32.0a	357a
$Cd_{0.6}$	Si_0	44.2a	31.5a	333a
	$Si_{0.5}$	44.1a	32.7a	352a
	$Si_{1.0}$	43.0a	33.4a	360a
	$Si_{2.0}$	40.5a	30.9a	375a
$Cd_{1.2}$	Si_0	44.2a	31.4a	342a
	$Si_{0.5}$	41.7a	32.3a	346a
	$Si_{1.0}$	41.4a	33.3a	332a
	$Si_{2.0}$	38.1a	30.1a	328a

三、施硅酸盐对缓解小白菜铬、铅复合胁迫的生理效应

（一）硅酸盐对铬、铅胁迫小白菜侧根组织显微结构的影响

研究表明[49]，重金属诱导能使植物体内产生大量的活性氧自由基，这些自由基能损伤细

胞膜中的不饱和脂肪酸和蛋白质，引起生物大分子变性及脂膜氧化，严重时可导致细胞解体崩溃。根是植物吸收土壤养分、与土壤溶液进行离子交换的活跃部位，它与土壤溶液中的重金属离子接触最密切，最容易受到重金属毒害。

图10-4是无污染对照的小白菜侧根横切面（显微结构），图中可看到各种组织均保存完好，表皮、皮层、维管柱的细胞形状正常，由外向内各层细胞排列紧密。图10-5是受铬铅复合污染而未施用硅酸盐的侧根横切面，可明显看到根部组织的氧化溃解症状非常严重，表皮和皮层只剩下零星的细胞，而且细胞排列松散，形状扭曲变形；由于外部保护层的缺失，维管柱中的细胞也被破坏。

图10-6是铬铅复合污染组Si_1处理的侧根横切面，可看到硅酸盐的施用极大地缓解了重金属引起的过氧化损伤，侧根皮层未缺失，维管柱完整，但细胞形状不如图10-4中规则，外围的细胞排列也不够紧密。在皮层细胞中有一圈深色的物质沉积，推测是被根部细胞排斥在外的铅或铬的沉淀物。杨居荣等[50]对镉、铅在黄瓜和菠菜细胞各组分分布的对比结果表明，铅以沉积于细胞壁上的占绝大比率，可达77%～89%。李荣春[51]发现烤烟在镉离子和铅离子处理下细胞膜外有大量的铅颗粒，推测细胞膜可以阻止一部分铅进入到细胞膜内。由此可见，细胞壁与细胞膜在阻挡重金属离子进入细胞的过程中具有重要作用。同时在本试验中还可看到，这种深色沉淀物在受污染后的Si_0处理（图10-5）中均未出现，由此可以推断，除了细胞壁和细胞膜的隔离作用外，硅酸盐的施用在阻挡重金属离子进入细胞的过程中也起到一定作用。Cocker[52]、Shi[53]等的研究表明，硅能改变作物体内重金属的化学式，并与其在根的外层细胞壁发生共沉淀，限制其从根部向茎部的运输，降低植株共质体中重金属离子的浓度。Wang等[54]在探讨硅对水稻苗耐镉离子能力影响时发现，硅修饰的细胞壁具有对镉离子较强的亲和性，明显抑制了镉离子毒害。这是由于$Si(OH)_4$上羟基与细胞壁多糖上的羟基通过亲水分子间弱相互作用，在细胞质外体空间内形成了有序的SiO_2胶体。有序的SiO_2胶体表面态具有硅醇的配体性质，可与镉离子等金属离子配合形成Cd-Si复合氧化物，从而降低了镉离子毒害。因此推断，硅酸盐与细胞壁的共同作用可在一定程度上隔离污染物，减少进入细胞的重金属离子数量，减轻植物所受毒害。

图10-7为铬铅复合污染组Si_2处理的侧根横切面，可以明显看到根部的生长情况较Si_1处理有了更大改善，皮层、维管柱层次分明，细胞形状规则、排列完整，维管柱鞘上有少许深色物质沉淀。与图10-4相比，不同的是皮层细胞体积明显增大，这可能与硅酸盐对生长的促进作用有关。另外，虽然从根部生长情况看复合污染时Si_2施硅量解毒效果最佳，但是由于铅与硅酸盐共同作用对生长产生抑制，使生物量下降较明显。Si_3处理则由于施硅量过大，小白菜整体生长异常，故不考虑其施硅量对过氧化胁迫的缓解程度。

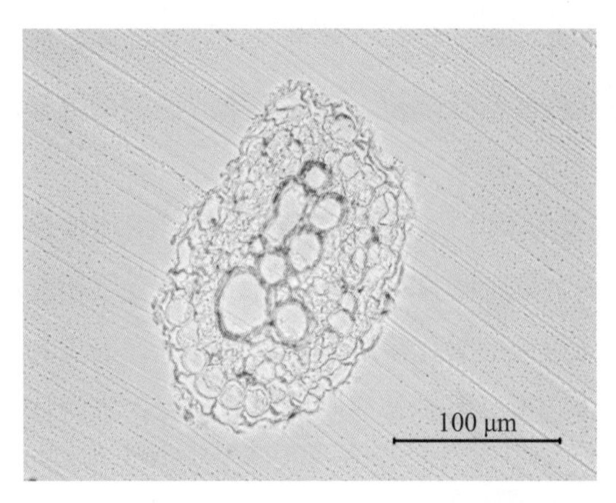

图10-4　无污染无抑制剂处理侧根横切面

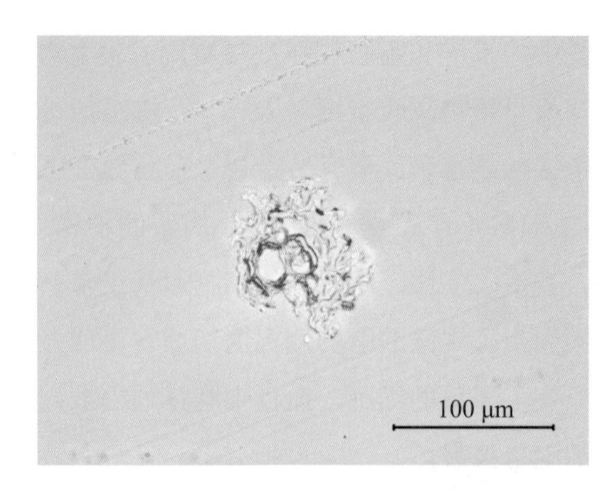

图10-5　铬铅复合污染Si_0处理侧根横切面

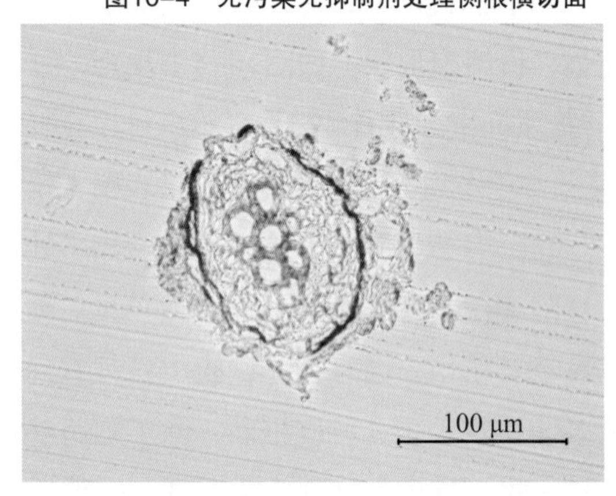

图10-6　铬铅复合污染Si_1处理侧根横切面

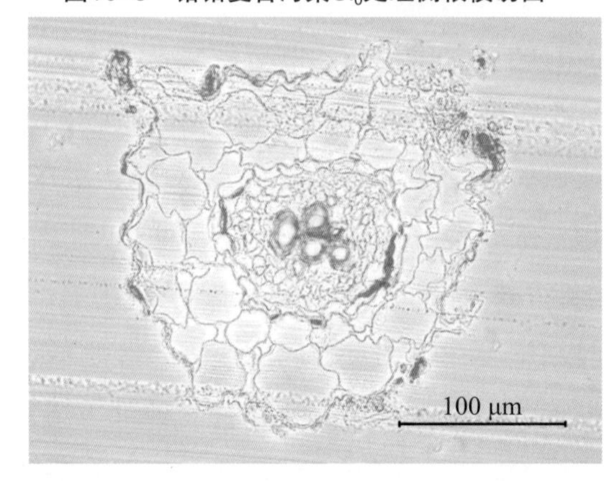

图10-7　铬铅复合污染Si_2处理侧根横切面

（二）硅酸盐对铬、铅胁迫小白菜抗氧化酶系统的影响

重金属对植物的毒害主要是由于重金属的胁迫使植物体内产生了过多的自由基，其中又以氧自由基对生物体的伤害最大[55]，这些氧自由基包括超氧化物阴离子自由基（$O^{2\div}$）、H_2O_2、羟基自由基（•OH）、单线态氧（$^1O_2$）等[56]。它们能损伤细胞膜中的不饱和脂肪酸和蛋白质，引起生物大分子变性及脂膜氧化[49]。POD、CAT、SOD是植物体内抗氧化酶系统中三种主要的保护酶，能够有效地清除植物体内过多的活性氧自由基，保护细胞膜的结构完整，其中POD酶的主要功能是清除H_2O_2。

由图10-5侧根氧化溃解症状推断，受污染后小白菜体内氧自由基数量增加较多，POD酶活性应该提高以维持生理平衡。但比较表10-6中各组的Si_0处理发现，不论是受铬、铅单污染还是铬铅复合污染，POD酶活性与无污染时相比没有明显变化；并且施硅酸盐后，除铬铅复合污染组的Si_1处理酶活性比该组Si_0处理提高外，其余组Si_1处理与Si_0处理差异不显著，且各组的Si_1处理间差异不大，即硅酸盐的施用对其活性影响也不明显，说明污染物对POD酶活性抑制的程度较轻；再与图10-5对比，POD酶活性受抑制程度较轻而根部却发生氧化溃解，说明在缓解氧化毒害的过程中，POD酶不是起缓解作用的主要酶类。

表10-6结果同时表明，各组中Si_2处理的POD酶活性均低于各组Si_0处理，且Si_3处理的POD酶活性均高于Si_0处理。其原因可能是Si_2处理所受到的过氧化毒害已得到缓解（图10-7），抗氧化酶只需较低活性即可维持生理平衡，而Si_3处理由于施硅量过大，对小白菜造成硅酸盐胁迫促使POD酶活性提高。

在一定范围内，SOD和CAT共同作用，能把具有潜在危害的$O^{2\div}$和H_2O_2转化为无害的H_2O和O_2，并且减少具毒性的、高活性的氧化剂羟自由基（•OH）的形成，特别是SOD，可把$O^{2\div}$歧化成H_2O_2和H_2O，一定程度上降低了植物体内自由基的水平[57]。

表10-6　硅酸盐对小白菜生理指标的影响

处理组合		POD酶活性/[ΔA_{470}·（g·min）$^{-1}$]	SOD酶活性/（U·g^{-1}）	叶绿素（相对含量）
Pb_0Cr_0	Si_0	0.126 ± 0.01bcd	73.7 ± 2.17fg	42. 6 ± 3.02e
	Si_1	0.131 ± 0.02bc	90.3 ± 18.9ef	45.9 ± 1.47cde
	Si_2	0.063 ± 0.00f	45.1 ± 6.52h	45.8 ± 2.00cde
	Si_3	0.152 ± 0.00a	316 ± 6.81a	47.7 ± 1.06abcd
Pb_0Cr_1	Si_0	0.126 ± 0.01bcd	65.2 ± 10.2fgh	44.4 ± 1.91de
	Si_1	0.120 ± 0.02cde	250 ± 23.2c	48.5 ± 3.13abc
	Si_2	0.072 ± 0.01f	55.1 ± 10.5gh	48.4 ± 2.47abc
	Si_3	0.139 ± 0.01ab	108 ± 18.1de	48.7 ± 3.09abc
Pb_1Cr_0	Si_0	0.105 ± 0.01e	131 ± 7.04d	49.5 ± 3.01ab
	Si_1	0.115 ± 0.01cde	284 ± 7.88b	47.0 ± 3.48bcd
	Si_2	0.072 ± 0.00f	81.9 ± 1.85efg	47.7 ± 1.53abcd
	Si_3	0.130 ± 0.02bc	75.2 ± 23.2fg	51.0 ± 4.17a
Pb_1Cr_1	Si_0	0.110 ± 0.00de	124 ± 13.36d	49.0 ± 0.88abc
	Si_1	0.132 ± 0.02bc	300 ± 44.7ab	47.3 ± 1.12bcd
	Si_2	0.075 ± 0.01f	63.4 ± 5.23fgh	49.3 ± 1.61abc
	Si_3	0.140 ± 0.02ab	252 ± 11.54c	50.4 ± 2.13ab

注：利用SAS对同一指标所有处理进行整体LSD分析，$P<0.05$。

由表10-6数据可见，受铅单一污染和铬铅复合污染的Si_0处理，SOD酶活性有一定程度的提高，显然这是由污染物所诱导的氧化胁迫所致。施硅酸盐后，各组在Si_1处理均出现酶活性比该组Si_0处理大幅度提高的现象，说明在Si_0处理时污染物对SOD酶活性的抑制很强烈，Si_0处理受污染后酶活性的提高是在受抑制条件下的有限提高。研究表明，重金属不仅通过产生氧胁迫导

致对植物的毒害，还通过替代酶蛋白反应活性中心的金属离子或与酶蛋白中的–SH基结合，使酶蛋白变性失活[56]。本试验中铬、铅污染在对小白菜造成过氧化毒害的同时也对其体内SOD酶的活性产生抑制，而硅酸盐可使土壤中的重金属离子形成硅酸盐沉淀，减少具有生物可得性的金属离子数量，从而降低小白菜体内酶蛋白变性失活的概率。再比较复合污染组Si_1处理的SOD酶活性大小发现，虽然受污染后施硅酸盐能使SOD酶活性提高，结合图10–6、图10–7可以推断，铬、铅污染对SOD酶活性的抑制要比对POD酶活性的抑制强烈，而SOD酶活性的提高在缓解氧化胁迫中起到关键作用。

在各组中，Si_2处理的SOD酶活性均低于Si_0处理，这也与POD酶情况类似，推测是由于施加Si_2水平的硅酸盐后，过氧化胁迫已经充分缓解（图10–7），SOD酶活性只需维持较低水平即可满足生理需要；同时除铅单一污染组外，其余污染组的Si_3处理酶活性均高于组内的Si_0处理，这印证了Si_3水平施硅量过高的推断，Si_3处理对小白菜造成硅酸盐胁迫，扰乱其生理平衡，致使SOD酶活性再度提高。

四、硅、铈溶胶缓解叶菜镉、铅胁迫的生理效应

硅、铈溶胶的成分为纳米二氧化硅、微量元素、水等，为广东省科学院生态环境与土壤研究所的重金属请求阻隔剂中试产品。

（一）硅、铈溶胶对叶菜抗氧化酶系统的影响

1. 对SOD活性的影响

生菜试验中，由表10–7可知，4个喷施硅溶胶处理均能提高超氧化物歧化酶（SOD）活性，其中硅溶胶浓度为0.5‰（Si_2）时SOD活性最大，而浓度为0.25‰（Si_1）、1.0‰（Si_3）、2.0‰（Si_4）硅溶胶处理之间的SOD活性没有显著差异。结果表明，叶面喷施一定浓度的硅溶胶能提高生菜SOD活性。4个施铈处理时SOD活性变化趋势与施硅溶胶一致（表10–7）。与对照相比，Ce_1、Ce_2、Ce_3处理均提高了SOD活性，其中Ce_2处理SOD活性最高，显著高于其他2个浓度铈处理；Ce_4处理SOD活性无显著提高。喷施硅铈复合溶胶的生菜SOD活性均显著高于对照，且$Si_3Ce_{0.5}$、Si_3Ce_1高于另外2个处理。Si_2Ce_1、Si_3Ce_1处理SOD活性与单独施铈（Ce_1）之间无显著差异，Si_2Ce_1处理SOD活性低于Si_2处理，而Si_3Ce_1处理SOD活性高于Si_3处理。

小白菜试验中，喷施硅溶胶能显著提高SOD活性（表10–7），提升幅度为23.7%～44.7%，其中以Si_2处理的SOD活性最高，Si_1、Si_3、Si_4处理之间SOD活性无显著性差异。4个喷施铈溶胶处理小白菜SOD活性均显著高于对照，其中Ce_2处理提升幅度最大，约为54.1%，而另外3个铈处理之间无显著性差异。喷施硅铈复合溶胶小白菜SOD活性均有显著增加，$Si_2Ce_{0.5}$处理SOD活性低于其他3个处理。Si_2Ce_1处理与单独施硅（Si_2）、施铈（Ce_1）处理之间SOD活性无显著性差异，Si_3Ce_1处理SOD活性高于Si_3处理和Ce_1处理。

表10-7　硅、铈溶胶对叶菜保护酶活性的影响

处理		生菜		小白菜	
		SOD/（U·g^{-1}）	POD/[ΔA470·（g·min）$^{-1}$]	SOD/（U·g^{-1}）	POD/[ΔA470·（g·min）$^{-1}$]
	对照	14.5 ± 0.46Cc	0.109 ± 0.007Dc	13.3 ± 0.51Cc	0.382 ± 0.021Dc
硅	Si_1	16.2 ± 0.76b	0.144 ± 0.005b	17.1 ± 0.48b	0.478 ± 0.003b
	Si_2	17.8 ± 0.63a	0.172 ± 0.013a	19.2 ± 1.32ab	0.517 ± 0.002a
	Si_3	16.8 ± 1.39ab	0.130 ± 0.014b	17.0 ± 0.48b	0.501 ± 0.007a
	Si_4	16.5 ± 0.58b	0.123 ± 0.009bc	16.4 ± 0.41bc	0.474 ± 0.005b
铈	Ce_1	15.8 ± 1.47AB	0.169 ± 0.004B	17.6 ± 1.57B	0.456 ± 0.009C
	Ce_2	18.2 ± 16.09A	0.0192 ± 0.016A	20.4 ± 0.86A	0.516 ± 0.001A
	Ce_3	16.1 ± 0.19B	0.136 ± 0.001C	18.9 ± 1.57AB	0.480 ± 0.010B
	Ce_4	16.3 ± 0.68B	0.130 ± 0.004C	17.0 ± 1.33BC	0.465 ± 0.013BC
硅铈复合处理	$Si_2Ce_{0.5}$	16.8 ± 0.60Bb	0.170 ± 0.003Ba	15.4 ± 1.07Cc	0.470 ± 0.005BCb
	Si_2Ce_1	15.9 ± 0.49Bb	0.181 ± 0.001Aa	19.3 ± 1.51ABab	0.489 ± 0.003ABab
	$Si_3Ce_{0.5}$	18.7 ± 1.05Aa	0.134 ± 0.003Cb	19.2 ± 1.08ABab	0.504 ± 0.011Aa
	Si_3Ce_1	17.8 ± 0.87Aa	0.125 ± 0.011CDbc	21.0 ± 1.47Aa	0.348 ± 0.044Dc

注：数据＝均值 ± 标准误差。同一栏中施硅处理数据后用不同小写字母表示显著性差异；同一栏中施铈处理数据后用不同大写字母表示显著性差异（$P<0.05$）。

2. 对POD活性的影响

生菜试验中，与对照相比，硅溶胶浓度为0.25‰、0.5‰、1.0‰的Si_1、Si_2、Si_3处理，过氧化物酶（POD）的活性显著提高，其中Si_2处理POD活性最强，而硅溶胶浓度为2.0‰的Si_4处理POD活性没有显著差异。喷施铈溶胶生菜POD活性变化趋势与喷施硅溶胶一致（表10-7），4个喷施铈溶胶处理POD活性均显著提高，Ce_2处理POD活性显著高于其他3个处理。喷施硅铈复合溶胶生菜POD活性均显著提高（Si_3Ce_1处理除外），提升幅度为22.9%～66.1%。Si_3Ce_1处理POD活性低于单独喷施铈溶胶（Ce_1），而Si_2Ce_1处理则高于Ce_1处理；二者与单独喷施硅溶胶处理（Si_3、Si_2）无显著差异。

小白菜试验中，由表10-7可知，喷施硅溶胶能显著提高过氧化物酶（POD）活性，且Si_2、Si_3处理的POD活性高于另外两个处理，提升幅度分别为35.3%、31.2%。4个喷施铈溶胶处理均能显著提高POD活性，且四者之间也存在显著差异，Ce_2处理对POD活性提升幅度最大，Ce_1处理最小。除Si_3Ce_1处理外，喷施硅铈复合溶胶小白菜POD活性均有显著性提高，提升幅度为23.0%～31.9%。与Si_2、Si_3处理相比，Si_2Ce_1、Si_3Ce_1处理POD活性有所降低。Ce_1处理POD活性低于Si_2Ce_1处理，高于Si_3Ce_1处理。

（二）硅、铈溶胶对叶菜根尖细胞超显微结构的影响

为进一步了解叶面喷施硅、铈溶胶对叶菜的生理效应，还采集了叶菜的完整根系，对根尖样进行超薄切片，采用JEM-1010型透射电子显微镜进行观察、拍片。结果如下。

1. 生菜

从细胞整体形态、细胞壁和线粒体3个层次来论述镉、铅对根尖细胞的毒害及硅铈对其毒害的缓解作用。由图10-8可知，在镉、铅复合污染菜田土壤中种植的生菜细胞形态较正常，但细胞内有较多黑色颗粒，细胞发生轻微质壁分离，细胞内容物较少。图10-9细胞发生较严重的质壁分离，可能是取样过程造成。由图10-10、图10-11可知，喷施铈溶胶和硅铈复合溶胶的生菜根尖细胞形态正常，细胞内黑色沉积物较少，原生质体较完整且能观察到细胞器。

细胞壁是重金属进入细胞的第一道屏障，有些重金属在细胞壁上有结合位点，能在细胞壁上沉积下来，减少进入细胞内重金属的数量，降低对细胞内部的毒害。本试验拍摄3个根尖细胞相邻处（三角区域）细胞壁作为观察对象。根尖细胞壁结构相对疏松，胞间层模糊不清，细胞之间有较多黑色物质，而细胞内也有黑色颗粒，可能是重金属沉积物（图10-8）。杨居荣等用镉、铅培养黄瓜和菠菜时发现，大量的铅沉积在细胞壁上，而镉不在细胞壁上沉积[50]。魏海英等在铅培养的大羽藓细胞壁和膜系统上发现了黑色的颗粒，膜系统上的颗粒主要为碳酸铅[58]。由此可知，本试验观察的黑色颗粒很可能是含铅化合物。喷施硅溶胶的（图10-9）、喷施铈溶胶的（图10-10）和喷施硅铈复合溶胶的（图10-11）根尖细胞细胞壁较致密，且能观察到清晰的胞间层，尤其是喷施硅、铈复合溶胶的生菜根尖细胞壁，细胞壁外侧有较多黑色物质沉积，而细胞内该物质极少，说明硅、铈能改善细胞壁结构，增强对重金属的拦截能力。

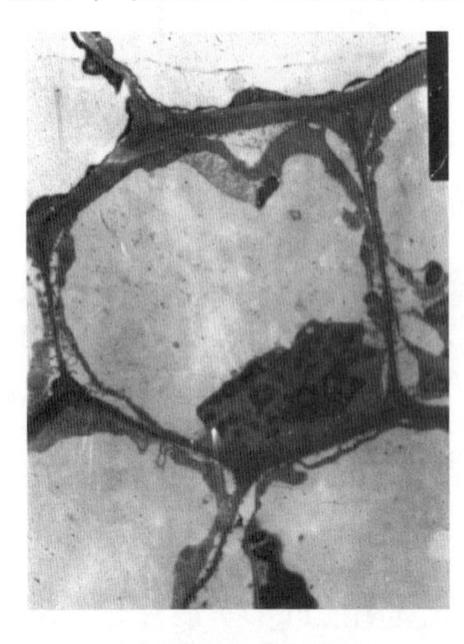

a. 细胞结构（×5K）

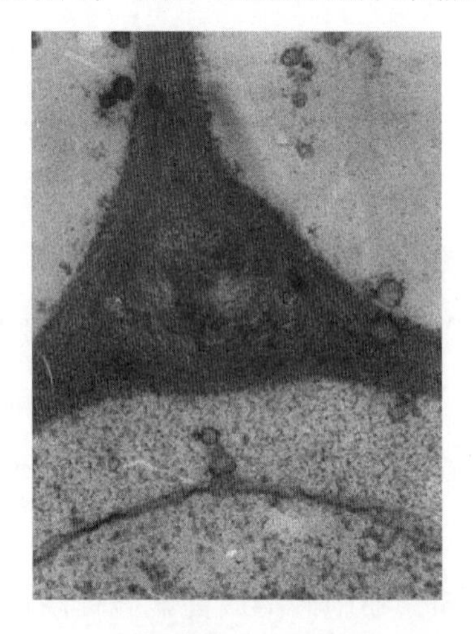

b. 细胞壁（×50K）

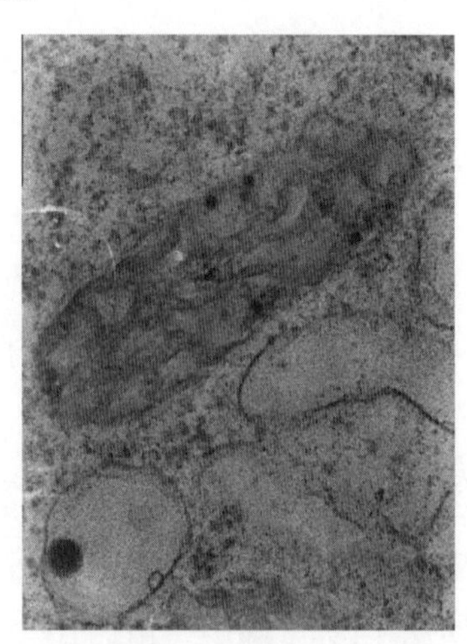

c.线粒体（×60K）

图10-8　对照组生菜根尖细胞超显微结构

线粒体是细胞进行呼吸作用的场所，它含有许多酶类，参与细胞的氧化作用、电子传递和能量转换。一旦线粒体结构遭到破坏，细胞的呼吸作用将受阻，其中的许多酶类失活，植物体丧失了能量来源。正常的线粒体呈椭球形，嵴突明显，双层膜清晰，镉、铅污染使线粒体膜断裂，嵴突破损和数目减少，甚至空泡化[58, 59]。图10-8显示对照组生菜根尖线粒体部分膜结构缺失，嵴突数目较少，且膜上有黑色颗粒沉积。喷施硅、铈溶胶的生菜根尖线粒体（图10-9至图10-11）轮廓清晰，膜结构较完整，嵴突数量较多且无破损，这可能与硅铈能提高抗氧化系统保护酶活性，清除过氧自由基有关。

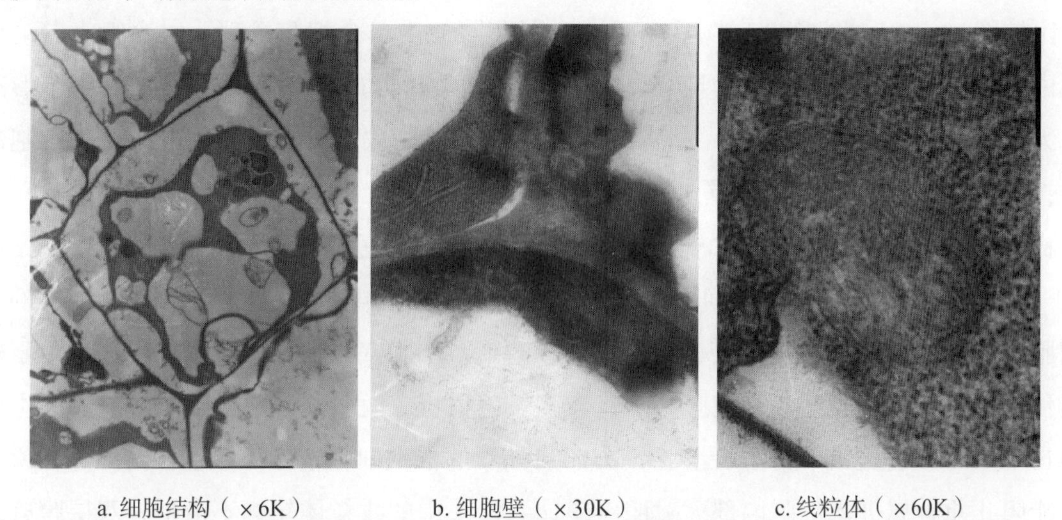

a. 细胞结构（×6K）　　b. 细胞壁（×30K）　　c. 线粒体（×60K）

图10-9　喷施硅溶胶生菜根尖细胞超显微结构

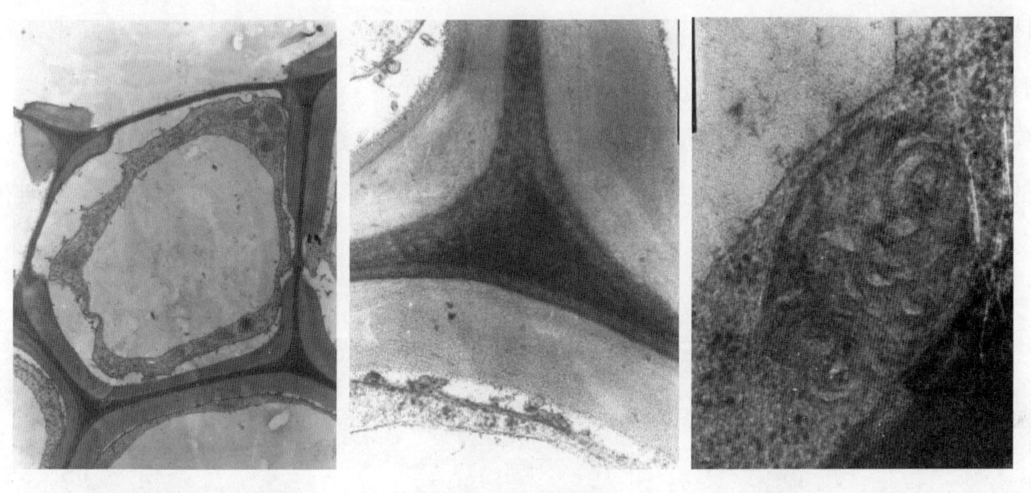

a. 细胞结构（×8K）　　b. 细胞壁（×40K）　　c. 线粒体（×80K）

图10-10　喷施铈溶胶生菜根尖细胞超显微结构

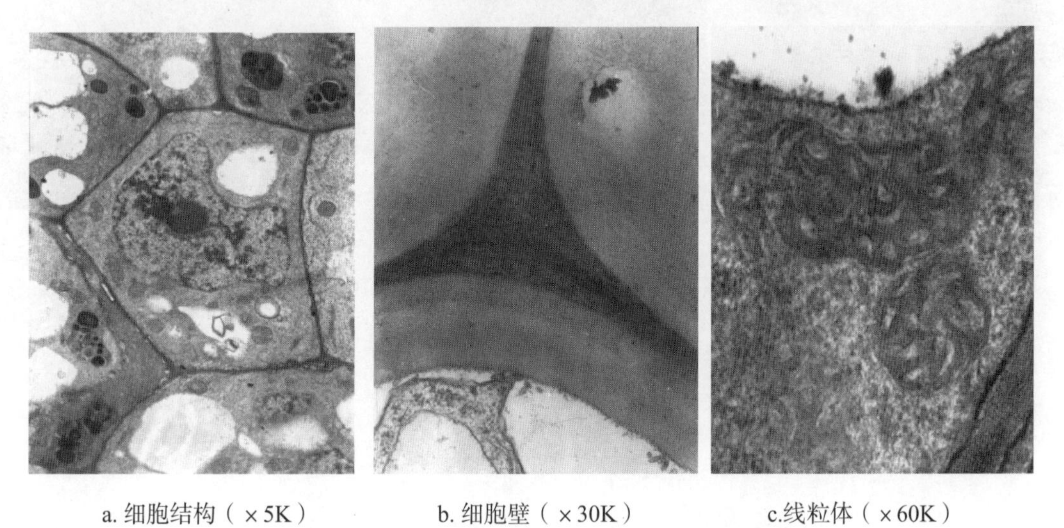

a. 细胞结构（×5K）　　b. 细胞壁（×30K）　　c.线粒体（×60K）

图10-11　喷施硅铈复合溶胶生菜根尖细胞超显微结构

2. 小白菜

比较图10-12a、图10-13a、图10-14a、图10-15a中单个细胞发现，对照组小白菜根尖细胞内有较多空泡，原生质较少且有黑色沉积物；喷施硅和铈溶胶的小白菜根尖细胞形态正常，无质壁分离，原生质较多，细胞核较大且轮廓清晰，喷施硅铈复合溶胶的根尖细胞形态正常，但原生质较少。从细胞壁来看，对照组（图10-12b）细胞壁结构较疏松，胞间层也较模糊，与细胞膜有少许分离，壁上及与膜间隙有较多黑色物质沉积；喷施硅溶胶（图10-13b）的根尖细胞壁与细胞膜无间隙，细胞壁颜色较深且有黑色物质沉积；喷施铈溶胶的小白菜细胞壁（图10-14b）结构紧密，胞间层也较清晰，细胞壁外部颜色较深，可能是由于较多含铅化合物沉积，细胞壁与细胞膜间隙有较多黑色颗粒，说明细胞膜也阻挡铅进入原生质体（图10-14b）；喷施硅、铈复合溶胶（图10-15b）的根尖细胞壁外部颜色较内部深，说明细胞壁能阻止重金属进入细胞内部。对照（图10-12c）中的线粒体轮廓不清晰，双层膜有断裂现象，线粒体内有空泡；施了硅、铈及其复合溶胶（图10-13c、图10-14c、图10-15c）中的线粒体膜结构完整，嵴突清晰且数目较多。显然，硅、铈能保护线粒体完整，缓解重金属对细胞有氧呼吸系统的毒害。

综上所述，喷施硅、铈溶胶能减轻重金属对根尖超显微结构的损伤，增强细胞壁拦截重金属的能力，保护膜系统完整，维护根细胞生理功能的正常进行，从而缓解重金属对植物的毒害。

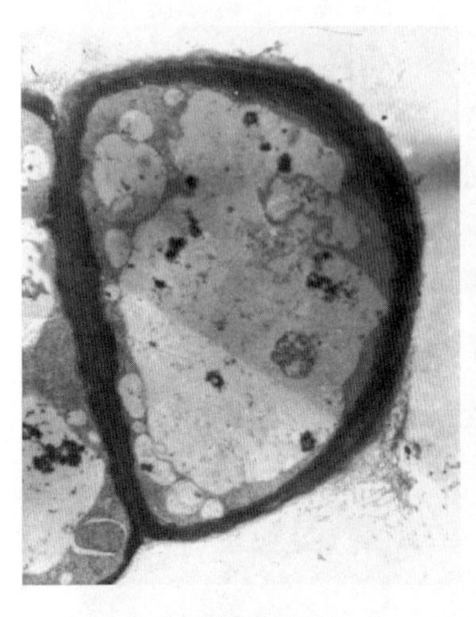

a. 细胞结构（×4K）

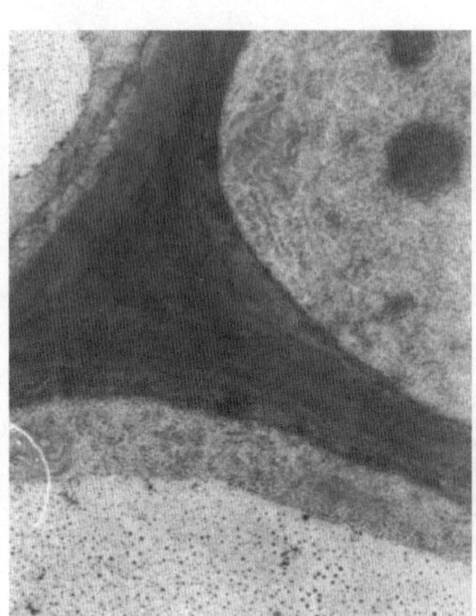

b. 细胞壁（×25K）

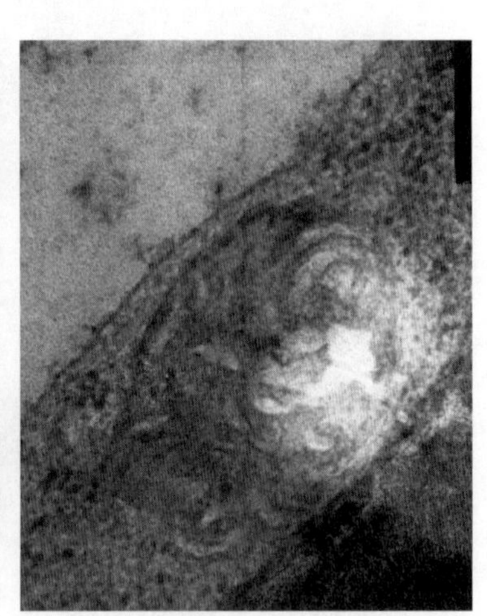

c. 线粒体（×80K）

图10-12　对照组小白菜根尖细胞超显微结构

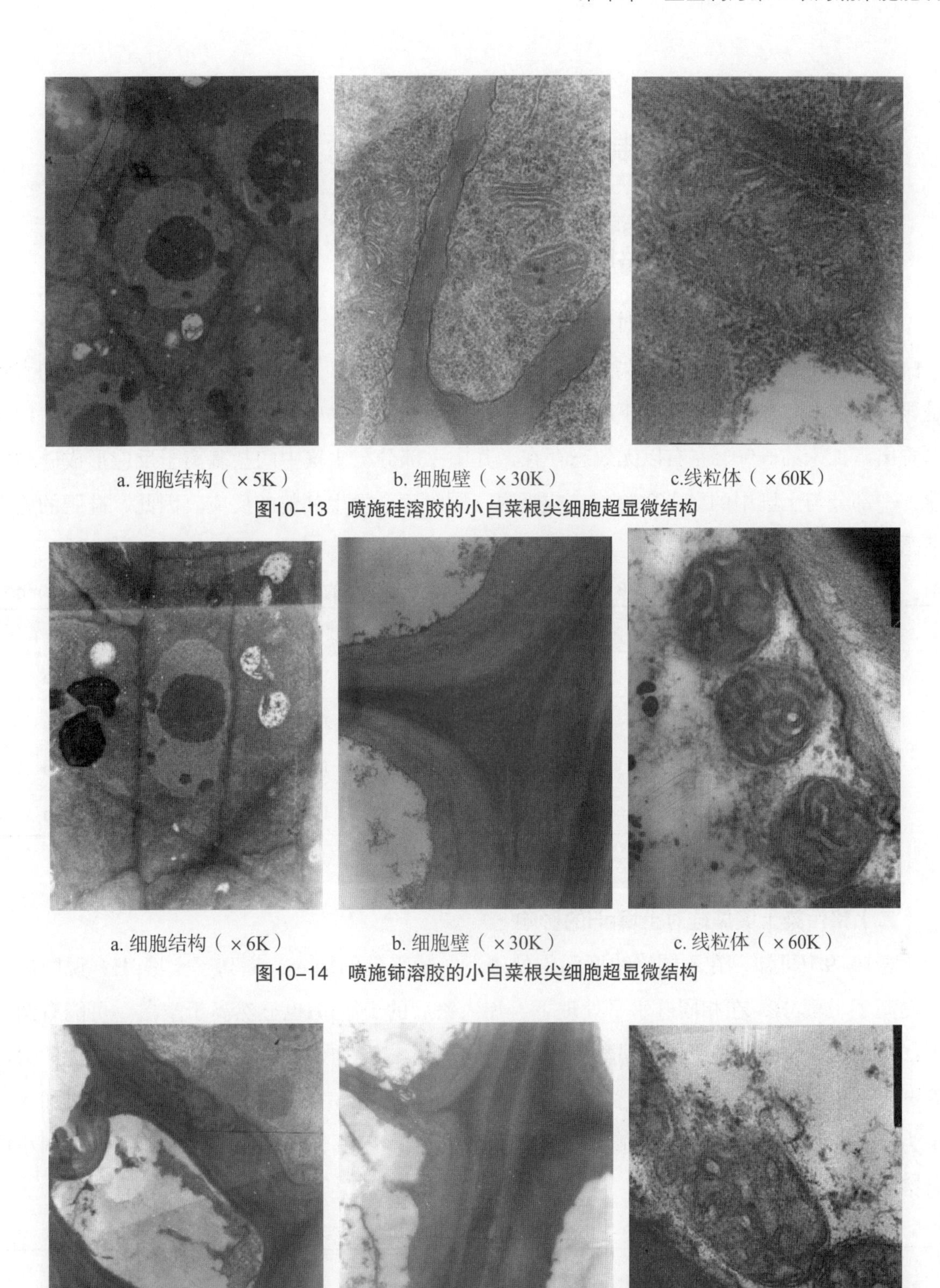

a. 细胞结构（×5K）　　b. 细胞壁（×30K）　　c.线粒体（×60K）

图10-13　喷施硅溶胶的小白菜根尖细胞超显微结构

a. 细胞结构（×6K）　　b. 细胞壁（×30K）　　c. 线粒体（×60K）

图10-14　喷施铈溶胶的小白菜根尖细胞超显微结构

a. 细胞结构（×5K）　　b. 细胞壁（×10K）　　c.线粒体（×60K）

图10-15　喷施硅铈复合溶胶的小白菜根尖细胞超显微结构

第五节　硅抑制蔬菜吸收重金属的土壤化学效应

一、硅酸盐缓解小白菜铬胁迫的土壤化学效应

（一）铬污染土壤施硅酸盐对土壤有效硅的影响

由表10–8可知，在不同铬污染水平下，随着硅浓度的增加，种植小白菜的盆栽土中的有效硅是显著增加的。在不同硅水平下，随着铬浓度的增加，土壤中有效硅差异不显著。从表10–8可以看出，加入的硅90%左右以无效态存在，其中一部分与土壤中的盐基离子反应形成硅酸盐沉淀，一部分与土壤中的黏土矿物固定或吸附，同时还会发生其他的反应。因此，硅肥的施入要遵循多次少施的原则。

表10–8　施硅酸盐对铬污染土壤有效硅的影响　　mg/kg

处理	Si_0	Si_1	Si_2	Si_3
Cr_0	68.7 ± 2.33d	119 ± 2.56c	160 ± 6.99b	234 ± 1.56a
Cr_1	69.3 ± 5.18d	113 ± 2.10c	174 ± 7.52b	207 ± 2.82a
Cr_2	64.2 ± 1.73d	123 ± 6.30c	172 ± 1.65b	227 ± 6.78a
Cr_3	70.7 ± 2.56d	114 ± 1.71c	168 ± 3.20b	205 ± 2.37a

注：利用SAS对同一铬水平不同硅水平下进行LSD分析，$P<0.05$（下同）。

（二）铬污染土壤施硅对土壤pH的影响

从表10–9中可知，在不同铬浓度污染处理下，随着硅的加入，提高了土壤pH，说明硅的加入提高了土壤pH，在相同硅水平处理下，加入铬后的土壤pH也显然高于空白。可能有两个原因：一是加入的硅酸钠是强碱弱酸盐，水解显碱性；二是加入的硅能提高土壤pH。为此另做培养试验，称取空白土样10 g，肥料、$Na_2Cr_2O_7$和Na_2SiO_3的pH调为7后以液体肥的形式加入，结果为pH升高，说明硅的加入提高了土壤的pH，降低了土壤介质中铬的活性，从而抑制小白菜对铬的吸收。

表10–9　施硅酸盐对铬污染土壤pH的影响

处理	Si_0	Si_1	Si_2	Si_3
Cr_0	4.92 ± 0.06c	5.50 ± 0.12b	6.20 ± 0.05a	6.42 ± 0.14a
Cr_1	5.04 ± 0.09d	5.48 ± 0.06c	5.91 ± 0.04b	6.41 ± 0.15a
Cr_2	5.71 ± 0.07b	5.83 ± 0.24b	5.64 ± 0.09b	6.55 ± 0.04a
Cr_3	6.10 ± 0.06bc	6.56 ± 0.20a	5.87 ± 0.13c	6.49 ± 0.15ba

（三）铬污染土壤施硅对土壤铬形态的影响

硅降低小白菜吸收铬绝对量的原因，可以从施硅后土壤中铬的形态组分的变化中得到解释。由图10-16可知，施硅后虽然对有机结合态铬影响不大，但土壤中沉淀态铬比例增加了，说明铬由于硅的加入形成沉淀，降低了铬的生物有效性。同时铬的交换态增加，说明硅的加入也会活化一部分铬。

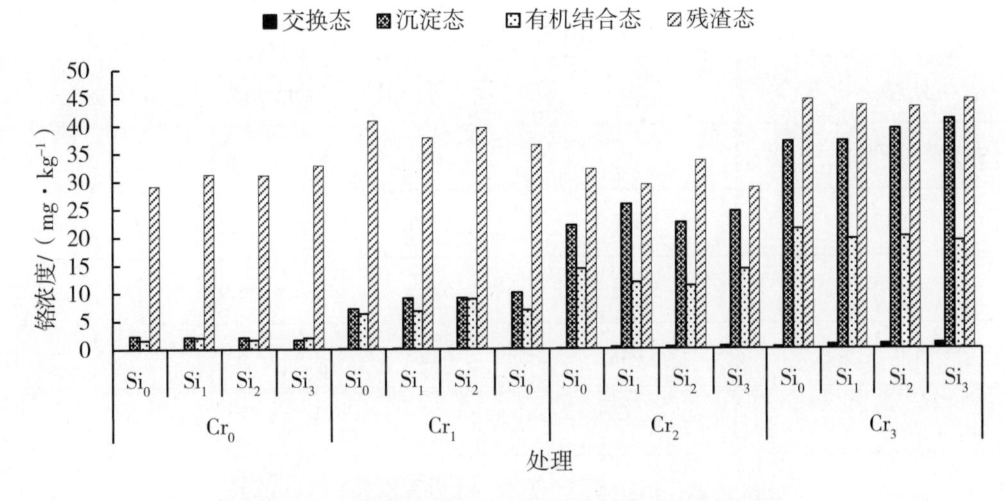

图10-16　硅对铬胁迫下小白菜土中不同形态铬的影响

注：Cr_0=0；Cr_1=50 mg/kg；Cr_2=100 mg/kg；Cr_3=200 mg/kg；Si_0=0；Si_1=0.5 g/kg；Si_2=1.0 g/kg；Si_3=1.5 g/kg。

二、镉污染土壤施硅缓解小白菜污染的土壤化学效应

（一）镉污染土壤施硅对土壤pH的影响

镉在土壤中的存在形态是土壤pH、CEC、黏粒、土壤质地和土壤类型等多种因素综合作用的结果[60]，是影响镉形态和有效性的最重要因素[61，62]，它制约镉地球化学行为和存在形态[63]及土壤镉的吸附特性[64，65]。pH变化是土壤有效态镉含量变化的根本原因[66]。王孝堂总结出水溶态重金属（铜、锌、镉、铅、钴、镍）含量随土壤pH升高而下降的机理。

（1）土壤黏土矿物、水合氧化物和有机质表面的负电荷随pH升高增加，加强吸附重金属离子（M^{2+}）。

（2）土壤有机质—金属络合物的稳定性随pH升高而增大，使溶液中M^{2+}浓度降低。

（3）M^{2+}在氧化物表面的专性吸附随pH升高增强。

（4）土壤溶液中多价阳离子和氢氧离子的离子积增大，生成该元素的沉淀机会增大，沉淀对土壤具亲和力因而增大土壤对M^{2+}的吸附。

（5）pH提高有利土壤吸附—解吸平衡反应左移，溶液M^{2+}减少利于土壤吸附M^{2+}[67]。

由此可见，土壤性质，尤其是土壤pH对土壤镉的有效态及其有效性有着重要的影响。已有研究表明，硅肥显著提高土壤pH，降低土壤中有效态镉含量和植物吸收镉的含量[68]，认为施硅提高土壤pH，致使土壤镉的迁移性减小是硅减轻玉米镉毒害的其中一个重要机制[69]。

由表10-10可见，在不同镉水平下，施硅比不施硅显著提高了土壤的pH，且随施硅量加大pH不断增高。试验Ⅰ中，在土壤较低外源镉浓度（0～0.6 mg/kg）处理下，硅（Na_2SiO_3）0.5 g/kg和1.0 g/kg处理间差异未达显著，而较高外源镉（0.9 mg/kg）处理下，各硅处理间差异已达显著；试验Ⅱ中，在不同的镉水平下，不同硅水平处理间的差异显著。

表10-10　施硅酸盐对土壤pH的影响

试验Ⅰ				
处理	外源镉水平/（$mg·kg^{-1}$）			
Na_2SiO_3水平/（$g·kg^{-1}$）	0	0.3	0.6	0.9
0	5.18b	5.17b	5.24b	5.28c
0.5	5.76a	5.95a	5.91a	5.78b
1.0	5.94a	6.06a	6.08a	6.31a

试验Ⅱ				
处理 Na_2SiO_3水平/（$g·kg^{-1}$）	外源镉水平/（$mg·kg^{-1}$）			
	0	0.3	0.6	1.2
0	4.64d	4.62d	4.70c	4.51d
0.5	4.95c	4.95c	4.80c	4.92c
1.0	5.52b	5.32b	5.28b	5.27b
2.0	6.26a	6.21a	6.19a	6.33a

注：数据为3次（试验Ⅰ）或4次（试验Ⅱ）重复的平均值；不同小写英文字母表示在同一镉水平下，不同硅浓度处理间的LSD差异显著性（$P<0.05$）；升高率（%）和降低率（%）为在同一镉水平下，施硅处理比不施硅处理升高或降低的比率；表中Si_x是指Na_2SiO_3的相应水平，Cd_x指外源Cd的相应水平，以下各表同。

（二）镉污染土壤施硅对土壤有效硅含量的影响

硅在地壳中含量丰富，约占土壤组成物质的1/4[70]，但很大一部分是无效态硅，不能被植物直接吸收。土壤中硅主要以无机形态存在，有机形态的含硅化合物较少，其中无机形态的硅分为水溶态、吸附态和矿物态。水溶态硅存在于土壤溶液中，主要形态为单硅酸［$Si(OH)_4$］，是植物硅素的主要来源。吸附态硅是土壤胶体表面吸附的硅酸。矿物态硅中SiO_2的含量很高，占硅总量的50%～70%[71]，主要以硅酸盐矿物和石英矿的形式存在[72]。土壤有效硅主要指土壤中可供当季作物吸收利用的硅素，包括土壤溶液中的单硅酸及各种易于转化为单硅酸的盐类成分[73，74]，土壤有效硅含量一般只有50～250 mg/kg[71，75]，若以土壤有效硅＜100 mg/kg为缺硅临界指标，我国南方的酸性土壤普遍需要补硅。

表10–11的盆栽试验结果显示，施硅显著提高土壤有效硅的含量，施硅比不施硅处理的土壤有效硅含量增加31.30%～141%（试验Ⅰ）和10.1%～188%（试验Ⅱ），不同硅处理间差异显著，随施硅量增加，土壤有效硅含量持续上升。

表 10–11　施硅对土壤有效硅含量的影响

试验Ⅰ				
处理 Na_2SiO_3水平/（$g·kg^{-1}$）	外源镉水平/（$mg·kg^{-1}$）			
	0	0.3	0.6	0.9
0	46.4c	37.4c	45.4c	53.9c
0.5	67.2b	61.0b	59.6b	81.1b
1.0	81.7a	89.9a	91.7a	98.5a

试验Ⅱ				
处理 Na_2SiO_3水平/（$g·kg^{-1}$）	外源镉水平/（$mg·kg^{-1}$）			
	0	0.3	0.6	1.2
0	55.2d	55.4d	54.0d	51.0d
0.5	60.8c	63.1c	63.4c	64.6c
1.0	72.8b	72.6b	76.8b	72.6b
2.0	143a	143a	146a	147a

（三）镉污染土壤施硅对土壤有效镉含量的影响

镉在土壤中的存在形态有水溶态、可交换态、碳酸盐态、有机结合态、铁锰氧化态及残余态等六种形态。水溶态和可交换态为植物有效态，易被植物吸收利用，其余的几种形态均为难溶态，不易被植物吸收[76]。

随外源镉水平的提高，土壤的有效镉含量亦呈倍数增加（表10–12 试验Ⅰ、Ⅱ）。在不同的镉浓度水平下，随硅施用量增加，土壤有效镉含量递减。试验Ⅰ中，在没经镉处理的土壤上施硅对土壤有效镉含量影响不大，其降低不显著；而低镉浓度（0.3 mg/kg）处理下，与不施硅处理相比，施较低量硅（0.5 g/kg）未显著降低土壤有效镉的含量，但较高量硅（1.0 g/kg）处理则可显著降低土壤有效镉的含量；中高镉浓度（0.6 mg/kg、0.9 mg/kg）处理下，施硅显著降低土壤镉的有效量，但$Si_{0.5}$和$Si_{1.0}$处理间差异不显著；试验Ⅱ中，与同一镉水平的不施硅处理相比，施硅不同程度地降低土壤的有效镉含量，虽然差异并没达显著水平，但效果仍比较明显，降低率达到2.33%～27.91%。

表10-12 施硅对土壤有效镉的影响

试验Ⅰ

处理Na_2SiO_3水平/（$g·kg^{-1}$）	外源镉水平/（$mg·kg^{-1}$）							
	0	降低率/%	0.3	降低率/%	0.6	降低率/%	0.9	降低率/%
0	0.041a	0	0.282a	0	0.555a	0	0.867a	0
0.5	0.038a	-7.32	0.214ab	-24.1	0.444b	-20.0	0.725b	-16.4
1.0	0.035a	-14.63	0.206b	-27.0	0.412b	-25.8	0.660b	-23.9

试验Ⅱ

处理Na_2SiO_3水平/（$g·kg^{-1}$）	外源镉水平/（$mg·kg^{-1}$）							
	0	降低率/%	0.3	降低率/%	0.6	降低率/%	1.2	降低率/%
0	0.043a	0	0.424a	0	0.775a	0	1.36a	0
0.5	0.042a	-2.33	0.385a	-9.20	0.640a	-17.4	1.32a	-2.95
1.0	0.041a	-4.65	0.383a	-9.67	0.630a	-18.7	1.28a	-5.90
2.0	0.031a	-27.9	0.380a	-10.4	0.628a	-19.0	1.26a	-7.01

三、铬、铅复合污染土壤施硅缓解小白菜受污染的土壤化学机理

（一）硅酸盐对铬、铅复合污染土壤pH的影响

如表10-13所示，施硅后，土壤的pH提高，但提高程度与施硅量不成正比，并且无污染和污染物存在时施硅酸盐对土壤pH的影响规律略有不同。

无污染时，pH随着施硅量的增加而增加，Si_1处理的土壤pH与空白对照尚无显著差异；Si_2处理显著高于空白对照，但与Si_1处理差异不显著；而Si_3处理则显著高于无污染组的所有处理。铬单一污染组，各个施硅处理的土壤pH均显著高于本组Si_0处理，从数量上看$Si_2<Si_1<Si_3$，其中Si_1与Si_2、Si_1与Si_3处理间差异不显著。铅单一污染组和铬、铅复合污染组的变化趋势相同，即Si_2处理与组内的Si_0处理无显著差异，Si_1与Si_3处理无显著差异，但Si_1和Si_3处理均显著高于Si_2、Si_0处理。

所加硅酸盐为强碱弱酸盐，水解呈碱性，故施硅后土壤pH应提高，这与无污染组的结果吻合。但不论铬、铅单一污染组还是复合污染组，当所加硅酸盐达到Si_2水平时土壤pH均出现回落现象，随着施硅量的继续增加，pH再次提高。铅污染物为强酸弱碱盐，水解呈酸性，可能与pH的降低有关，但本实验中污染物以固定质量分数施入，即同一污染组各个硅水平处理所对应的污染物质量分数相同，但只有Si_2水平的pH下降；同时铬污染物为强碱弱酸盐，水解呈碱性，但同样在Si_2处理使pH下降，其原因有待进一步研究。

表10-13　硅酸盐对土壤化学性质及重金属总量的影响

处理		土壤pH	土壤有效硅/（$mg \cdot kg^{-1}$）	土壤总铬/（$mg \cdot kg^{-1}$）	土壤总铅/（$mg \cdot kg^{-1}$）
Pb_0Cr_0	Si_0	5.25 ± 0.05g	33.7 ± 1.18f	25.7 ± 3.12de	39.3 ± 7.66d
	Si_1	5.45 ± 0.25efg	64.3 ± 8.74e	26.4 ± 2.93de	37.0 ± 0.72d
	Si_2	5.54 ± 0.16def	83.2 ± 3.25d	28.6 ± 0.55d	36.3 ± 5.48d
	Si_3	5.89 ± 0.09ab	126 ± 3.93a	18.9 ± 8.09e	34.6 ± 11.72d
Pb_0Cr_1	Si_0	5.24 ± 0.05g	34.3 ± 1.56f	65.6 ± 1.12a	39.4 ± 1.18d
	Si_1	5.85 ± 0.17abc	80.0 ± 10.15d	61.6 ± 3.50ab	39.5 ± 6.14d
	Si_2	5.64 ± 0.14cde	94.0 ± 6.41c	60.9 ± 1.38ab	36.2 ± 4.14d
	Si_3	5.96 ± 0.05a	128 ± 9.70a	59.2 ± 6.87ab	36.5 ± 4.60d
Pb_1Cr_0	Si_0	5.40 ± 0.07fg	32.3 ± 4.95f	25.0 ± 0.30de	339.6 ± 8.90bc
	Si_1	5.71 ± 0.22bcd	76.7 ± 4.41d	18.6 ± 6.26e	333 ± 10.48c
	Si_2	5.31 ± 0.16fg	93.7 ± 3.38c	25.1 ± 4.48de	356 ± 11.6ab
	Si_3	5.76 ± 0.15abcd	116 ± 3.64b	20.8 ± 2.03de	344 ± 4.84bc
Pb_1Cr_1	Si_0	5.46 ± 0.09efg	35.5 ± 1.86f	50.9 ± 8.54c	348 ± 20.2abc
	Si_1	5.88 ± 0.35ab	83.3 ± 9.91d	54.5 ± 6.68bc	340 ± 12.1bc
	Si_2	5.44 ± 0.16efg	94.4 ± 13.67c	60.3 ± 3.79ab	351 ± 8.89ab
	Si_3	5.93 ± 0.09ab	125 ± 4.11ab	62.6 ± 7.37ab	364 ± 12.4a

注：利用SAS对同一指标所有处理进行整体LSD分析，$P<0.05$。

（二）施硅酸盐对铬、铅污染土壤有效硅的影响

试验所选用的硅酸盐试剂溶于水，可改变土壤中可溶态（即有效态）硅的含量。

如表10-13所示，同一污染组中，不论无污染组还是单一污染组，土壤中有效硅的质量分数随着施硅量的增加而提高。而在同一施硅量水平，不同污染物会对土壤有效硅含量的提高程度产生影响：不施硅（Si_0水平）下，各污染组间差异不显著；Si_1、Si_2施硅量下，所有污染组的土壤有效硅含量均显著高于无污染组，但各污染组间无显著差异；Si_3施硅量下，铅单一污染能使有效硅水平显著高于无污染组和铬单一污染组，但两个含铅污染组间（即铅单一污染和铬、铅复合污染组）差异不显著。

土壤有效硅含量随施硅量的增加而增加，原因有两个方面：首先，所施加的硅酸盐为钠盐，溶于水，可作为有效态硅的供给源；同时，本试验中所添加的硅酸盐试剂为硅酸钠，为强碱弱酸盐，水解呈碱性，能提高土壤的pH，而土壤pH又影响土壤中硅的存在形态[77]。在酸性条件下，硅多呈H_2SiO_4或$mSiO_8 \cdot nH_2O$形态，容易失水，成为无定型SiO_2，有效性降低，随着土

壤碱性增加，H_2SiO_4解离度增加，硅的有效性增加[78]。另外还发现，在施用中、低水平硅酸盐时，相同施硅量下土壤中有效硅的含量会由于污染物的存在而提高。

第六节　蔬菜盆栽试验施硅酸盐对抑制叶菜吸收重金属的效果

一、镉污染土壤施硅酸盐对抑制小白菜吸收镉的效果

通过土培盆栽试验，探讨硅对重金属镉在土壤中的活性变化影响，镉在土壤—植物系统间的迁移、转化特性，镉在蔬菜中的吸收、累积规律，以及硅缓解白菜镉毒害的生理生化效应，为合理利用硅元素，促进利用硅肥作为改良剂治理重金属镉污染土壤，减轻或控制重金属污染农田上镉对蔬菜的污染，以及有效保障农产品的质量和食物安全提供参考。

表10–14　施硅对小白菜干样根、茎、叶吸收累积镉的影响

处理		叶镉/（mg·kg^{-1}）	茎镉/（mg·kg^{-1}）	根镉/（mg·kg^{-1}）	叶镉吸收量/mg	茎镉吸收量/mg	根镉吸收量/mg
$Cd_{0.0}$	Si_0	0.868a	0.694a	1.84a	0.001 7a	0.000 7a	0.000 7a
	$Si_{0.5}$	0.669a	0.549a	1.42a	0.001 5a	0.000 8a	0.000 5a
	$Si_{1.0}$	0.659a	0.539a	1.29a	0.001 3a	0.000 6a	0.000 5a
	$Si_{2.0}$	0.521a	0.406a	0.89a	0.001 0a	0.000 5a	0.000 3a
$Cd_{0.3}$	Si_0	8.01a	7.04a	7.81a	0.018 7a	0.008 5a	0.002 9a
	$Si_{0.5}$	6.45a	5.85a	7.74a	0.012 9ab	0.006 3a	0.003 1a
	$Si_{1.0}$	5.01ab	4.76ab	7.22ab	0.009 7ab	0.005 3ab	0.003 4a
	$Si_{2.0}$	2.60b	2.44b	3.13b	0.004 9b	0.002 9b	0.000 9a
$Cd_{0.6}$	Si_0	14.2a	11.7a	13.5a	0.033 9a	0.012 3a	0.004 6a
	$Si_{0.5}$	13.0a	10.0a	13.2a	0.025 1ab	0.011 8a	0.004 5a
	$Si_{1.0}$	7.56b	7.39b	10.7a	0.017 4bc	0.009 1a	0.003 7ab
	$Si_{2.0}$	4.04b	3.78c	5.69b	0.007 3c	0.004 2b	0.001 9b
$Cd_{1.2}$	Si_0	30.1a	23.6a	26.9a	0.069 9a	0.021 4a	0.009 2a
	$Si_{0.5}$	20.4b	17.2b	20.8b	0.038 5b	0.018 9ab	0.007 6a
	$Si_{1.0}$	14.6c	12.9c	19.1b	0.027 6c	0.015 9b	0.006 9a
	$Si_{2.0}$	8.56d	7.04d	10.7c	0.015 3d	0.009 4c	0.003 9b

注：植株镉吸收量=（镉含量×植株干重）。

由表10-14可见，外源镉处理下不施硅对照的小白菜根的镉含量低于叶片的镉含量，施硅后小白菜体内镉的含量分布为根＞叶＞茎，说明硅一定程度降低了镉向地上部的迁移，使镉滞留在植物的根部。随外源镉水平的提高，小白菜根、叶、茎的镉含量相应急剧增加。施硅比不施硅高效地降低了小白菜根、茎、叶中的镉含量，且随外源镉水平提高施同量硅抑制小白菜各部位吸收镉的效果有逐渐显著的趋势，同一镉处理不同硅水平间差异亦渐显著。施硅同时有效减少了小白菜根、茎、叶累积镉的积累量（表10-14），由于生物量的影响（根部铬含量最高，生物量最小），小白菜各部位吸收的总镉量分布为叶＞茎＞根；施硅降低小白菜体内累积的镉吸收量的大小为叶＞茎＞根。

二、铬污染土壤施硅酸盐对小白菜铬吸收累积的影响

从图10-17可知，Cr_1处理下，随着硅浓度的增加，小白菜根、茎、叶铬含量减少，在Si_1浓度下，铬含量减少量最大，随着硅浓度的继续增加，根、茎、叶铬含量减少量变化不显著，说明在此铬浓度处理下，施硅0.5 g/kg时，硅的抑制效果最好；在Cr_2处理下，随着硅浓度的增加，小白菜茎、叶铬含量变化差异不显著，根部铬含量减少，在Si_1处理下，小白菜茎部铬含量最低，而叶片是在Si_3处理下抑制效果最好；在Cr_3处理下，随着硅浓度的增加，小白菜根、茎、叶部含铬量逐渐减少，在Si_3处理下，小白菜根、茎、叶铬含量最低，表明在此硅浓度下，抑制效果最好。由此可知，不同铬处理下，硅对小白菜不同部位铬吸收的抑制作用不同。

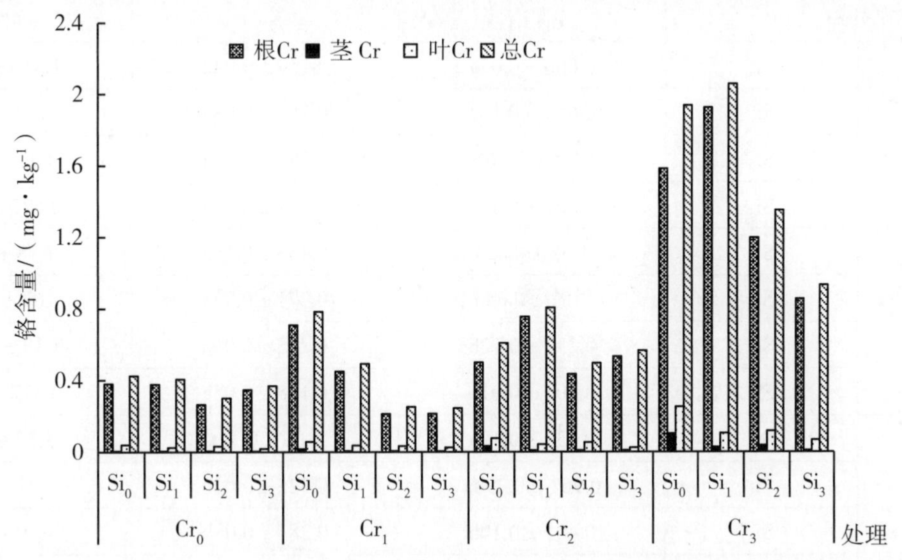

注：Cr_0=0，Cr_1=50 mg/kg，Cr_2=100 mg/kg，Cr_3=200 mg/kg，Si_1=0，Si_2=0.5 g/kg，Si_3=1.0 g/kg，Si_4=1.5 g/kg。

图10-17　硅对不同铬水平下小白菜总铬含量及根、茎和叶铬含量的影响

从图10-18可知，小白菜叶片中的铬吸收量（铬含量×叶干重）高于茎和根部，而茎部和根部的铬吸收量大体相当。这可能与小白菜干重有关，根部铬含量最高，干重最小，所以铬吸收量低于叶部。在Cr_1污染水平下根和叶铬吸收量减少而茎部变化不显著。在Cr_2 和Cr_3污染水平

下，小白菜根、茎、叶及总铬吸收量是减少的，说明硅的加入减少了小白菜根、茎、叶各部分的铬吸收量。

关于铬污染土壤中施硅对小白菜铬积累量的影响，根据表10-15的结果可知，小白菜吸收积累铬的量最大在叶部（占51.5%），其次在根部（占36.1%），相对最少在茎部（占12.4%），表明铬的吸收累积迁移规律为叶＞根＞茎。

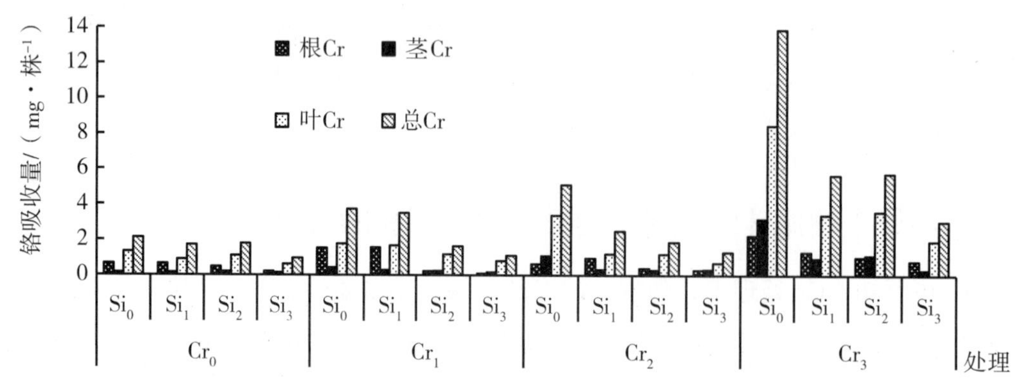

注：Cr_0=0，Cr_1=50 mg/kg，Cr_2=100 mg/kg，Cr_3=200 mg/kg，Si_1=0，Si_2=0.5 g/kg，Si_3=1.0 g/kg，Si_4=1.5 g/kg。

图10-18　硅对不同铬水平下小白菜总铬及根、茎和叶铬吸收量的影响

图10-18显示，在铬的各加入量水平中，施硅可有效地降低小白菜各部位的铬积累量，铬的各加入量水平均有随施硅量的提高而降低小白菜铬积累量的趋势。

表10-15　施硅对铬胁迫下小白菜体内铬的累积分布　　mg/株

处理		根 Cr	茎 Cr	叶Cr
Cr_0	Si_0	0.666 ± 0.03a	0.150 ± 0.04a	1.316 ± 0.39a
	Si_1	0.649 ± 0.16a	0.164 ± 0.03a	0.898 ± 0.19a
	Si_2	0.475 ± 0.16ba	0.199 ± 0.03a	1.11 ± 0.18a
	Si_3	0.201 ± 0.08b	0.134 ± 0.01a	0.622 ± 0.10a
Cr_1	Si_0	1.52 ± 0.02a	0.433 ± 0.18a	1.78 ± 0.21a
	Si_1	1.57 ± 0.64a	0.271 ± 0.04a	1.67 ± 0.12ba
	Si_2	0.232 ± 0.12b	0.235 ± 0.04a	1.17 ± 0.04bc
	Si_3	0.101 ± 0.01b	0.178 ± 0.05a	0.817 ± 0.21c
Cr_2	Si_0	0.632 ± 0.12a	1.09 ± 0.39a	3.37 ± 0.54a
	Si_1	0.961 ± 0.29ba	0.325 ± 0.02b	1.21 ± 0.21b
	Si_2	0.401 ± 0.10b	0.287 ± 0.08b	1.19 ± 0.33b
	Si_3	0.293 ± 0.07b	0.332 ± 0.12b	0.681 ± 0.10b
Cr_3	Si_0	2.24 ± 0.24a	3.18 ± 0.35a	8.46 ± 1.27a
	Si_1	1.30 ± 0.25b	0.938 ± 0.14cb	3.41 ± 0.16b
	Si_2	1.01 ± 0.14b	1.12 ± 0.23b	3.60 ± 0.67b
	Si_3	0.791 ± 0.21c	0.300 ± 0.04c	1.92 ± 0.29b

注：利用SAS对同一铬水平不同硅水平进行LSD分析，$P<0.05$。

三、铬、铅污染下施硅对抑制小白菜吸收铬、铅的影响

（一）硅酸盐对小白菜根、茎、叶铬含量和地上部吸收量的影响

如表10-16所示，对小白菜根、茎、叶各部位的铬含量进行统计后发现，施硅酸盐对减少小白菜吸收铬具有显著效果。

从根、茎、叶的铬含量看，各处理的含量大小均为：根>叶>茎。这与相关研究结果相符。重金属被植物吸收后，大部分富集在根部，迁移至地上部的一般很少。王新等的研究表明，镉、铅、铜、锌、砷在水稻植株各组织中的含量分布为根≥茎叶>籽实[79]；Lou等对四川地区蔬菜中铬积累规律进行研究，发现蔬菜品种一般以根部吸收富集镉的能力最强[80]。

同时发现，在铬单一污染组和铬、铅复合污染组，Si_1处理能使根、茎、叶的铬含量低于Si_0处理；Si_2处理只能使茎中铬含量降低，而叶、根中含量与Si_0处理相当；但Si_3处理却使根、茎、叶中的铬含量提高，且其中单一污染的根、茎和复合污染的根、叶中铬含量显著高于Si_0处理。可见，适量施用硅酸盐可降低小白菜对重金属的吸收，但硅酸盐用量过高则反而对小白菜产生危害，同时加剧根部对铬的累积。

将茎、叶中的铬含量与生物量结合，计算出每株小白菜地上部的铬吸收量后发现，虽然根中铬累积量较大，但是由于根部生物量较小，因此对整株菜的吸收量贡献不大。茎、叶占总生物量的主要部分，而由于茎部的铬含量在硅酸盐作用后下降幅度较大，因此无论是单一污染还是复合污染组，Si_1、Si_2处理每株菜的铬吸收量均显著低于Si_0处理。另外，Si_3处理根、茎、叶中铬含量均高于Si_0处理，但计算吸收量时也比Si_0处理低，这是因为Si_3处理在过量硅酸盐胁迫下小白菜生长受抑制，生物量大幅下降导致的吸收总量的减少。

表10-16　硅酸盐对小白菜根、茎、叶铬含量和地上部吸收量的影响

处理组合		根部铬含量/（$mg \cdot kg^{-1}$）	茎部铬含量/（$mg \cdot kg^{-1}$）	叶部铬含量/（$mg \cdot kg^{-1}$）	地上部吸铬量/（mg·株$^{-1}$）
Pb_0Cr_0	Si_0	0.487 ± 0.12fg	0.013 ± 0.00ef	0.090 ± 0.04cd	3.20 ± 1.12cde
	Si_1	0.509 ± 0.34fg	0.007 ± 0.01f	0.050 ± 0.00d	1.76 ± 0.33fg
	Si_2	0.305 ± 0.10g	0.013 ± 0.00ef	0.053 ± 0.03d	1.63 ± 0.73fg
	Si_3	0.381 ± 0.24g	0.016 ± 0.01def	0.061 ± 0.03d	1.11 ± 0.52g
Pb_0Cr_1	Si_0	0.622 ± 0.12ef	0.034 ± 0.01bc	0.097 ± 0.03cd	4.12 ± 1.00bc
	Si_1	0.456 ± 0.07fg	0.013 ± 0.01ef	0.074 ± 0.02d	2.51 ± 1.04def
	Si_2	0.667 ± 0.04ef	0.016 ± 0.00def	0.077 ± 0.02d	2.32 ± 0.71def
	Si_3	1.66 ± 0.14b	0.021 ± 0.01de	0.094 ± 0.05cd	1.45 ± 0.65fg

续表

处理组合		根部铬含量/（mg·kg^{-1}）	茎部铬含量/（mg·kg^{-1}）	叶部铬含量/（mg·kg^{-1}）	地上部吸铬量/（mg·株$^{-1}$）
Pb_1Cr_0	Si_0	0.958 ± 0.13cd	0.016 ± 0.01def	0.070 ± 0.02d	2.50 ± 1.18def
	Si_1	0.327 ± 0.15g	0.011 ± 0.01ef	0.077 ± 0.02d	2.12 ± 0.59efg
	Si_2	0.329 ± 0.06g	0.018 ± 0.01def	0.079 ± 0.01d	2.06 ± 0.78efg
	Si_3	0.389 ± 0.09g	0.011 ± 0.00ef	0.082 ± 0.04d	1.16 ± 0.75g
Pb_1Cr_1	Si_0	1.05 ± 0.20c	0.058 ± 0.01a	0.167 ± 0.04b	7.01 ± 0.72a
	Si_1	0.823 ± 0.20de	0.040 ± 0.01b	0.139 ± 0.02bc	4.88 ± 1.27b
	Si_2	1.102 ± 0.07c	0.026 ± 0.01cd	0.176 ± 0.06b	3.41 ± 0.55cd
	Si_3	2.504 ± 0.12a	0.055 ± 0.01a	0.253 ± 0.08a	2.49 ± 0.33def

注：利用SAS对同一指标所有处理进行整体LSD分析，$P<0.05$。

从表10-16中还发现，复合污染组的根、茎、叶铬含量均高于铬单一污染组的对应硅水平处理，这与前文中关于土壤中重金属的存在形态相一致，复合污染时，铅的作用促进了土壤中铬的其他形态向有效态转变，因此小白菜对铬的吸收量相应提高。

（二）硅酸盐对小白菜根、茎、叶铅含量和地上部吸收量的影响

对小白菜各部位铅含量进行统计后发现，施硅对降低小白菜体内铅含量的作用极其显著。如表10-17所示，不论是单一铅污染组还是铬、铅复合污染组，施硅后，小白菜根、茎、叶各部的铅含量均显著降低，并且茎、叶中的降低幅度较根中大。同时可发现，在复合污染中，铬的存在并没有对小白菜吸收铅产生促进作用，相反，许多处理（如叶片的Si_0处理，茎的Si_0、Si_1、Si_2处理，根的Si_2、Si_3处理）铅含量均低于对应硅水平的铅单一污染处理。

表10-17　硅酸盐对小白菜根、茎、叶铅含量和地上部吸收量的影响

处理组合		根部铅含量/（mg·kg^{-1}）	茎部铅含量/（mg·kg^{-1}）	叶部铅含量/（mg·kg^{-1}）	地上部吸铅量/（mg·株$^{-1}$）
Pb_0Cr_0	Si_0	2.74 ± 2.22f	0.099 ± 0.10ef	0.102 ± 0.06de	5.96 ± 3.79d
	Si_1	1.53 ± 0.29f	0.011 ± 0.00f	0.073 ± 0.04de	2.59 ± 1.28d
	Si_2	0.910 ± 0.50f	0.009 ± 0.00f	0.036 ± 0.02e	1.13 ± 0.60d
	Si_3	0.932 ± 0.17f	0.009 ± 0.00f	0.055 ± 0.03e	0.898 ± 0.59d
Pb_0Cr_1	Si_0	1.94 ± 0.27f	0.044 ± 0.02ef	0.077 ± 0.05de	3.78 ± 1.21d
	Si_1	1.92 ± 0.66f	0.019 ± 0.01f	0.063 ± 0.03e	2.36 ± 0.61d
	Si_2	1.324 ± 0.98f	0.009 ± 0.00f	0.043 ± 0.04e	1.24 ± 0.77d
	Si_3	0.804 ± 0.21f	0.018 ± 0.02f	0.058 ± 0.05e	0.812 ± 0.43d

续表

处理组合		根部铅含量/（mg·kg^{-1}）	茎部铅含量/（mg·kg^{-1}）	叶部铅含量/（mg·kg^{-1}）	地上部吸铅量/（mg·株$^{-1}$）
Pb_1Cr_0	Si_0	56.9 ± 6.89a	4.67 ± 0.29a	1.64 ± 0.37a	186 ± 22.4a
	Si_1	33.0 ± 3.91b	1.29 ± 0.17c	0.268 ± 0.10cd	53.3 ± 11.9c
	Si_2	27.6 ± 3.24c	1.27 ± 0.20c	0.171 ± 0.10cde	41.1 ± 7.41c
	Si_3	16.4 ± 4.95e	0.324 ± 0.14de	0.109 ± 0.04cde	6.69 ± 2.89d
Pb_1Cr_1	Si_0	59.1 ± 5.70a	3.91 ± 0.78b	0.837 ± 0.47b	162 ± 28.3b
	Si_1	32.0 ± 5.36b	1.05 ± 0.28c	0.306 ± 0.28c	44.9 ± 13.1c
	Si_2	21.0 ± 4.11d	0.396 ± 0.11d	0.154 ± 0.06cde	12.1 ± 1.22d
	Si_3	12.3 ± 1.24e	0.282 ± 0.14deg	0.141 ± 0.06cde	4.10 ± 0.61d

注：利用SAS对同一指标所有处理进行整体LSD分析，$P<0.05$。

第七节　大田蔬菜叶面喷施硅、铈溶胶的效果

一、硅、铈溶胶对叶菜中镉、铅含量及累积量的影响

（一）硅、铈溶胶对叶菜中镉含量及累积量的影响

1. 硅、铈溶胶对生菜中镉含量及累积量的影响

喷施硅、铈溶胶能够显著降低生菜中镉含量，且镉、铅主要累积在根系（表10-18）。与对照相比，喷施硅溶胶使生菜根部镉的积累量降低了35.6%～46.1%，地上部镉的积累量降低了33.8%～46.5%，Si_2处理生菜根部和地上部镉的积累量最低。浓度为1.0‰、2.0‰施硅处理（Si_3、Si_4）根系和地上部中镉含量均无显著差异，且根系中镉含量与浓度为0.25‰处理无显著差异，但地上部显著低于浓度为0.25‰施硅处理。4个喷施铈溶胶时生菜根系、地上部中镉含量与对照相比均显著降低，根系中镉含量的降低幅度分别为38.5%、35.8%、18.7%、28.4%，地上部中镉含量降幅为31.5%～45.5%。喷施硅铈复合溶胶的生菜根部和地上部镉的含量均低于对照，$Si_2Ce_{0.5}$处理根部和地上部镉的含量显著低于其他3个处理。Si_2Ce_1处理和Si_3Ce_1处理生菜根部和地上部镉的含量均低于单独喷硅溶胶（Si_2、Si_3）、铈溶胶处理（Ce_1）。从地上部和根部镉含量的比值来看，Si_3处理、Ce_2和Ce_3处理、Si_3Ce_1处理的比值低于对照，其他处理（Si_2Ce_1除外）与对照无显著差异，表明硅、铈能阻碍镉向地上部运输。

2. 硅、铈溶胶对小白菜中镉含量及累积量的影响

由表10-18可知，喷施硅、铈溶胶能显著降低小白菜地上部和根部中镉的含量。喷施硅溶

胶的小白菜地上部镉含量均显著对于对照，Si_2处理镉含量最低；4个施硅处理之间根部镉的含量无差异，当硅溶胶浓度高于0.5‰（Si_2）时硅能抑制小白菜根部吸收镉。与对照相比，Ce_2、Ce_3、Ce_4处理小白菜地上部镉含量显著降低，且Ce_3处理降低幅度最大，约为50.0%；4个喷施铈溶胶处理小白菜根部镉的含量无显著差异，但都显著低于对照。喷施硅铈复合溶胶能显著降低小白菜地上部和根部镉含量，其中Si_2Ce_1处理降低幅度最大，分别为50.0%、19.5%。从地上部和根部镉含量的比值来看，除Ce_2处理和$Si_2Ce_{0.5}$处理外，喷施硅、铈溶胶处理均低于对照，说明硅、铈能抑制根部镉向地上部运输。

由表10-18还可知，喷施硅、铈溶胶小白菜地上部镉累积量均显著降低（Ce_4除外）；除Si_3、Si_2Ce_1之外，各处理根部镉累积量与对照相比则无显著差异。喷施硅溶胶处理中Si_2处理小白菜地上部镉累积量最低，其他3个处理之间无显著差异。Si_2Ce_1处理小白菜地上部和根部镉累积量显著低于单独喷施硅溶胶处理（Si_2）。小白菜地上部镉累积量大于根部，说明镉主要富集在小白菜茎、叶中（表10-18）。施硅处理（Si_2）、施铈处理（Ce_1、Ce_1）及硅铈复合处理（Si_2Ce、$Si_3Ce_{0.5}$、Si_3Ce_1）地上部与根部镉累积量的比值均低于对照，说明硅、铈能抑制镉向地上部运输。

表10-18　硅、铈溶胶对叶菜中镉含量及累积量的影响

处理		生菜镉含量/（mg·kg^{-1}）			小白菜镉含量/（mg·kg^{-1}）			生菜镉累积量/（mg·m^{-2}）		小白菜镉累积量/（mg·m^{-2}）	
		地上部	根系	地上部/根系	地上部	根系	地上部/根系	地上部	根系	地上部	根系
	对照	0.071 ± 0.001Aa	0.162 ± 0.006Aa	0.444 ± 0.022Bb	0.014 ± 0.001Aa	0.021 ± 0.001Aa	0.687 ± 0.041Aa	0.290 ± 0.054Aa	0.089 ± 0.014Aa	0.023 ± 0.001Aa	0.004 ± 0.000Aa
硅	Si_1	0.047 ± 0.001c	0.104 ± 0.002d	0.452 ± 0.022b	0.011 ± 0.001b	0.019 ± 0.001ab	0.549 ± 0.058b	0.221 ± 0.010b	0.049 ± 0.010bc	0.019 ± 0.001b	0.005 ± 0.001a
	Si_2	0.038 ± 0.001d	0.087 ± 0.007e	0.445 ± 0.024b	0.008 ± 0.001c	0.017 ± 0.001b	0.485 ± 0.058c	0.186 ± 0.016c	0.040 ± 0.003c	0.015 ± 0.000c	0.004 ± 0.001a
	Si_3	0.041 ± 0.002d	0.103 ± 0.006d	0.407 ± 0.012c	0.011 ± 0.000b	0.015 ± 0.002bc	0.637 ± 0.015ab	0.209 ± 0.002bc	0.051 ± 0.003b	0.018 ± 0.002b	0.002 ± 0.000b
	Si_4	0.045 ± 0.002cd	0.099 ± 0.002d	0.463 ± 0.032b	0.010 ± 0.002bc	0.016 ± 0.001b	0.585 ± 0.072b	0.225 ± 0.022b	0.049 ± 0.006bc	0.019 ± 0.002b	0.003 ± 0.001ab
铈	Ce_1	0.042 ± 0.001D	0.100 ± 0.003D	0.419 ± 0.004BC	0.011 ± 0.003AB	0.015 ± 0.002BC	0.564 ± 0.022B	0.203 ± 0.030BC	0.038 ± 0.003C	0.018 ± 0.003B	0.003 ± 0.000AB
	Ce_2	0.039 ± 0.002D	0.104 ± 0.003D	0.377 ± 0.031C	0.010 ± 0.001B	0.015 ± 0.002BC	0.662 ± 0.028A	0.182 ± 0.015C	0.048 ± 0.001B	0.017 ± 0.002B	0.003 ± 0.000AB
	Ce_3	0.044 ± 0.002CD	0.132 ± 0.003B	0.333 ± 0.026D	0.007 ± 0.001C	0.017 ± 0.003B	0.428 ± 0.037C	0.205 ± 0.025BC	0.047 ± 0.006B	0.013 ± 0.003BC	0.004 ± 0.000A
	Ce_4	0.049 ± 0.002C	0.116 ± 0.001C	0.419 ± 19BC	0.010 ± 0.001B	0.017 ± 0.002B	0.566 ± 0.058B	0.225 ± 0.010B	0.060 ± 0.011B	0.019 ± 0.003AB	0.004 ± 0.001A
硅铈复合处理	$Si_2Ce_{0.5}$	0.039 ± 0.002Dd	0.087 ± 0.004Ee	0.445 ± 0.026Bb	0.009 ± 0.001BCbc	0.015 ± 0.000BCbc	0.619 ± 0.055ABab	0.189 ± 0.007Cc	0.045 ± 0.005BCb	0.015 ± 0.002BCcd	0.004 ± 0.000Aa
	Si_2Ce_1	0.057 ± 0.002Bb	0.112 ± 0.004Cc	0.510 ± 0.008Aa	0.007 ± 0.001Cc	0.013 ± 0.001Cc	0.547 ± 0.056Bb	0.278 ± 0.003Aa	0.045 ± 0.009BCb	0.012 ± 0.001Cd	0.002 ± 0.000Bb
	$Si_3Ce_{0.5}$	0.047 ± 0.001Cc	0.111 ± 0.002Cc	0.423 ± 0.020BCbc	0.009 ± 0.001BCbc	0.017 ± 0.002Bb	0.530 ± 0.062Bbc	0.243 ± 0.019ABab	0.045 ± 0.008BCb	0.014 ± 0.001BCcd	0.004 ± 0.000Aa
	Si_3Ce_1	0.050 ± 0.000Cc	0.127 ± 0.000Bb	0.395 ± 0.001Cc	0.008 ± 0.001Cc	0.016 ± 0.001Bb	0.535 ± 0.028Bbc	0.241 ± 0.019ABab	0.053 ± 0.010Bb	0.014 ± 0.001BCcd	0.003 ± 0.001ABab

注：数据=均值 ± 标准误差。同一栏中施硅处理数据后用不同小写字母表示显著性差异（$P<0.05$）；同一栏中施铈处理数据后用不同大写字母表示显著性差异（$P<0.05$）。

（二）硅、铈溶胶对叶菜中铅含量及累积量的影响

1\. 硅、铈溶胶对生菜中铅含量及累积量的影响

由表10–19可知，叶面施硅能够降低生菜根部和地上部铅含量。硅浓度为0.5‰（Si_2处理）时生菜根系和地上部中铅含量最低，显著低于对照和其他三个施硅处理。Si_1、Si_3、Si_4处理之间根系铅含量没有显著差异；Si_3、Si_4处理地上部铅含量没有显著差异，但显著低于Si_1处理。与对照相比，铈处理时地上部中铅含量均有显著降低（表10–19），降幅为51.9%、65.7%，46.0%、52.2%。浓度为0.10‰铈处理（Ce_2）时地上部中铅含量显著高于其他3个处理的，而其他3个处理之间没有显著差异。铈溶胶对根系中铅含量也有同样显著的抑制效果，抑制率为27.4%～70.8%，其中浓度为0.10‰铈处理（Ce_2）根系中铅含量最低，即抑制根吸收铅能力最强。喷施硅铈复合溶胶的生菜根部和地上部铅含量均低于对照，4个喷施硅铈复合溶胶处理根部铅含量无显著差异，Si_3Ce_1处理地上部铅含量高于其他3个处理。Si_2Ce_1、Si_3Ce_1处理地上部铅含量低于单独喷施铈溶胶（Ce_1），根部铅含量却无显著差异；Si_2Ce_1、Si_3Ce_1地上部和根部铅含量与单独喷施硅溶胶处理（Si_2、Si_3）均无显著差异。从地上部/根系的比值来看，地上部和根系铅含量的比值也低于对照，说明喷施硅铈溶胶（0.25‰SiO_2、0.05‰CeO_2除外）在一定程度上能够抑制铅向地上部运输。

喷施硅、铈溶胶能有效抑制铅在生菜地上部和根部积累（表10–19）。与对照相比，喷施硅溶胶的生菜地上部铅累积量降低幅度为36.8%～71.1%，根部累积量降低幅度为52.2%～70.6%。除Ce_1处理外，喷施铈溶胶地上部铅累积量均低于对照，降幅为52.6%～65.8%；根部铅累积量降幅为55.1%～71.3%。$Si_2Ce_{0.5}$、Si_2Ce_1、Si_3Ce_1处理之间地上部铅累积量无显著差异，均低于$Si_3Ce_{0.5}$处理和对照，Si_2Ce_1处理根部铅累积量最低。喷施硅、铈溶胶各处理地上部和根部铅累积量的比值均小于1.0，说明生菜中铅主要富集在根部。

表10-19　硅、铈溶胶对叶菜中铅含量及累积量的影响

处理		生菜铅含量/（$mg \cdot kg^{-1}$）			小白菜铅含量/（$mg \cdot kg^{-1}$）			生菜铅累积量/（$mg \cdot m^{-2}$）		小白菜铅累积量/（$mg \cdot m^{-2}$）	
		地上部	根系	地上部/根系	地上部	根系	地上部/根系	地上部	根系	地上部	根系
硅	对照	0.006 ± 0.000Aa	0.281 ± 0.035Aa	0.022 ± 0.003BCb	0.006 ± 0.000Aa	0.281 ± 0.035Aa	0.022 ± 0.003BCb	0.038 ± 0.005Aa	0.136 ± 0.019Aa	0.010 ± 0.000Aa	0.0062 ± 0.006Aa
	Si_1	0.004 ± 0.001b	0.258 ± 0.031a	0.016 ± 0.003c	0.004 ± 0.001b	0.258 ± 0.031a	0.016 ± 0.003c	0.024 ± 0.005b	0.062 ± 0.013b	0.007 ± 0.001b	0.060 ± 0.015a
	Si_2	0.004 ± 0.000b	0.165 ± 0.016b	0.025 ± 0.003b	0.004 ± 0.000b	0.165 ± 0.016b	0.025 ± 0.003b	0.011 ± 0.001c	0.040 ± 0.002c	0.007 ± 0.001b	0.040 ± 0.004b
	Si_3	0.005 ± 0.001ab	0.087 ± 0.012c	0.042 ± 0.006a	0.005 ± 0.001ab	0.087 ± 0.012c	0.042 ± 0.006a	0.012 ± 0.001c	0.062 ± 0.003b	0.009 ± 0.001a	0.013 ± 0.001d
	Si_4	0.006 ± 0.001a	0.150 ± 0.018b	0.037 ± 0.004a	0.006 ± 0.001a	0.150 ± 0.018b	0.037 ± 0.004a	0.017 ± 0.002b	0.065 ± 0.013b	0.011 ± 0.001a	0.031 ± 0.007bc
铈	Ce_1	0.005 ± 0.001AB	0.115 ± 0.016CD	0.043 ± 0.003A	0.005 ± 0.001AB	0.115 ± 0.016CD	0.043 ± 0.003A	0.034 ± 0.008A	0.044 ± 0.005C	0.009 ± 0.001A	0.019 ± 0.001D
	Ce_2	0.004 ± 0.000B	0.220 ± 0.025AB	0.018 ± 0.004C	0.004 ± 0.000B	0.220 ± 0.025AB	0.018 ± 0.004C	0.013 ± 0.003C	0.039 ± 0.005C	0.007 ± 0.000B	0.050 ± 0.009AB
	Ce_3	0.004 ± 0.000B	0.177 ± 0.027B	0.026 ± 0.002B	0.004 ± 0.000B	0.177 ± 0.027B	0.026 ± 0.002B	0.018 ± 0.001B	0.047 ± 0.008BC	0.008 ± 0.000B	0.045 ± 0.05B
	Ce_4	0.004 ± 0.000B	0.208 ± 0.019B	0.019 ± 0.004C	0.004 ± 0.000B	0.208 ± 0.019B	0.019 ± 0.004C	0.016 ± 0.001BC	0.061 ± 0.010B	0.007 ± 0.001B	0.046 ± 0.006B
硅铈复合处理	$Si_2Ce_{0.5}$	0.003 ± 0.001BCbc	0.095 ± 0.003Dc	0.031 ± 0.009ABab	0.003 ± 0.001BCbc	0.095 ± 0.003Dc	0.031 ± 0.009ABab	0.012 ± 0.001Cc	0.064 ± 0.004Bb	0.005 ± 0.00Cc	0.025 ± 0.003Cc
	Si_2Ce_1	0.003 ± 0.001BCbc	0.137 ± 0.010Cb	0.019 ± 0.005BCc	0.003 ± 0.001BCbc	0.137 ± 0.010Cb	0.019 ± 0.005BCc	0.011 ± 0.001Cc	0.037 ± 0.003Cc	0.004 ± 0.002Cc	0.025 ± 0.002Cc
	$Si_3Ce_{0.5}$	0.003 ± 0.000Cc	0.148 ± 0.027BCb	0.018 ± 0.003Cc	0.003 ± 0.000Cc	0.148 ± 0.027BCb	0.018 ± 0.003Cc	0.019 ± 0.004Bb	0.063 ± 0.013Bb	0.004 ± 0.000Cc	0.033 ± 0.007BC
	Si_3Ce_1	0.003 ± 0.001BCbc	0.092 ± 0.020Dc	0.031 ± 0.006ABab	0.003 ± 0.001BCbc	0.092 ± 0.020Dc	0.031 ± 0.006ABab	0.011 ± 0.001Cc	0.047 ± 0.008BCbc	0.005 ± 0.001BCbc	0.021 ± 0.007CDcd

注：数据=均值 ± 标准误差。同一栏中施硅处理数据后用不同小写字母表示显著性差异（$P<0.05$）；同一栏中施铈处理数据后用不同大写字母表示显著性差异（$P<0.05$）。

2. 硅、铈溶胶对小白菜中铅含量及累积量的影响

表10-19数据表明，喷施硅、铈溶胶能降低小白菜地上部和根部铅的含量。Si_1、Si_2处理地上部铅的含量显著低于对照，其他两个处理与对照无显著差异；当硅溶胶浓度不低于0.5‰时（Si_2、Si_2、Si_2）根部铅的含量显著降低，且Si_2处理降低幅度最大。4个喷施铈溶胶处理小白菜地上部铅的含量显著低于对照，但四者之间无显著差异；Ce_1处理根部铅的含量降低幅度最大，约为59.1%。4个喷施硅铈复合溶胶处理之间小白菜地上部铅的含量无显著差异，且都低于对照；$Si_2Ce_{0.5}$处理和Si_3Ce_1处理根部铅的含量显著低于对照和其他两个处理。Si_2Ce_1处理和Si_3Ce_1处理地上部和根部铅的含量与单独喷施硅溶胶（Si_2、Si_3）、铈溶胶处理（Ce_1）无显著降低。所有喷施硅、铈溶胶处理小白菜地上部和根部铅含量的比值与对照相比或高或低，无明显规律。4个施硅处理中硅溶胶浓度较低的Si_1、Si_2能显著降低小白菜地上部铅累积量，而硅溶胶浓度不低于0.5‰的处理（Si_2、Si_3、Si_4）根部铅累积量均显著降低。Ce_2、Ce_3、Ce_4处理小白菜地上部铅累积量显著降低，而Ce_1、Ce_3、Ce_4处理小白菜根部铅累积量显著低于对照。喷施硅铈复合溶胶各处理之间小白菜地上部和根部铅累积量无显著差异，但与对照相比均显著降低，地上部降幅为50.0%～60.0%，根部降幅为46.8%～67.7%。Si_2Ce_1和Si_3Ce_1处理地上部铅累积量均低于单独喷施硅溶胶处理（Si_2、Si_3）、铈溶胶处理（Ce_1）。

二、硅、铈溶胶缓解叶菜镉、铅毒害的最佳浓度

（一）叶菜地上部镉含量与硅、铈溶胶用量

1. 叶菜地上部镉含量与硅溶胶用量探讨

表10-20为试验（一）和试验（二）中硅溶胶与生菜和小白菜地上部镉含量的回归方程。现将生菜地上部镉含量与硅溶胶浓度之间用一元二次方程拟合，方程曲线见图10-19，试验（一）相关系数均大于0.94，拟合度较好。生菜和小白菜试验（一）中地上部镉含量最低时，硅溶胶浓度约为0.6‰，而试验（二）中硅溶胶最佳浓度约为1.2‰。试验（一）和试验（二）中硅溶胶施用浓度不一致，可能是受土壤中镉赋存形态及气候条件等因素影响。

表10-20 叶菜地上部镉含量与硅溶胶用量回归分析

蔬菜种类	试验类型	回归方程	相关系数（R）	镉含量极值/（$mg \cdot kg^{-1}$）	抑制剂用量/‰
生菜	试验（一）	$y = 0.142\,1x^2 - 0.172x + 0.116\,8$	0.948	0.065	0.61
	试验（二）	$y = 0.020\,3x^2 - 0.049\,5x + 0.064\,4$	0.843	0.034	1.22
小白菜	试验（一）	$y = 0.075\,9x^2 - 0.101\,6x + 0.087\,8$	0.985	0.054	0.67
	试验（二）	$y = 0.002\,5x^2 - 0.006\,4x + 0.012\,8$	0.709	0.009	1.28

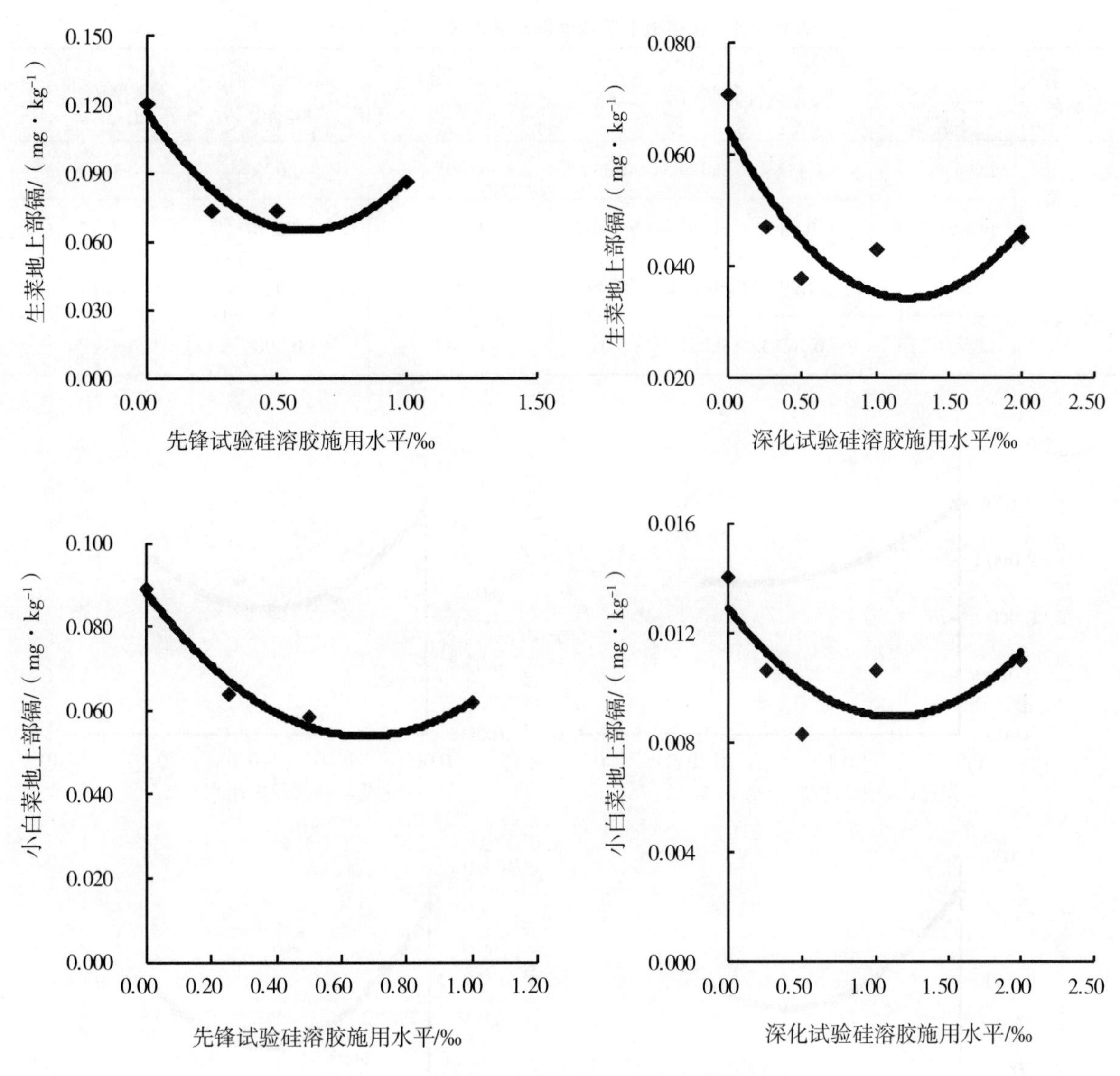

图10–19　叶菜地上部镉含量与硅溶胶浓度的关系

2. 叶菜地上部镉含量与铈溶胶用量探讨

图10–20显示铈溶胶浓度与生菜和小白菜地上部镉含量的关系，除生菜试验（二）外，其余相关系数均大于0.98，拟合度较好。通过表10–20中回归方程求出一阶导数为0时铈溶胶浓度及镉含量极值，生菜试验（一）和试验（二）地上部镉含量最低时，铈溶胶浓度为0.17‰，而小白菜试验（一）和试验（二）中铈溶胶最佳浓度分别为0.14‰、0.19‰。当铈溶胶处于最佳浓度时，生菜和小白菜地上部镉含量极值却不相同，可能与土壤中镉赋存形态、生菜和小白菜对镉吸收能力等因素有关。

表10-21　叶菜地上部镉含量与铈溶胶用量回归分析

蔬菜种类	试验类型	回归方程	相关系数（R）	镉含量极值/（mg·kg^{-1}）	抑制剂用量/‰
生菜	试验（一）	$y=1.442\,4x^2-0.489\,5x+0.119\,5$	0.995	0.078	0.17
	试验（二）	$y=0.986\,1x^2-0.340\,9x+0.065$	0.860	0.036	0.17
小白菜	试验（一）	$y=1.993\,9x^2-0.553x+0.089\,6$	0.996	0.051	0.14
	试验（二）	$y=0.169\,3x^2-0.065\,3x+0.013\,9$	0.987	0.008	0.19

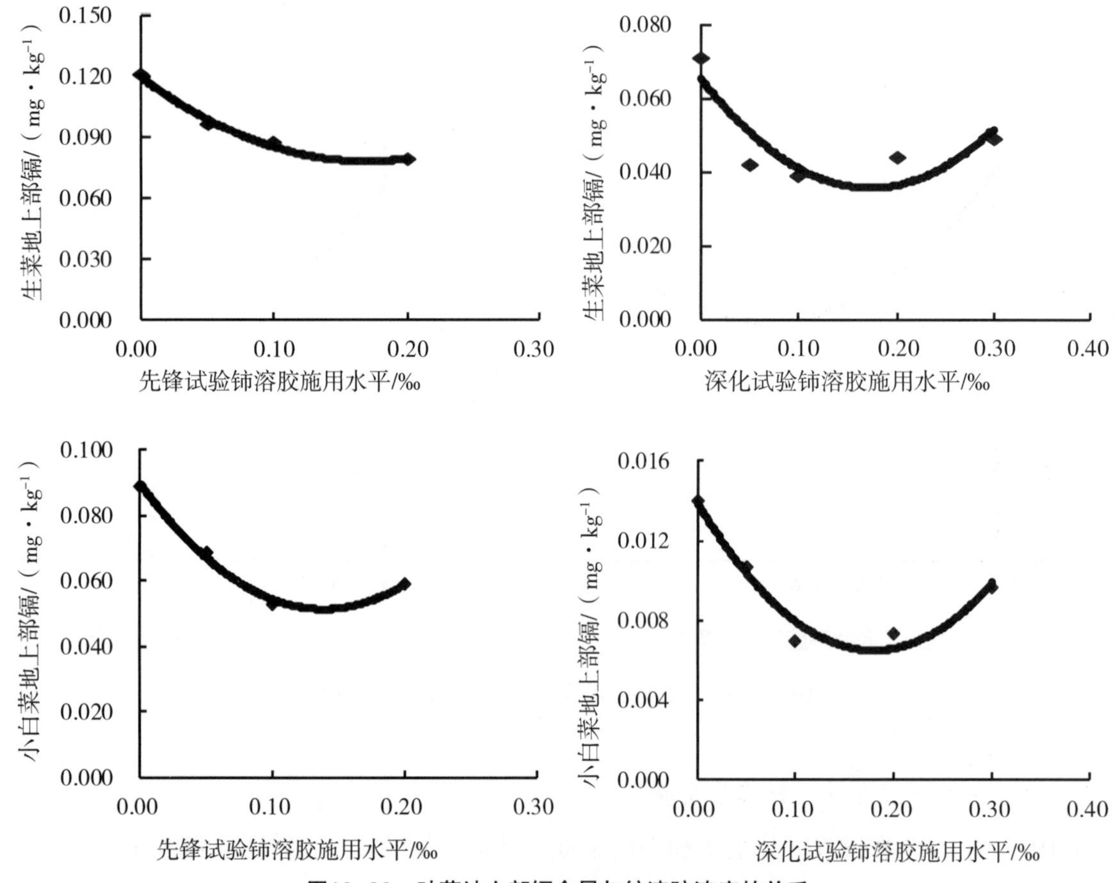

图10-20　叶菜地上部镉含量与铈溶胶浓度的关系

（二）叶菜地上部铅含量与硅、铈溶胶用量

1. 叶菜地上部铅含量与硅溶胶用量

表10-22是生菜和小白菜地上部铅含量与喷施硅溶胶浓度的回归分析情况，除小白菜试验（二）外，其余相关系数均在0.92以上，其回归曲线如图10-21所示，拟合度较好。生菜试验（一）和试验（二）中硅溶胶最佳浓度分别为0.90‰、1.24‰，相应地上部铅含量为0.020 mg/kg、0.001 mg/kg；小白菜试验（一）和试验（二）中硅溶胶最佳浓度较相近（分别为

0.82‰、0.86‰），相应铅含量极值为0.002 mg/kg和0.004 mg/kg，显著低于本试验对照。

表10-22　叶菜地上部铅含量与硅溶胶用量回归分析

蔬菜种类	试验类型	回归方程	相关系数（R）	铅含量极值/（$mg \cdot kg^{-1}$）	抑制剂用量/‰
生菜	试验（一）	$y=0.017\,8x^2-0.032\,1x+0.034\,4$	0.983	0.020	0.90
	试验（二）	$y=0.005x^2-0.012\,4x+0.008\,6$	0.922	0.001	1.24
小白菜	试验（一）	$y=0.002\,2x^2-0.003\,6x+0.003\,4$	0.994	0.002	0.82
	试验（二）	$y=0.001\,1x^2-0.001\,9x+0.005\,2$	0.567	0.004	0.86

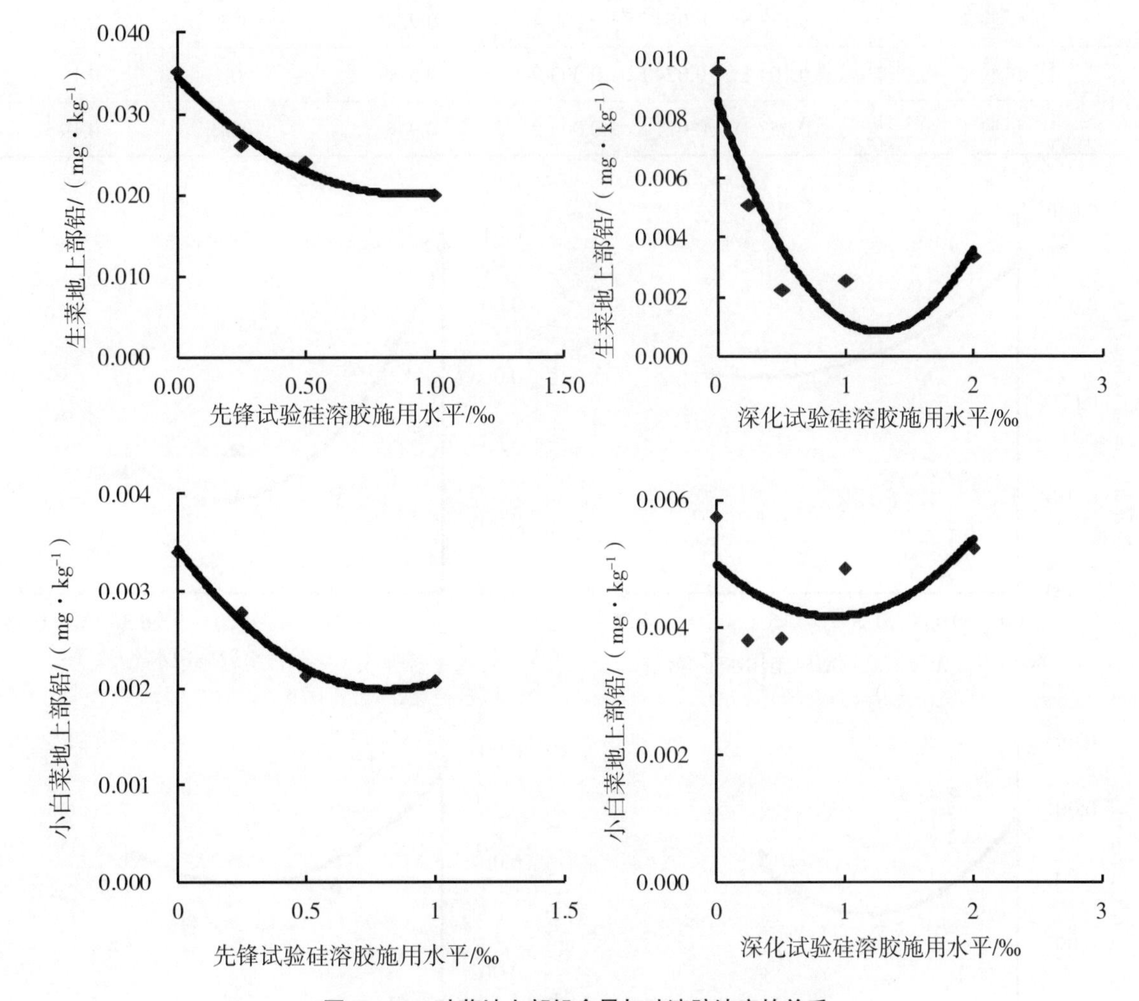

图10-21　叶菜地上部铅含量与硅溶胶浓度的关系

2. 叶菜地上部铅含量与铈溶胶用量探讨

图10-22所示为生菜和小白菜地上部铅含量与铈溶胶浓度的关系，除小白菜试验（一）外，其余相关系数均在0.92以上，拟合度较好。由表10-23可知，生菜试验（一）和试验（二）中降低生菜地上部铅含量的最适铈溶胶浓度较相近，分别为0.17‰、0.21‰，相应的铅含量极值为0.023 mg/kg、0.003 mg/kg；小白菜试验（二）中铈溶胶最佳浓度为0.19‰，相应的铅含量极值为0.004 mg/kg。

表10-23 小白菜地上部铅含量与铈溶胶用量回归分析

蔬菜种类	试验类型	回归方程	相关系数（R）	铅含量极值/（mg·kg^{-1}）	抑制剂用量/‰
生菜	试验（一）	$y = 0.436\,4x^2 - 0.145\,8x + 0.034\,8$	0.996	0.023	0.17
	试验（二）	$y = 0.153\,8x^2 - 0.064\,7x + 0.009\,4$	0.924	0.003	0.21
小白菜	试验（一）	$y = 0.104\,8x^2 - 0.024\,6x + 0.003\,9$	0.511	0.002	0.12
	试验（二）	$y = 0.057\,1x^2 - 0.021\,8x + 0.005\,9$	0.946	0.004	0.19

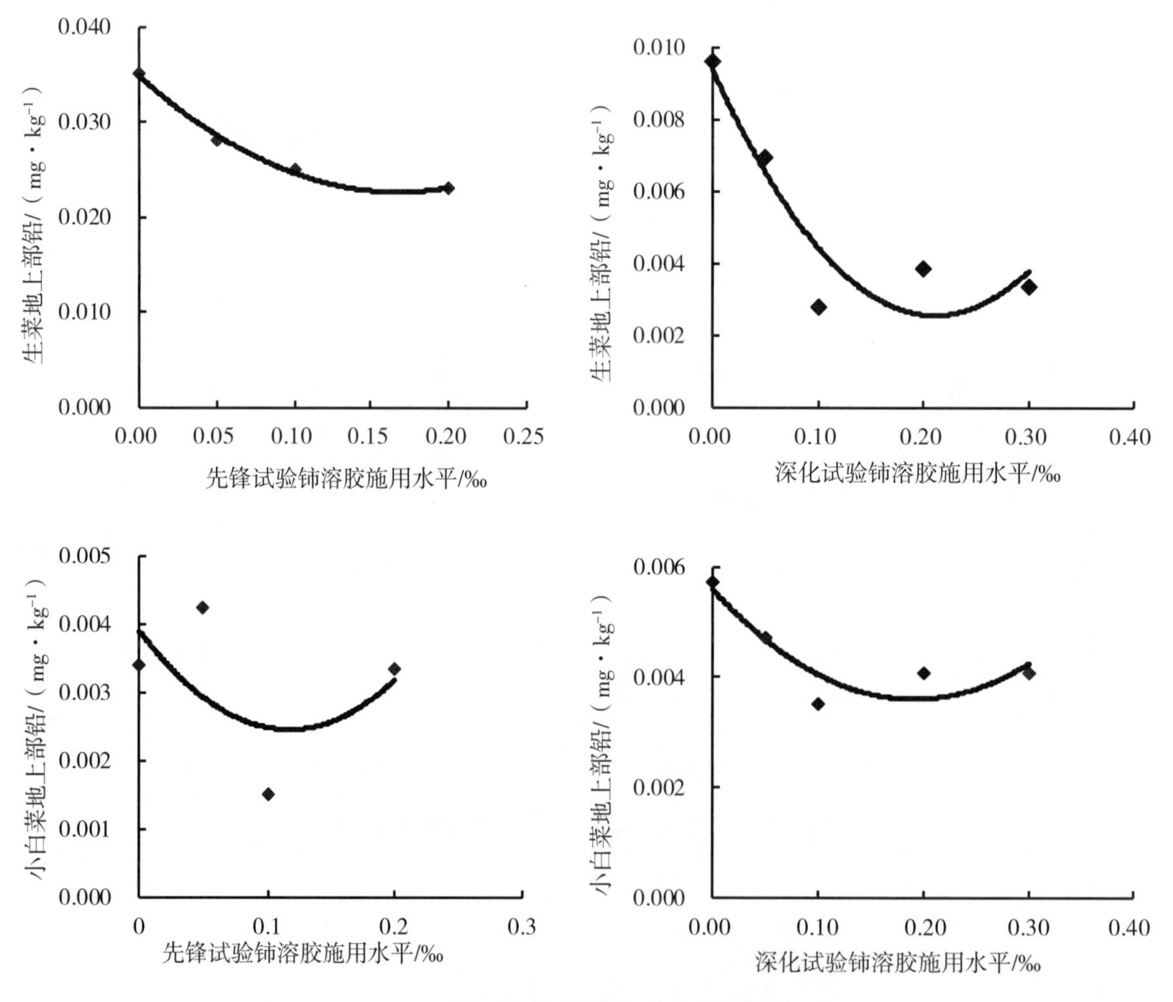

图10-22 叶菜地上部铅含量与铈溶胶浓度的关系

综上所述，试验（一）和试验（二）中降低叶菜地上部镉、铅含量的硅溶胶最佳浓度虽有不同，但其最佳浓度为0.6‰～1.2‰，而铈溶胶最佳浓度相对较接近，为0.14‰～0.21‰，出现这一现象的原因可能与土壤中镉、铅赋存状态、气候条件、蔬菜生物量及对镉、铅吸收能力等有关。喷施0.6‰～1.2‰硅溶胶或0.14‰～0.21‰铈溶胶能有效抑制叶菜吸收镉、铅，缓解重金属对叶菜毒害作用，可降低镉、铅对人体的潜在暴露剂量及风险。

参考文献

[1] 宋伟，陈百明，刘琳. 中国耕地土壤重金属污染概况［J］. 水土保持研究，2013，20（2）：293-298.

[2] 崔晓峰，李淑仪，丁效东，等. 珠江三角洲地区典型菜地土壤与蔬菜重金属分布特征研究［J］. 生态环境学报，2012，21（3）：130-135.

[3] 柴世伟，温琰茂，张云霓，等. 广州市郊区农业土壤重金属含量特征［J］. 中国环境科学，2003，23（6）：592-596.

[4] 万洪富. 我国区域土壤农业环境问题及其综合治理［M］. 北京：中国环境科学出版社，2005.

[5] 张红振，骆永明，章海波，等. 土壤环境质量指导值与标准研究 V.镉在土壤—作物系统中的富集规律与农产品质量安全［J］. 土壤学报，2010，47（4）：628-638.

[6] 仝瑞建，刘雪琴，王颖. 农田土壤重金属污染及防治研究进展［J］. 广东农业科学，2010（9）：208-210.

[7] MA J F，YAMAJI N. Silicon uptake and accumulation in higher plants［J］. Trends Plant Sci，2006（11）：392-397.

[8] EPSTEIN E. Silicon Annual Review of Plant Physiology and Plant［J］. Molecular Biology，1999，50：641-644.

[9] 梁永超，张永春，马同生. 植物的硅素营养［J］. 土壤学进展，1993，21（3）：7-14.

[10] 曾宪录，谭中文，梁计南，等. 植物中硅的生物化学作用研究进展［J］. 亚热带农业研究，2005，1：30-33.

[11] LIANG Y C，WONG J W C，WEI L. Siliconmediated enhancement of Cadmium tolerance in maize（*Zea mays* L.）grown in cadmium contaminated soil［J］. Chemosphere，2005，58：475-483.

[12] 马成仓，李清芳，束良佐，等. 硅对玉米种子萌发和幼苗生长作用机制初探［J］. 作物学报，2002，28（5）：665-669.

[13] 刘春波，马成仓，张丹丽. 硅对小麦种子萌发代谢的影响［J］. 安徽农业科学，2001，29（4）：502-503.

[14] 高尔明，赵全志. 水稻施用硅肥增产的生理效应研究［J］. 耕作与栽培，1998（5）：20-28.

[15] HOSSAIN M T，MORI R，SOGA K，et al. Growth promotion and an increase in cell wall extensibility by silicon in rice and some other Poaceae seedlings［J］. J Plant Res，2002，115（1117）：23-27.

[16] 韩光，冯海艳，张喜林，等. 硅对水稻茎叶解剖结构的影响［J］. 黑龙江农业科学，1998（4）：1.

[17] 邵长泉，张翠珍，邵长荣. 小麦施用硅肥的效果及适宜用量的研究［J］. 中国土壤与肥料，2006（4）：51-53.

[18] 夏圣益，黄胜海，王岐山. 小麦、水稻叶面喷施硅肥的增产作用研究［J］. 土壤肥料，1999（1）：36-38.

[19] 蔡德龙，钱发军，邓挺，等. 硅肥对苹果生长产量及品质影响的研究［J］. 地域研究与开发，1995，14（2）：64-66.

[20] 梁永超，陈兴华，马同生，等. 硅对番茄生长、产量与品质的影响［J］. 江苏农业科学，1993（4）：48-50.

[21] 郭彬，娄运生，梁永超，等. 氮硅肥配施对水稻生长、产量及土壤肥力的影响［J］. 生态学杂志，2004，23（6）：33-36.

[22] 胡克伟，关连珠，颜丽，等. 水稻土中硅磷元素的存在形态及其相互影响研究［J］. 植物营养与肥料学报，

2002，8（2）：214-218.
［23］唐永康，曹一平．喷施不同形态硅对水稻生长与抗逆性的影响［J］．土壤肥料，2003（2）：16-19.
［24］张壮塔，黄小红，柯玉诗，等．富硅微肥对花生植株营养和产量的影响［J］．广东农业科学，1998（5）：23-35.
［25］SAVANT N K，SNYDER G H，DANOFF L E．Silicon management and sustainable rice production［J］．Adv Agron，1997，58：151-199.
［26］黄湘源，季明德，张霖林．硅元素对甘蔗增产和增糖作用机理的研究［J］．甘蔗糖业，1993（2）：13-18.
［27］李钟明，王廷芹．氮钾硅镁肥在甘蔗上的应用效果初探［J］．广西蔗糖，2009（1）：18-19.
［28］蔡德龙，牛安妮．硅肥对甘蔗的增产效果研究［J］．地域研究与开发，1997，16（1）：93-95.
［29］黄秋婵，韦友欢，韦良兴．硅对水稻生长的影响及其增产机理研究进展［J］．安徽农业科学，2008，36（3）：919-920.
［30］SHI Q H，BAO Z Y，ZHU Z J，et al．Silicon-mediated alleviation of Mn toxicity in Cucumis sativus in relation to activities of superoxide dismutase and ascorbate peroxidase［J］．Phytochemistry，2005，66：1551-1559.
［31］IWASAKI K，MAIER P，FECHT M，et al．Leaf appoplastic silicon enhances manganese tolerance of cowpea（*Vigna unguiculata*）［J］．Journal of Plant Physiology，2002，159：167-173.
［32］苏以荣．硅缓解亚铁对水稻根系毒害的研究［J］．热带亚热带土壤科学，1993，2（3）：171-174.
［33］顾明华，黎晓峰．硅对减轻水稻的铝胁迫效应及其机理研究［J］．植物营养与肥料学报，2002，8（3）：360-366.
［34］黄昌勇，沈冰．硅对大麦铝毒的消除和缓解作用研究［J］．植物营养与肥料学报，2003，9（1）：98-101.
［35］GUO W，ZHU Y G，LIU W J，et al．Is the effect of silicon on rice uptake of arsenate（Asv）related to internal silicon concentrations，iron plaque and phosphate nutrition?［J］．Environmental Pollution，2006，1-7.
［36］杨超光，豆虎，梁永超，等．硅对土壤外源镉活性和玉米吸收镉的影响［J］．中国农业科学，2005，8（1）：116-121.
［37］陈翠芳，钟继洪，李淑仪．施硅对地上部吸收重金属镉的抑制效应［J］．中国农学通报，2007，23（1）：144-147.
［38］陈翠芳，钟继洪，李淑仪．硅对受土壤中镉污染的白菜生长和抗胁迫能力的影响［J］．植物生理学通讯，2007，43（3）：479-482.
［39］崔晓峰，丁效东，李淑仪，等．叶面喷施硅和铈对缓解生菜镉、铅毒害作用的研究［J］．安全与环境学报，2012，12（5）：7-12.
［40］刘传平，徐向华，廖新荣，等．叶面喷施硅铈复合溶胶对水东芥菜重金属含量及其他品质的影响［J］．生态环境学报，2013，22（6）：1053-1057.
［41］钱琼秋，宰文珊，朱祝军，等．外源硅对盐胁迫下黄瓜幼苗叶绿体活性氧清除系统的影响［J］．植物生理与分子生物学学报，2006，32（1）：107-112.
［42］张玲，李俊梅，王焕校．镉胁迫下小麦根系的生理生态变化［J］．土壤通报，2002，33（1）：61-65.
［43］张金彪，黄维南．镉对植物的生理生态效应的研究进展［J］．生态学报，2000，20（3）：514-523.
［44］宫海军，陈坤明，陈国仓，等．硅对小麦生长及其抗氧化酶系统的影响［J］．土壤通报，2003，34（1）：55-57.
［45］徐秋曼，陈宏，程景胜．镉对油菜叶细胞膜的损伤及细胞自身保护机制初探［J］．农业环境保护，2001，20（4）：235-237.
［46］高柳青，杨树杰．硅对小麦吸收镉锌的影响及其生理效应［J］．农业环境科学，2004，20（5）：246-249.
［47］SUDHAKAR C，LAKSHMI A，GIRIDARAKUMAR S．Changes in the antioxidant enzyme efficacy in two high yielding genotypes of mulberry（*Morus alba* L.）under NaCl salinity［J］．Plant Sci，2001，61：613-619.
［48］ZHU Z J，WEI G Q，LI J，et al．Silicon alleviates salt stress and increases antioxidant enzymes activity in leaves of salt-stressed cucumber（*Cucumis sativus* L.）［J］．Plant Science，2004，167：527-533.
［49］王志香，周光益，吴仲民，等．植物重金属毒害及其抗性机理研究进展［J］．河南林业科技，2006，27

（2）：26-28.
[50] 杨居荣，鲍子平．镉、铅在植物细胞内的分布及其可溶性结合形态［J］．中国环境科学，1993，13（4）：263-268.
[51] 李荣春．Pb、Cd 及其复合污染对烤烟叶片生理生化及细胞亚显微结构的影响［J］．植物生态学报，2000，22（4）：238-242.
[52] COCKER K M，EVANS D E，HODSON E M．The amelioration of aluminum toxicity by silicon in wheat（*Triticum aestivum* L.）：malate exudation as evidence for an in planta mechanism［J］．Planta，1998，204：318-323.
[53] SHI X H，ZHANG C C，WANG H，et al．Effect of Si on the distribution of Cd in rice seedlings［J］．Plant and Soil，2005，272：53-60.
[54] WANG L J，WANG Y H，CHEN Q，et al．Silicon induced cadmium tolerance of rice（*Oryza sativa* L.）seedlings［J］．Journal of Plant Nutrition，2000，23：1397-1406.
[55] 余叔文．植物生理与分子生物学［M］．2版．北京：科学出版社，1999：366-389.
[56] 代全林．重金属对植物毒害机理的研究进展［J］．亚热带农业研究，2006，2（2）：49-53.
[57] 徐勤松，施国新，杜开和．镉胁迫对水车前叶片抗氧化酶系统和亚显微结构的影响［J］．农村生态环境，2001，17（2）：30-34.
[58] 魏海英，尹增芳，方炎明，等．Pb、Cd污染胁迫对大羽藓超微结构的影响［J］．西北植物学报，2003，23（12）：2066-2071.
[59] 王逸群，郑金贵，陈文列，等．Hg^{2+}、Cd^{2+}污染对水稻叶肉细胞伤害的超微观察［J］．福建农林大学学报（自然科学版），2004，33（4）：409-412.
[60] 杨肖娥，杨明杰．镉从农业土壤向人类食物链的迁移［J］．广东微量元素科学，1996，3（7）：1-12.
[61] MURRAY B，MCBRIDE M B．Cadmium uptake by crops estimated from soil total Cd and pH［J］．Soil Science，2002，l67（1）：62-67.
[62] SINGHB R，KRISTEN M．Cadmium uptake by barley as affected by Cd sources and pH levels［J］．Geoderma，1998，84：185-194.
[63] 杨忠芳，陈岳龙，钱鑂，等．土壤pH对镉存在形态影响的模拟实验研究［J］．地学前缘，2005，12（1）：252-258.
[64] 徐明岗，张青，李菊梅．不同pH下黄棕壤镉的吸附—解吸特征［J］．土壤肥料，2004（5）：3-5.
[65] BASTA N T，PANTONE D J，TABATABAI M A．Path analysis of heavy metal adsorption by soil［J］．Agronomy，1993，85（5）：1054-1057.
[66] 朱亮，邵孝侯．耕作层中重金属Cd形态分布规律及植物有效性研究［J］．河南大学学报，1997，25（3）：50-56.
[67] 王孝堂．土壤酸度对重金属形态分配的影响［J］．土壤学报，1991，28（1）：103-107.
[68] 曹仁林，霍文瑞，何宗兰，等．不同改良剂抑制水稻吸收镉的研究：在酸性土壤上［J］．农业环境保护，1992，11（5）：195-198.
[69] LIANG Y C，WANG J W C，WEI L．Silicon-mediated enchancement of cadmium tolerance in maize（*Zea mays.* L.）grown in cadmium contaminated soil［J］．Chemosphere，2005，258：475-483.
[70] 邢雪荣，张蕾．植物的硅素营养研究综述［J］．植物学通报，1998，15（2）：33-40.
[71] 唐旭，郑毅，汤利．高等植物硅素营养研究进展［J］．广西科学，2005，12（4）：347-352.
[72] 刘鸣达，张玉龙，陈温福．土壤供硅能力评价方法研究的历史回顾与展望［J］．土壤，2006，38（1）：11-16.
[73] 张兴梅，邱忠祥，刘永菁．东北地区主要旱地土壤供硅状况及土壤硅素形态变化的研究［J］．植物营养与肥料学报，1997，3（8）：237-242.
[74] 刘鸣达，张玉龙，李军，等．施用钢渣对水稻土硅素肥力的影响［J］．土壤与环境，2001，10（3）：220-223.

[75] 张国良，戴其根，张洪程，等. 水稻硅素营养研究进展［J］. 江苏农业学，2003（3）：8-12.

[76] 赵中秋，朱永官，蔡运龙. 镉在土壤—植物系统中的迁移转化及其影响因素［J］. 生态环境，2005，14（2）：282-286.

[77] 福建省土壤普查办公室. 福建土壤［M］. 福州：福建科学技术出版社，1991：69-214.

[78] 蔡阿瑜，薛珠政，彭嘉桂，等. 福建土壤有效硅含量及其变化条件研究［J］. 福建农业学报，1997，12（4）：47-51.

[79] 王新，吴燕玉. 重金属在土壤—水稻系统中的行为特性［J］. 生态学杂志，1997，16（4）：10-14.

[80] LOU G L，ZHANG Z J，WU G，et al. The study on residual laws of Cd in Chengdu loam and vegetables［J］. Rural Eco-Environment，1990，6（2）：40-44.